Unterrichtsplanung zwischen
didaktischen Ansprüchen und
alltäglicher Berufsanforderung

Europäische Hochschulschriften
Publications Universitaires Européennes
European University Studies

**Reihe XI
Pädagogik**

Série XI Series XI
Pédagogie
Education

Bd./Vol. 829

PETER LANG
Frankfurt am Main · Berlin · Bern · Bruxelles · New York · Oxford · Wien

Andrea Tebrügge

Unterrichtsplanung zwischen didaktischen Ansprüchen und alltäglicher Berufsanforderung

Eine empirische Studie zum Planungshandeln von Lehrerinnen und Lehrern in den Fächern Deutsch, Mathematik und Chemie

PETER LANG
Europäischer Verlag der Wissenschaften

Die Deutsche Bibliothek - CIP-Einheitsaufnahme

Tebrügge, Andrea:

Unterrichtsplanung zwischen didaktischen Ansprüchen und
alltäglicher Berufsanforderung : eine empirische Studie zum
Planungshandeln von Lehrerinnen und Lehrern in den
Fächern Deutsch, Mathematik und Chemie / Andrea
Tebrügge. - Frankfurt am Main ; Berlin ; Bern ; Bruxelles ;
New York ; Oxford ; Wien : Lang, 2001
 (Europäische Hochschulschriften : Reihe 11, Pädagogik ;
 Bd. 829)
Zugl.: Bielefeld, Univ., Diss., 1999
ISBN 3-631-38138-7

D 361
ISSN 0531-7398
ISBN 3-631-38138-7
© Peter Lang GmbH
Europäischer Verlag der Wissenschaften
Frankfurt am Main 2001
Alle Rechte vorbehalten.

Das Werk einschließlich aller seiner Teile ist urheberrechtlich
geschützt. Jede Verwertung außerhalb der engen Grenzen des
Urheberrechtsgesetzes ist ohne Zustimmung des Verlages
unzulässig und strafbar. Das gilt insbesondere für
Vervielfältigungen, Übersetzungen, Mikroverfilmungen und die
Einspeicherung und Verarbeitung in elektronischen Systemen.

www.peterlang.de

für meine Eltern

Vorbemerkung

ARBEITER DER STIRN

Ein Mensch sitzt kummervoll und stier
vor einem weißen Blatt Papier.
Jedoch vergeblich ist das Sitzen -
auch wiederholtes Bleistiftspitzen
schärft statt des Geistes nur den Stift.
Selbst der Zigarette bittres Gift,
Kaffee gar, kannenvoll geschlürft,
den Geist nicht aus den Tiefen schürft,
drinnen er, gemein verbockt,
höchst unzugänglich einsam hockt.
Dem Mensch kann es nicht gelingen,
ihn auf das leere Blatt zu bringen.
Der Mensch erkennt, daß es nichts nützt,
wenn er den Geist an sich besitzt,
weil Geist uns ja erst Freude macht,
sobald er zu Papier gebracht.

Eugen Roth

An dieser Stelle bedanke ich mich bei allen, die mir diese Arbeit ermöglicht und mich bei ihrem Entstehungsprozeß begleitet haben. Mein besonderer Dank gilt meinem Doktorvater Prof. Dr. Klaus-Jürgen Tillmann für seine konstruktive Kritik, zahlreiche Anregungen und die engagierte Betreuung bei der Entstehung dieser Arbeit. Ebenso danke ich den anderen Mitgliedern des Forschungsprojekts „Lehrpläne und alltägliches Lehrerhandeln" (siehe Kap. 4.1) für ihre Unterstützung meiner Mitarbeit in diesem Projekt, ihre Anregung und Diskussion. Auch den Lehrerinnen und Lehrern, die sich bereit erklärt haben, im Rahmen des Projekts und bei meiner eigenen Erhebung über ihre alltägliche Arbeit Auskunft zu geben, sei an dieser Stelle besonderer Dank für ihre Offenheit. Ebenso danke ich Frank Betting, Richard und Martin Brehl sowie Pater Alexander Kotschetkoff für das Gegenlesen von Teilen des Manuskripts bzw. die Endkorrektur.

Ein große Hilfe für das Gelingen dieser Arbeit war nicht zuletzt die Unterstützung durch meine Freundinnen und Freunde und vor allem meine Mutter, die mir über kleinere und größere „Durststrecken" hinweggeholfen haben.

Bielefeld, im Februar 2001

Andrea Tebrügge

Inhaltsverzeichnis

EINLEITUNG 9

1 UNTERRICHTSPLANUNG ALS GEGENSTAND DIDAKTISCHER MODELLE 13

1.1 BEDEUTUNG UND FUNKTION DER UNTERRICHTSPLANUNG 13
1.2 DIDAKTISCHE MODELLE DER UNTERRICHTSPLANUNG 16
   1.2.1 Das bildungstheoretische Modell 18
   1.2.2 Das lerntheoretische Modell 20
1.3 STUFEN DER UNTERRICHTSPLANUNG 23
1.4 ELEMENTE DER UNTERRICHTSPLANUNG 26
1.5 DIDAKTISCHE MODELLE BEI DER ALLTÄGLICHEN UNTERRICHTSVORBEREITUNG 29

2 UNTERRICHTSPLANUNG IM RAHMEN KOGNITIONSPSYCHOLOGISCHER THEORIEN 33

2.1 DAS SUBJEKTVERSTÄNDNIS KOGNITIVER ANSÄTZE 33
2.2 ZUM HANDLUNGSBEGRIFF KOGNITIVER ANSÄTZE 34
   2.2.1 Handeln oder Verhalten? 35
   2.2.2 Merkmale von Handlungen 36
2.3 DER EXPERTENANSATZ 41
2.4 SUBJEKTIVE THEORIEN 45
2.5 UNTERRICHTSPLANUNG ALS ENTSCHEIDUNGSSITUATION UND PROBLEMLÖSUNGSPROZEß 48

3 FORSCHUNGSERGEBNISSE ZUR UNTERRICHTSPLANUNG 53

3.1 INSTITUTIONELLE UND KOLLEGIALE EINBINDUNG 55
3.2 STUFEN UND ELEMENTE DER UNTERRICHTSPLANUNG 56
3.3 MATERIALNUTZUNG 59
3.4 DAS PLANUNGSERGEBNIS 61
3.5 DER PROZEß DER UNTERRICHTSPLANUNG 62
3.6 DAS HANDLUNGSLEITENDE LEHRERWISSEN 63
3.7 ORT, ZEIT UND DAUER DER UNTERRICHTSPLANUNG 65
3.8 ZUSAMMENFASSUNG UND KRITISCHE EINORDNUNG 67

4 FRAGESTELLUNGEN UND METHODISCHES VORGEHEN 71

4.1 Das Forschungsprojekt „Lehrpläne und alltägliches
Lehrerhandeln" 71
4.2 Fragestellungen 72
4.2.1 Rahmenbedingungen und Muster der Unterrichtsplanung 72
4.2.2 Der Prozeß der Unterrichtsplanung und das handlungsleitende
Lehrerwissen 75
4.2.3 Eingrenzung des Forschungsfeldes 76
4.3 Methodische Anlage und Durchführung der Untersuchung 76
4.3.1 Die standardisierte Repräsentativbefragung 77
4.3.2 Die themenzentrierte Interviewstudie 81
4.3.3 Die Untersuchung mit der Methode des Lauten Denkens 84

5 DIE ERGEBNISSE DER UNTERSUCHUNGEN 91

5.1 Zur Darstellung der Ergebnisse 91
5.2 Institutionelle und kollegiale Einbindung 91
5.2.1 Verbindliche Absprachen und Kooperation landesweit betrachtet 92
5.2.2 Unterrichtsplanung als Privatsache - ein Gymnasium 94
5.2.3 Zusammenarbeit in Ansätzen - eine kooperative Gesamtschule 97
5.2.4 Kooperation als Alltagspraxis - eine Integrierte Gesamtschule 99
5.2.5 Zusammenfassung 102
5.3 Stufen und Elemente der Unterrichtsplanung 104
5.3.1. Stufen und Elemente der Unterrichtsplanung landesweit betrachtet 104
5.3.2 Die individuelle Unterrichtsplanung von Lehrkräften an einem
Gymnasium 108
5.3.3 Die individuelle Unterrichtsplanung von Lehrkräften an einer
kooperativen Gesamtschule 114
5.3.4 Die kooperative Unterrichtsplanung von Lehrkräften an einer
integrierten Gesamtschule 120
5.3.5 Zusammenfassung 125
5.4 Materialnutzung 128
5.4.1 Allgemeine Trends und fachspezifische Unterschiede 128
5.4.2 Schulbücher - Grundlage der Unterrichtsvorbereitung 132
5.4.3 Eigene Materialsammlungen 135
5.4.4 Weiteres für die Vorbereitung genutztes Material 136
5.4.5 Lehrpläne und Schulcurriculum - Orientierung für die langfristige
Planung 139
5.4.6 Zusammenfassung 140

5.5 Das Planungsergebnis	**142**
5.5.1 Schriftliche oder gedankliche Konzepte	142
5.5.2 Arbeitsblätter oder anderes Unterrichtsmaterial	145
5.5.3 Zusammenfassung	146
5.6 Der Prozeß der Unterrichtsplanung	**148**
5.6.1 Planungsprozesse in Deutsch	148
5.6.2 Planungsprozesse in Mathematik	156
5.6.3 Planungsprozesse in Chemie	166
5.6.4 Der Inhalt der Planungsüberlegungen	172
5.7 Das handlungsleitende Lehrerwissen	**178**
5.7.1 Bedeutung der Unterrichtsplanung und Strategien bei knapper Vorbereitungszeit	178
5.7.2 Handlungsleitende Ziele	181
5.7.3 Die Bedeutung didaktischer Modelle bei der Planung	184
5.7.4 Zusammenfassung	187
5.8 Ort, Zeit und Dauer der Unterrichtsplanung	**188**
5.8.1 Ort und Zeit der Unterrichtsplanung	188
5.8.2 Dauer der Unterrichtsplanung	190
5.8.3 Zusammenfassung	194
6 ZUSAMMENFASSENDE INTERPRETATION, EINORDNUNG UND FAZIT	**197**
6.1 Rahmenbedingungen und Muster der Unterrichtsplanung	**197**
6.1.1 Schulformspezifische und individuelle Rahmenbedingungen	197
6.1.2 Fachspezifische Planungsmuster	200
6.1.2.1 Unterrichtsplanung von Deutschlehrkräften	200
6.1.2.2 Unterrichtsplanung von Mathematiklehrkräften	202
6.1.2.3 Unterrichtsplanung von Chemielehrkräften	203
6.1.2.4 Fazit und Einordnung	205
6.2 Der Prozeß der Unterrichtsplanung und das handlungsleitende Lehrerwissen	**207**
6.2.1 Der Planungsprozeß	207
6.2.2 Das handlungsleitende Lehrerwissen	211
6.2.3 Die Bedeutung didaktischer Modelle für die Unterrichtsplanung	214
6.3 Perspektiven für didaktische Theorie und alltägliche Planungspraxis	**216**
LITERATUR	**223**

Einleitung

Unterrichtsplanung stellt seit jeher für die überwiegend geisteswissenschaftlich argumentierende Didaktik ein Kernthema dar. Denn die Didaktik versteht sich als die „Berufswissenschaft der Lehrkräfte", die die Aufgabe hat, Lehrerinnen und Lehrer zur wissenschaftlich orientierten Bewältigung ihrer täglichen Aufgaben in Schule und Unterricht zu befähigen, die „Praxis des Schulalltages" konkret zu gestalten und für deren Verbesserung Hilfestellung zu geben (ADL-AMINI 1980, S. 213). Die Bedeutung dieser didaktischen Konzepte für die alltägliche Unterrichtsarbeit von Lehrerinnen und Lehrern scheint allerdings eher gering zu sein. In den zahlreichen Arbeiten zur Entwicklung der Allgemeinen Didaktik wird immer wieder darauf verwiesen, daß Lehrkräfte ihren Unterricht meist ohne Bezug zu didaktischen Theorien planen und durchführen. Diese Auffassung scheint durch Untersuchungen zum Lehrerverhalten bestätigt zu werden (vgl. Kap. 3). In diesen Darstellungen wird gleichzeitig auf das Problem verwiesen, daß diese Modelle ohne Berücksichtigung der empirischen Unterrichtsforschung entstanden seien und die Diskurse meist ohne Bezug zu deren Ergebnissen geführt würden. Entsprechend wird (auch im Zusammenhang mit der seit einigen Jahren in der pädagogischen Literatur propagierten „Alltagswende") die Praxistauglichkeit der klassischen Modelle der Allgemeinen Didaktik häufig bestritten. Die Modelle eigneten sich, so wird argumentiert, höchstens für den schulischen „Feiertag", eines mit außergewöhnlichen Mitteln sorgfältig präparierten Vorführunterrichts, für den Normalfall des Schulalltags dagegen seien die Anforderungen unerfüllbar hoch. Mit solchen Aussagen können die Autoren entsprechender Publikationen mit breiter Zustimmung rechnen; denn es gehört zur sicheren Überzeugung fast eines jeden Schulpraktikers, daß eine Unterrichtsplanung nach den präskriptiven Modellen der Didaktik im pädagogischen Alltag so gut wie nie vorkomme und kaum eine Lehrkraft ihr „berufliches Selbstverständnis" aus dem Studium ihrer Berufswissenschaft, der Didaktik, herleite (MEYER 1983, S. 62). Didaktische Theorien werden meist nur für Referendarinnen und Referendare als relevant angesehen, die für Prüfungsstunden einen entsprechenden Unterrichtsentwurf abzuliefern haben, um eine akzeptable Note zu erreichen. Im schulischen Alltag dagegen würde meist ohne Bezug zu didaktischen Modellen unterrichtet, da keines der Modelle eine ausreichende praktische Handlungsorientierung für die konkrete Unterrichtsplanung bzw. für den Kompetenzerwerb von Lehrkräften biete. Entsprechend werden bei der Argumentation vieler Lehrerinnen und Lehrer Theorie bzw. theoretische Ausbildung und der pädagogische Alltag als zwei völlig unterschiedliche Bereiche angesehen. Zahlreiche Lehrkräfte fühlen sich daher nach der 2. Staatsprüfung erleichtert und befreit, endlich nach „dem eigenen Stil" unterrichten zu dürfen. Für die alltägliche Arbeit sei nicht didaktisches Wissen, sondern die „Erfahrung" maßgeblich (vgl. auch KRUMM 1987, S. 32).

Wie also bereiten Lehrkräfte ihren Unterricht tatsächlich vor? Woran orientieren sie sich bei ihren Planungsüberlegungen? Kann das - nach LENZEN (1980 b, S. 67) - „zerrissene Band" zwischen pädagogischer Theorie und „Praxis" verknüpft und zwischen empirischen und normativen Ansprüchen vermittelt werden (TERHART

1992, S. 123)? Die Beantwortung dieser Fragen ist auch für die Lehrerausbildung von großer Bedeutung; denn lediglich der Verweis auf den Einübungscharakter im Sinne eines „Absinkmodells" (vgl. BROMME & SEEGER 1979, S. 103) rechtfertigt nicht die ausschließliche Behandlung einzelner didaktischer Modelle. Neben der Vermittlung didaktischer Modelle muß durch das Thematisieren von Praxisproblemen eine direkte Qualifizierung für die alltägliche Planungsarbeit treten, wenn die Seminarausbildung aus dem Ruf, „bloß theoretisch" (was nichts anderes heißt als: im Schulalltag unbrauchbar) zu sein, herauskommen soll. Die Verbindung von Theorie und Praxis könnte daher eine Möglichkeit sein, die Fähigkeit zu unterrichten lehrbar zu machen.

Dazu sind zunächst Informationen über die alltägliche Arbeit von Lehrkräften notwendig und in diesem Zusammenhang auch darüber, ob und auf welche Theorien oder Theorieteile didaktischer Konzeptionen sich Lehrkräfte im Alltag beziehen. Wenn sie es tun, dann ist zu erwarten, daß dies eher bei ihrer täglichen Unterrichtsvorbereitung zutage tritt als etwa in den Unterrichtssituationen selbst, in denen rasch und meist unter emotionaler Anspannung gehandelt werden muß (vgl. dazu WAHL 1991). Die Unterrichtsplanung wird von vielen Didaktiken als der Ausschnitt der Lehrtätigkeit betrachtet, bei dem am besten die Ergebnisse der Didaktik auf die Lehrertätigkeit und damit auf den Schulalltag wirken können, sie kann somit, wie HAAS (1992) es nennt, als „Schnittstelle" zwischen Theorie und Praxis aufgefaßt werden (a. a. O., S. 14).

Ziel dieser Arbeit ist es, diese „Schnittstelle" zu beleuchten bzw. zu ermitteln, was Lehrerinnen und Lehrer bei ihrer täglichen Unterrichtsvorbereitung bedenken oder auch nicht berücksichtigen. Bisher liegen im deutschsprachigen Raum nur wenige empirische Befunde zur alltäglichen Unterrichtsvorbereitung von Lehrkräften vor. Bis in die 80er Jahre konnte die empirische Unterrichtsforschung noch so gut wie keine Aussagen zum alltäglichen Planungsverhalten von Lehrerinnen und Lehrern machen, da sie sich lange Zeit fast ausschließlich mit der Untersuchung des Verhaltens von Lehrkräften im Unterricht beschäftigte (vgl. TIETZE 1986). Erst seitdem die sogenannte „kognitive Wende" der Psychologie die pädagogisch-psychologische Forschung erreicht hat, sind auch die Denkprozesse bei Unterrichtsplanung zu einem Untersuchungsgegenstand der Unterrichtsforschung geworden. Seither wird - bezogen auf die Planung von Unterricht - versucht, auf Fragen wie die folgenden eine empirische Antwort zu finden: Wie planen Lehrerinnen und Lehrer ihren Unterricht? Welche Absichten, Ziele und Erwartungen haben sie? In welcher Weise beeinflussen curriculare Vorgaben und administrative sowie schulorganisatorische Bedingungen die Vorbereitung von Unterricht? Welche Planungshilfen werden mit welchen Absichten und Erwartungen in Anspruch genommen? Welche Funktion haben in diesem Zusammenhang Planungs- und Unterrichtsroutinen? Welche Zusammenhänge bestehen zwischen Planung und Realisation im Unterricht?

Bislang liegen nur zu einem Teil dieser Fragen empirische Befunde vor, und diese können auch nur teilweise als zufriedenstellend bezeichnet werden. Ein wichtiger Punkt der Kritik ist die oft bedenkenlose Generalisierung von Ergebnissen. Es wird von „der Unterrichtsplanung" gesprochen, während sich die Befunde beispielsweise lediglich auf den Rechen- oder Leseunterricht der Primarstufe an nordamerikanischen Schulen oder auf die Vorbereitung eines neutralen Lehrstoffs für fiktive Schülerinnen und Schüler im Labor beziehen (Zur ausführlichen Kritik an vorliegenden empirischen Untersuchungen zur Unterrichtsplanung vgl. 3.8). Was bekannt ist, beschränkt sich für die Bundesrepublik vorwiegend auf den Mathematikunterricht am Gymnasium. Fächer- *und* schulformübergreifende Untersuchungen fehlen bislang. Um den Kenntnisstand zu verbessern, müssen u. E. mehrere Untersuchungen der realen Planungspraxis unter unterschiedlichen Bedingungen durchgeführt werden, deren Ergebnisse dann auf Invarianten analysiert werden können.

In diesem Zusammenhang ist die vorliegende Arbeit zu sehen. Sie stellt eine empirische Untersuchung der verschiedenen Aspekte der Unterrichtsplanungspraxis dar. Dabei sind vor dem Hintergrund der präskriptiven Planungsmodelle und kognitionspsychologischer bzw. handlungstheoretischer Theorien die Praktiken der alltäglichen Unterrichtsvorbereitung für die Fragestellungen leitend.
In dieser Arbeit werden zum einen Daten zu den Rahmenbedingungen der Unterrichtsplanung, den unterschiedlichen Planungsstufen, deren Elementen und dem Planungsergebnis sowie den dabei verwendeten Materialien erhoben. Zum anderen wird der Planungsprozeß und Teile des „dahinterliegenden" Wissens untersucht.

Untersuchungsgegenstand ist die Planungspraxis von Deutsch-, Mathematik- und Chemielehrkräften in der Sekundarstufe I. Dazu wurden hessische Lehrkräfte im Rahmen des Forschungsprojekts „Lehrpläne und alltägliches Lehrerhandeln"[1] in einer repräsentativen schriftlichen Befragung und einer Interviewstudie über ihre Planungspraxis befragt. Zusätzlich wurde bei Lehrkräften in Nordrhein-Westfalen das alltägliche Planungshandeln mit Hilfe der Methode des Lauten Denkens und einem anschließenden Nachgespräch erfaßt.

In den ersten beiden Kapiteln wird der theoretische Rahmen meiner Arbeit bestimmt. Im *ersten Kapitel* wird die Unterrichtsplanung[2] im Rahmen didaktischer Modelle betrachtet und auf der Grundlage dieser Konzeptionen die für die Untersuchung zentralen Begriffe wie „Planungsstufen" und die „Elemente der Planung" definiert. Im *zweiten Kapitel* wird von der kognitionspsychologischen bzw. handlungstheoretischen Sicht ausgehend Unterrichtsplanung in Anlehnung an

---

[1] vgl. Kap. 4.1 bzw. VOLLSTÄDT, TILLMANN, RAUIN, HÖHMANN, TEBRÜGGE 1999

[2] (Anmerkung: In dieser Arbeit werden die beiden Begriffe „Unterrichtsplanung" und „Unterrichtsvorbereitung" aufgrund der Überlegungen im folgenden Abschnitt (1.1) synonym verwendet, obwohl damit in der Literatur gelegentlich unterschiedliche Tätigkeiten gemeint sind (vgl. KRAMP 1969, S. 36; PETERSSEN 1982, S. 31).

den Expertenansatz als Entscheidungssituation und Problemlösungsprozeß konzipiert. Anschließend werden im *dritten Kapitel* die bisher vorliegenden empirischen Ergebnisse zur Unterrichtsplanung vorgestellt. Im *vierten Kapitel* werden die eigenen Fragestellungen formuliert und das methodische Vorgehen beschrieben. Anschließend werden im *fünften Kapitel* die Forschungsergebnisse präsentiert und im *sechsten Kapitel* schließlich die wichtigsten Befunde zusammengefaßt, in die bereits vorliegenden Forschungsergebnisse zur Unterrichtsplanung eingeordnet und das Fazit gezogen.

1 Unterrichtsplanung als Gegenstand didaktischer Modelle

In diesem Kapitel wird der Untersuchungsgegenstand, die Unterrichtsplanung von Lehrerinnen und Lehrern, unter didaktischer Perspektive definiert und damit der erste theoretische Zugriff auf das Thema dargestellt. Im ersten Abschnitt wird zunächst die Bedeutung erläutert, die der Unterrichtsplanung für die Unterrichtsrealisation zugeschrieben wird. Im Mittelpunkt des zweiten Abschnitts werden exemplarisch zwei für die Berufsausbildung von Lehrkräften relevante didaktische Modelle (die didaktische Analyse sowie die lerntheoretische Didaktik) skizziert und ihre Aussagen zur Unterrichtsplanung vorgestellt. Davon ausgehend werden im dritten Abschnitt die Stufen der Unterrichtsplanung (von Planung eines ganzen Schuljahres bis zur Einzelstunde) dargestellt und im vierten die Elemente der Unterrichtsplanung. Im letzten Abschnitt werden die Aussagen der Didaktik zur Unterrichtsplanung vor dem Hintergrund ihrer Alltagstauglichkeit diskutiert.

1.1 Bedeutung und Funktion der Unterrichtsplanung

Erst zu Beginn der 80er Jahre wurde in der Bundesrepublik die Unterrichtsplanung in den Erziehungswissenschaften zum Gegenstand wissenschaftlicher Erkenntnis gemacht und der Begriff „Unterrichtsplanung" zur Kennzeichnung jenes Prozesses verwendet, bei dem vor Beginn des Unterrichts Überlegungen und Entscheidungen in Hinblick auf Ziele, Inhalte, Verfahren, Mittel, Interaktionen und Organisation des Unterrichts getroffen werden (PETERSSEN 1982). Bis dahin ist der Begriff Unterrichtsplanung in der Pädagogik weder einheitlich verwandt worden, noch stellte er einen zentralen Terminus dar. Soweit er in den pädagogischen Nachschlagewerken überhaupt aufgeführt ist, wurde er entweder synonym verwendet für

- die Unterrichtsvorbereitung und Nachbesinnung der Lehrkraft (ROMBACH 1971);
- einen Teilaspekt der Unterrichtsvorbereitung, „die letzte Stufe und ihr schriftlich fixierter Ertrag" (GROOTHOFF & STALLMANN 1971);
- eine der Unterrichtsvorbereitung vorausgehende Tätigkeit; wobei die Unterrichtsplanung als langfristige Planung für ein Schuljahr oder ein Halbjahr definiert wird - im Gegensatz zu der auf die Unterrichtseinheit oder Unterrichtsstunde abzielenden Unterrichtsvorbereitung (HORNEY; RUPPERT, SCHULZE 1970);
- oder aber als die Wahl der Ziele, die der Unterrichtsvorbereitung als Wahl der Lernorganisation vorgeschaltet ist (WÖHLER 1977).

Wenn die Planungstätigkeit von Lehrerinnen und Lehrern statt als Unterrichtsplanung als Unterrichtsvorbereitung bezeichnet wurde, so war dies keine zufällige Begriffswahl, sondern dahinter stand eher die These von der „Unplanbarkeit" des Unterrichts. Zahlreiche Autoren vertraten die Position, daß Lernen „abhängig von der Gunst der Stunde" sei und somit durch keine noch so gute

Unterrichtsvorbereitung garantiert werden könne, da jedes Unterrichtsgeschehen einmalig sei und aus der Individualität der Personen sowie der Komplexität und Offenheit der Unterrichtssituation entstehe. In diesem Sinne wird *Lehren als Kunst* verstanden, die man nur durch Erfahrung, Verständnis und Einfühlung erwirbt (vgl. die Zusammenfassung in DICHANZ & MOHRMANN 1976, S. 13 ff., von deren Gegenüberstellung von *Lehren als Technik* und *Lehren als Kunst* auch die folgenden Überlegungen nach BROMME & SEEGER (1979) ausgehen). Dabei findet sich ein Dreieck von Auffassungen, die sich gegenseitig bedingen:

A: Lernen ist spontan, es ist nicht deterministisch „in Gang zu setzen".
B: Lehren ist eine Kunst, Wissenschaft kann dafür keine Methoden liefern.
C: Unterrichtsplanung ist nicht möglich, bzw. sollte möglichst „offen" sein.

Die Alternativauffassung zu diesem Entgegensetzen von Lehren und Wissenschaft wird von DICHANZ und MOHRMANN (1976) *Lehren als Technik* genannt. Durch die empirische Analyse von Unterrichtsprozessen versuchen die Vertreter dieser technologischen Ansätze eine umfassende Erfassung der relevanten Komponenten und Bedingungsfaktoren des Lehr-Lern-Prozesses. Daraus haben sich wiederum drei zentrale Annahmen entwickelt:

A: Lernen ist in deterministischer Weise durch Unterrichtshandlungen der Lehrkraft in Gang zu setzen.
B: Lehren ist eine Technik, für die sich aus der wissenschaftlichen Forschung Methoden ableiten lassen, die von der Lehrkraft dann jeweils schüler- und situationsgerecht angewendet werden müssen.
C: Unterrichtsplanung ist die nach einer Methodik organisierte Anordnung dieser Methoden.

Dahinter steckt die Erwartung, daß sich bei einer möglichst vollständigen Berücksichtigung aller Komponenten und Bedingungsfaktoren der Unterrichtserfolg zwangsläufig einstellen werde (vgl. BLANKERTZ 1975, S. 51 ff.; v. CUBE 1965, 1970; GEBAUER u. a. 1977, S. 100). Diese Annahmen stehen aber im Widerspruch zu vielen Erfahrungen in der schulischen Praxis.
BROMME und SEEGER (1979) versuchen diese Auffassungen zusammenzuführen, indem sie darauf aufmerksam machen, daß von den Vertretern beider Positionen die problemlösenden Fähigkeiten der Lehrkraft unterschätzt werden. Diese Fähigkeit ergibt sich durch eine Verschmelzung von wissenschaftlichem Wissen und Erfahrungen, was in der jeweiligen Situation vor der Klasse zum Tragen komme. BROMME und SEEGER beschreiben daher eine Reihe von Kompetenzen, die eine Lehrerin, ein Lehrer durch die Verbindung beider Komponenten erwerben kann und sollte (wie die angemessene Situationsbeurteilung, Variabilität des Verhaltens usw.; a. a. O., S. 17 f.).

Inzwischen ist die Möglichkeit der Planung von Unterricht jedoch genauso unstritig wie ihre generelle Notwendigkeit, vorausgesetzt, daß auch die Grenzen der Planbarkeit gesehen und dabei flexibel, anpassungsfähig und offen geplant wird. Dabei wird unter „Offenheit" zum einen das Ausmaß an Flexibilität, das der Plan für die Unterrichtsgestaltung zuläßt, verstanden (vgl. SCHRECKENBERG 1980,

1 Unterrichtsplanung als Gegenstand didaktischer Modelle

S. 82 ff.). Dieser Spielraum für eine elastische Feinabstimmung, insbesondere im Bereich der Lehrer-Schüler-Interaktion, soll trotz der notwendigen Festlegungen, die durch jede Unterrichtsplanung vorgenommen werden müssen, gewahrt bleiben (vgl. GEBAUER u. a. 1977, S. 75 ff.; ROTH 1973, S. 126). So läßt ein ausdifferenzierter Plan, der minuziös einen Lernschritt an den anderen reiht, weniger Freiheiten für die situationsangemessene Anpassung des Unterrichts zu als ein Plan, der beispielsweise nur aus einer groben Verlaufsskizze besteht.
Zum anderen wird unter „Offenheit" der Unterrichtsplanung die Offenlegung der „Bedingungen für planerische Entscheidungen" (LOSER 1975, S. 245) oder gar die Mitplanung der Schülerinnen und Schüler bei allen Stufen (Jahresplanung, Planung von Einheiten und Einzelstunden) des Planungsprozesses verstanden (vgl. auch FUHR 1979; SCHULZ 1980; THIEMANN & WITTENBRUCH 1975).

In der didaktischen Literatur herrscht weitgehend Einigkeit darüber, daß die Planung von Unterricht zu den zentralen Tätigkeiten der Lehrkräfte gehört. Dabei werden ihr aus ganz unterschiedlichen Bereichen wichtige Funktionen zugeschrieben (zit. nach WENGERT 1989, S. 5 f.):

- *„Erhöhung der Rationalität*: Als Nahtstelle zwischen didaktischer Theorie und Praxis (vgl. GEISSLER 1979, S. 9; KLAFKI 1969, S. 5; SALZMANN 1975, S. 271) ermöglicht die Unterrichtsplanung dem Lehrer eine hohe rationale Durchdringung seiner Tätigkeit.
- *Sicherung der Kontinuität*: Wegen des institutionalisierten Charakters von Schulunterricht kann dieser nicht dem Zufall und der „Gunst des Augenblicks" überlassen bleiben. Es mag wohl durch Improvisationen auch hin und wieder ein gelungener Unterricht entstehen, unter dem Gesichtspunkt der Kontinuität ist aber der langfristige Lernerfolg von einer soliden Planung abhängig (vgl. BECKMANN 1978, S. 23 f.; SCHRECKENBERG 1980, S. 60).
- *Optimierung der Entscheidungsprozesse*: Da der Lehrer bei der Unterrichtsplanung nicht unter unmittelbarem Handlungsdruck steht, können Alternativen bedacht und begründete Entscheidungen gefällt werden, statt der „ersten Eingebung" folgen zu müssen (vgl. BROMME & SEEGER 1979, S. 4; GAGE & BERLINER 1977, S. 654; GAGNÉ 1969, S. 205). In der Unterrichtsplanung können Aktivitäten als eine Art „Gedankenexperiment" mental durchgespielt und mögliche Konsequenzen antizipiert werden (vgl. DOYLE 1979, S. 67 u. 73).
- *Entzerrung der Entscheidungsprozesse*: Unterrichtsplanung reduziert in der Regel die kognitiven Belastungen, denen der Lehrer während des Unterrichts ausgesetzt ist. Durch Vorentscheidungen hinsichtlich mancher Aspekte (etwa der Ziele, Inhalte, Methoden, Medien) kann sich der Lehrer im aktuellen Unterrichtsverlauf auf andere Aspekte (etwa auf die interaktive Feinsteuerung) konzentrieren (vgl. GAGNÉ 1969, S. 205; GRZESIK 1979, S. 40 f.).
- *Erhöhung der Evaluierbarkeit des Unterrichts*: Mit Hilfe der konkreten Planung kann der Lehrer den Erfolg seines Unterrichts beurteilen und Rückschlüsse auf die Planung sowie die Gestaltung ziehen und so zu einer Optimierung des Unterrichts kommen (vgl. PETERSSEN 1982, S. 225; SALZMANN 1975, S. 267).
- *Psychohygienische Auswirkungen*: Eine angemessene Unterrichtsplanung wird in der Regel die Verhaltenssicherheit des Lehrers im Unterricht erhöhen und ihn damit auch emotional entlasten (vgl. BECKER & RUMPF 1976, S. 43 ff.; GRZESIK 1979, S. 41)."

Abgesehen von dem Minimalkonsens bezüglich der Notwendigkeit von Unterrichtsplanung sind zwischen den unterschiedlichen didaktischen Modellen allerdings erhebliche Unterschiede festzustellen.

1.2 Didaktische Modelle der Unterrichtsplanung

Didaktische Modelle dienen der Analyse und Planung von Unterricht. Sie können daher sowohl als Explikations- als auch als Handlungsmodelle aufgefaßt werden (vgl. FREY 1980, S. 142; REINERT 1978, S. 384). Sie sind stets verkürzte Abbildungen des komplexen Unterrichtsgeschehens und umfassen den Gesamtkomplex der Entscheidungen (über Ziele, Lerninhalte, Organisations- und Vollzugsformen des Lehrens und Lernens, Medien des Unterrichts usw.), der Entscheidungsvoraussetzungen (unter welchen Bedingungen unterrichtet wird), Entscheidungsbegründungen (aus welchen Gründen, zu welchem Zweck unterrichtet wird) und Entscheidungsprozesse (Wer soll warum was unterrichten?) für alle Aspekte des Unterrichts (vgl. z. B. POPP 1970, S. 51; SALZMANN 1975, S. 259).

Didaktische Modelle lassen sich nach BLANKERTZ (1975) im wesentlichen in folgende Gruppen unterteilen:

- die **bildungstheoretische Didaktik** (siehe WENIGER, KLAFKI, DERBOLAV u. a.), die zur kritisch-konstruktiven Didaktik weiterentwickelt wurde;
- die **lerntheoretische Didaktik** von HEIMANN, OTTO; SCHULZ, die zum Berliner bzw. Hamburger Modell überarbeitet wurde und
- die **lernzielorientierte** sowie **informations-kybernetische Didaktik** (vgl. FRANK, v. CUBE).

Inzwischen findet sich zudem eine Vielzahl weiterer Ansätze wie die **handlungsorientierte Didaktik** (GUDJONS; BÖNSCH) und die **kommunikative Didaktik** von SCHÄFER und SCHALLER.

Diese verschiedenen didaktischen Modelle, die Gestaltungsvorschläge sowohl für den Planungsprozeß als auch das Planungsergebnis enthalten, ergeben sich dabei aus der Anwendung unterschiedlicher theoretischer Ansätze oder Positionen zur Beschreibung und Erklärung des Planungsobjekts Unterricht: So bestimmt das Verständnis von Unterricht als Bildungssituation das bildungstheoretische Planungsmodell. Dabei gehen die Autoren von einem geisteswissenschaftlich geprägten Verständnis von „Bildung" aus und bedienen sich vorwiegend der historisch-hermeneutischen Methode (KLAFKI 1962). Die Erarbeitung der allgemeingültigen formalen Struktur von Unterricht mit ihrer Interdependenz der Strukturvariation findet ihren Niederschlag im lern- bzw. lehrtheoretischen Modell der Berliner Schule (HEIMANN, OTTO, SCHULZ 1965). Hierbei wird die erfahrungswissenschaftliche Vorgehensweise bevorzugt. Bei dem informations-theoretisch-kybernetischen Modell werden die informations- und kommunikationstheoretischen

1 Unterrichtsplanung als Gegenstand didaktischer Modelle

Erklärungen von Unterricht angewendet (v. CUBE 1970)[3]. Schließlich führte die Interpretation von Unterricht als Handlungs- und Interaktionsgefüge zu der konstruktiven bzw. der kommunikativen Didaktik (SCHÄFER & SCHALLER 1971), wobei der sozialwissenschaftliche Aspekt des Unterrichtsgeschehens in den Vordergrund gestellt wird, sowie zu den jüngsten Modellen der handlungsorientierten Didaktik[4] (GUDJONS 1986; BÖNSCH 1995 b).

Inzwischen verstehen sich diese verschiedenen Modelle weitgehend als einander ergänzend und nur z. T. einander ausschließend, wie noch Anfang der 70er Jahre. Auch die Diskussionen um die Abgrenzung zwischen Didaktik und Methodik des Unterrichts sind mittlerweile zweitrangig geworden, da sich die Position, daß die Methodik als Teildisziplin der Didaktik zu verstehen ist, weitgehend durchgesetzt hat.

Die Auflösung der Spannungen zwischen den verschiedenen didaktischen Modellen, insbesondere zwischen dem bildungstheoretischen und dem lerntheoretischen Ansatz nach deren jeweiligen Überarbeitungen, wurde von zahlreichen Autoren referiert. Diese bemühten sich, die Gesetzmäßigkeiten, Prinzipien oder „Pendelschläge" der Entwicklung der allgemeindidaktischen Ansätze nach 1945 darzustellen (vgl. u. a. BÖNSCH 1995 a/b, GUDJONS u. a. 1989, HEURSEN 1996, JANK & MEYER 1991, PETERSSEN 1989). In diesen Analysen didaktischer Theoriegeschichte werden zudem mögliche Denkrichtungen für die zukünftige Weiterentwicklung der Allgemeinen Didaktik angedeutet, wobei eine theoretische Synthese der unterschiedlichen aktuellen Ansätze (z. B. des handlungs-, lebensweltoder subjektorientierten Modells) noch aussteht.

Im Rahmen dieser Arbeit wird auf eine umfassende Darstellung der unterschiedlichen didaktischen Modelle verzichtet (nachzulesen z. B. bei JANK & MEYER 1991). Im folgenden sollen lediglich die Aussagen zur Unterrichtsplanung von zwei didaktischen Modelle skizziert werden, die in der Lehrerausbildung größere praktische Bedeutung erlangt haben und von denen daher ein gewisser Einfluß auf die alltägliche Unterrichtsvorbereitung angenommen werden kann.

---

[3] Bei der lernzielorientierten, informations-kybernetische Didaktik handelt es sich nicht um einen einheitlichen Ansatz. Den Variationen gemeinsam ist die Kritik an unklar formulierten und damit vielfältig interpretierbaren Zielvorgaben, die keine eindeutige Prüfung des schulischen Lernerfolges erlauben. Das Lernziel ist hierbei der zentrale Angelpunkt des Unterrichts und die Formulierung von Lernzielen die wesentliche Tätigkeit der Unterrichtsplanung. Es geht darum, von außen gesetzte und legitimierte Erziehungsziele zu verwirklichen, indem im Unterricht die Schülerinnen und Schüler von ihrem Ausgangsverhalten (Ist-Wert) in möglichst effizienter Weise zu einem festgelegten Endverhalten (Soll-Wert) zu führen sind. Die Struktur des didaktischen Prozesses wird als Regelkreismodell dargestellt (Kybernetik) (v. CUBE 1967/70).

[4] GUDJONS (1986) und BÖNSCH (1986) berufen sich auf eine breite Tradition, wenn sie von handlungsorientiertem Unterricht sprechen. Damit ist ein ganzheitlicher und schüleraktiver Unterricht gemeint, in dem die zwischen der Lehrkraft und den Schülerinnen und Schülern vereinbarten Handlungsprodukte die Gestaltung der Unterrichtsprozesse leiten, so daß Kopf- und Handarbeit der Schülerinnen und Schüler in ein ausgewogenes Verhältnis zueinander gebracht werden können. Bei der Unterrichtsplanung ist die Lerngruppe stärker beteiligt als in irgendeinem anderen didaktischen Modell (genauer bei JANK & MEYER 1991, S. 337 ff.).

In den 80er Jahren waren in den Haupt- und Fachseminaren der Bundesrepublik im wesentlichen folgende Ansätze in Gebrauch: die didaktische Analyse des bildungstheoretischen Konzepts, das lerntheoretische Modell und die lernzielorientierte Konzeption (vgl. BROMME & SEEGER 1979). In letzter Zeit sind an die Stelle der lernzielorientierten Konzeptionen verstärkt handlungstheoretische Modelle getreten. Im folgenden werden exemplarisch die didaktische Analyse und das lerntheoretische Modell vorgestellt. Auf deren Grundlage wird dann der Untersuchungsgegenstand Unterrichtsplanung genauer definiert.

1.2.1 Das bildungstheoretische Modell

Die Vertreter des bildungstheoretischen Ansatzes gehen davon aus, daß die Didaktik die Aufgabe hat, den Unterricht als Ort, an dem planvoll und absichtlich Bildungsprozesse initiiert werden, systematisch zu reflektieren und Prinzipien für einen bildungswirksamen Unterricht zu entwickeln. Dazu soll den Lehrerinnen und Lehrern mit diesem Modell ein Kriterienschema an die Hand geben werden, um vor allem die inhaltlichen Entscheidungen des Unterrichts auf eine rationale Ebene zu stellen. Dabei läßt sich dieser Ansatz nur vor dem Hintergrund KLAFKIs bildungstheoretischer Überlegungen verstehen: Ausgehend von der Bildungstheorie von WENIGER, wonach Didaktik die „Theorie der Bildungsinhalte und des Lehrplans" sei, tritt bei diesem Ansatz der Bildungsbegriff ins Zentrum. Nach KLAFKI ist Bildung ein „Prozeß und Ergebnis der Personwerdung", die „innere Haltung und Geformtheit des Menschen" (KLAFKI 1969). Sie ereignet sich als „Begegnung" des Menschen mit der kulturellen Wirklichkeit. Aus dieser Begegnung resultiert eine „doppelseitige Erschließung" (die Wirklichkeit wird für den Menschen erschlossen und der Mensch für die Wirklichkeit). Daraus ergibt sich eine materiale (Erwerb von Wissen) und formale Bildung (Formung, Reifung von Kräften). Der Auftrag der (Didaktik) Unterrichtsplanung besteht nun in der Identifizierung von Bildungsinhalten, die dem Anspruch der doppelseitigen Erschließung genügen und gleichzeitig Konstitution, soziale Herkunft, Wissens- und Könnensstand des Jugendlichen sowie die gesamte „geschichtlich-geistige" Situation berücksichtigen. Dabei ist vor jeder methodischen Maßnahme im Unterricht zunächst eine didaktische Rechtfertigung für inhaltliche Entscheidungen zu finden (Primat der Didaktik).
Dazu schlägt KLAFKI als „Didaktische Analyse" die Reflexion von fünf didaktischen Grundfragen vor: die Frage nach

1. der **Gegenwartsbedeutung** des Inhalts für das Kind,
2. der **Zukunftsbedeutung** des Inhalts für das Kind,
3. der **Sachstruktur** des Inhalts,
4. der **exemplarischen Bedeutung** des Inhalts und
5. der **Zugänglichkeit** des Inhalts, also besonders geeigneten Fällen, Phänomenen, Versuchen usw. (KLAFKI 1962, S. 14 - 18; 1. Aufl. 1958).

Daran schließt sich die methodische Vorbereitung des Unterrichts an, bei der folgende Faktoren zu berücksichtigen sind:

1 Unterrichtsplanung als Gegenstand didaktischer Modelle

- die Gliederung des Unterrichts in Abschnitte, Phasen oder Stufen,
- die Wahl der Unterrichts-, Arbeits-, Spiel-, Übungs-, Wiederholungsformen,
- der Einsatz von Hilfsmitteln (Lehr- und Lern- bzw. Arbeitsmitteln),
- die Sicherung der organisatorischen Voraussetzungen des Unterrichts (KLAFKI 1969, S. 23).

Dabei betont KLAFKI die „Abhängigkeit aller methodischen Planungen von didaktischen Überlegungen" (a. a. O., S. 22).

Die „didaktischen Analyse als Kern der Unterrichtsvorbereitung" fand weite Verbreitung und Anwendung in der Lehrerausbildung. Nach einer mehrjährigen Phase der allzuhäufig schematischen Anwendung der didaktischen Analyse in der Lehrerausbildung setzte die Kritik von HEIMANN und seinen Mitarbeitern ein (ab 1962). Die Auseinandersetzung mit der von ihnen entwickelten lerntheoretischen Didaktik (s. u.) führte KLAFKI (1980/85) zu einer Überarbeitung des bildungstheoretischen Ansatzes, den er zur kritisch-konstruktiven Didaktik weiterentwickelte. Dabei ersetzte er das Primat des Inhalts durch das Primat der Zielentscheidungen. Die folgende Abbildung zeigt das neue „Perspektivschema zur Unterrichtsplanung" (vgl. KLAFKI 1980, S. 30).

Abbildung 1: (Vorläufiges) Perspektivschema zur Unterrichtsplanung
(KLAFKI 1985, S. 215)

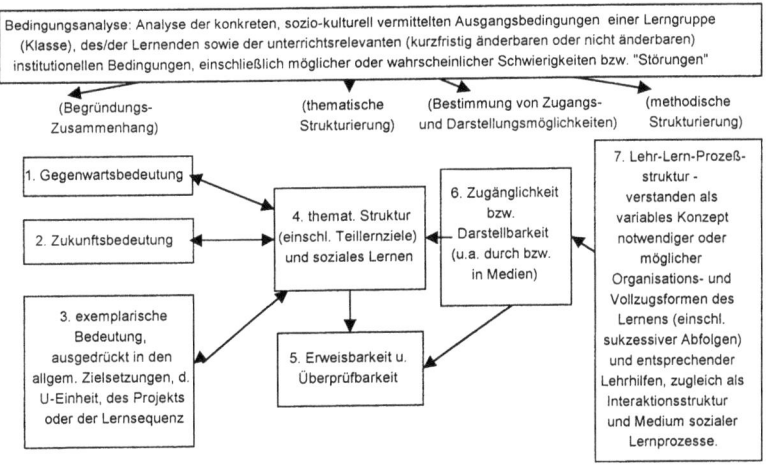

Diese modifizierte Form wurde seit ca. 1974 von Fachleitern für die Ausbildung von Referendaren genutzt.

1.2.2 Das lerntheoretische Modell

Die lerntheoretische Didaktik wurde zu Beginn der 60er Jahre angeregt und entworfen von Paul HEIMANN, fortgeführt und später modifiziert von seinem Schüler und Nachfolger Wolfgang SCHULZ sowie Gunter OTTO. Dieses Konzept entstand u. a. als Kritik an der bildungstheoretischen Didaktik, vor allem an der Orientierung der Unterrichtsplanung an einem als diffus kritisierten Bildungsbegriff. HEIMANN setzte an dessen Stelle den, wie er meinte, neutraleren und präziseren Lernbegriff. In diesem Modell wird Didaktik als Theorie des Unterrichts verstanden und damit als Theorie des Lehrens und Lernens. Den Schwerpunkt des Modells bilden die Analyse der Bedingungen und Voraussetzungen des Unterrichts sowie die Entscheidungen über seine elementaren Strukturen. Zu den elementaren Strukturen zählen:

- **Intentionen/Lernziele** oder die pädagogischen Absichten, die im Unterricht verwirklicht werden sollen. Dabei werden je drei Dimensionen, die im Unterricht stärker oder schwächer intendiert bzw. verwirklicht werden (Qualitätsstufen), unterschieden:

Abbildung 2: Dimensionen u. Qualitätsstufen im Entscheidungsfeld der Intentionen
(Vorlage von HEIMANN 1976, S. 125; Erweiterung durch SCHULZ 1980, S. 27)

	Werk	Lebensgestaltung	Tat
Entfaltung	Erkenntnis	Fertigkeit	Erlebnis
Gestaltung	Überzeugung	Gewohnheit	Gesinnung
Anbahnung	Kenntnis	Fähigkeit	Anmutung
Qualitätsstufen	**Denken**	**Wollen/Handeln**	**Fühlen**
Dimension	*kognitiv - aktiv*	*programmatisch-dynamisch*	*pathisch-affektiv*

- **Thematik/Lerninhalt** wird ebenfalls in drei Dimensionen unterteilt: die *Wissenschaften* (das übergeordnete Modell); die *Techniken* (die Theorien) und die *Pragmata* (die konkrete Anwendung).
- **Methodik:** Bei den Verfahrensweisen, mit denen der Unterrichtsprozeß strukturiert werden kann, finden sich fünf Bereiche, zu denen Entscheidungen getroffen werden müssen: *Artikulation des Unterrichts nach Stufen oder Phasen; Gruppen- und Raumorganisation (Sozialformen), Lehr- und Lernweisen (Aktionsformen), Ausrichtung an bestimmten methodischen Modellen und die Orientierung an einem Prinzipien- Kanon*.
- **Medien** sind alle Unterrichtsmittel, deren sich der Lehrende zur Verständigung bedient. Sie können, nach SCHULZ, *polyvalent* oder *monovalent* sein. Die Themen des Unterrichts werden z. B. durch Abbildungen, Muster, Symbole oder Modelle wiedergegeben. Zu den Medien zählen auch die Gestaltungsmittel.

Bei den didaktischen Entscheidungen sind zwei Bedingungskomplexe zu berücksichtigen:

a) **Anthropogene Voraussetzungen:** Hierzu zählen die Anlagen und Erfahrungen, auch schon erreichte Lernziele der Schülerinnen und Schüler wie auch der Lehrkraft. Ein gewisser Anpassungsstand und Anpassungsfähigkeit werden für den Unterricht vorausgesetzt.

1 Unterrichtsplanung als Gegenstand didaktischer Modelle

b) **Sozial-kulturelle Voraussetzungen:** Dazu gehören das Klassenklima und die Schulsituation, ebenso soziale Herkunft, Begabung, bekannte Arbeitsformen usw.

Die Analyse und Planung von Unterricht erfolgt dabei auf unterschiedlichen Reflexionsstufen (siehe Abbildung 3): Während die *Strukturanalyse* beschreibt, über welche Strukturmomente von Unterricht generell Entscheidungen gefällt werden müssen, werden in der *Faktoranalyse* die Faktoren, die auf die in der Strukturanalyse gefällten Entscheidungen Einfluß haben bzw. gehabt haben können, beschrieben. Die Struktur- und Faktoranalyse dienen dabei sowohl dazu, unterrichtsbezogene Entscheidungen (auf dem Boden der Wissenschaft) im nachhinein zu beurteilen (Unterrichtsanalyse) oder im voraus zu treffen (Unterrichtsplanung).

Abbildung 3: Strukturmodell der „Berliner Didaktik"
(eigene Erweiterung der Vorlage von JANK/ MEYER 1991 nach SCHULZ 1969, S. 29)

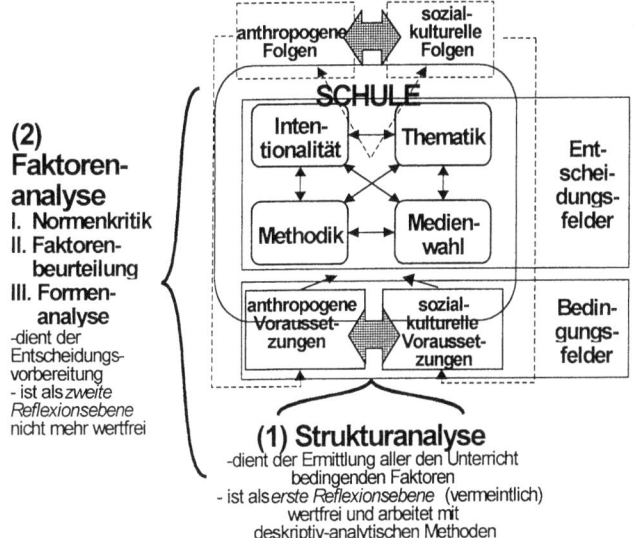

Die Doppelpfeile zwischen den vier Entscheidungsfeldern sollen die von HEIMANN und SCHULZ als konstitutiv für das Modell hervorgehobene „durchgehende Interdependenz der unterrichtsstrukturierenden Momente" zum Ausdruck bringen.

Die Autoren der lerntheoretischen Didaktik haben für die Planung (und Analyse) von Unterricht drei Forderungen aufgestellt:

1. Alle den Unterricht konstruierenden Momente sind als im Verhältnis wechselseitiger Abhängigkeit stehend zu behandeln (**Prinzip der Interdependenz**).

2. Wegen der prinzipiellen Unvorhersehbarkeit von Schülerreaktionen in der Planung sind mehrere Verlaufsmöglichkeiten vorzusehen (**Prinzip der Variabilität**).
3. Der Plan ist so zu gestalten, daß das Maß seiner Erfüllung geprüft werden kann. Dabei wird der Lehrerfolg der Lehrkräfte (!) geprüft (**Prinzip der Kontrollierbarkeit**).

Diese prospektive und retrospektive Unterrichtsanalyse soll - als (nach bestimmten Kriterien differenzierte) Auseinandersetzung mit dem Unterricht vorher als Unterrichtsplanung und nachher als Nachbesinnung - in die praktische Unterrichtsgestaltung einwirken. Nach SCHULZ (1969) finden sich vor allem zwei Situationen, „die die Fähigkeit des Lehrers zur Reflexion alltäglich herausfordern: Nach dem Unterricht muß die Analyse ihm helfen, klüger als vorher zu werden. ... Vor dem Unterricht wird er dessen Struktur in der Planung antizipieren ..." (a. a. O., S. 22).

Dieses didaktische Modell fand eine große Beachtung in der Literatur und hatte ebenfalls einen starken Einfluß auf die Lehrerausbildung. Es wurde neben KLAFKIs didaktischer Analyse (und teilweise in deutlicher Konkurrenz zu dieser) das zweite wichtige Modell zur Unterrichtsvorbereitung.
Wie angedeutet erfolgte durch die jeweiligen Überarbeitungen eine Annäherung beider vorgestellten Ansätze. So ging die didaktische Analyse in die (Neu-) Formulierung einer kritisch-konstruktiven Didaktik ein (KLAFKI 1985) und SCHULZ (1980) entwickelte die lerntheoretische Didaktik in diesem Zeitraum zum „Hamburger Modell" weiter. Beide Ansätze akzentuieren dabei deutlicher als ihre Vorläufer der 60er Jahre die gesellschaftskritische Orientierung mit der Betonung von Selbst- und Mitbestimmungsfähigkeit, partizipativen Prinzipien und emanzipatorischen Zielsetzungen.

Zusammenfassend kann man sagen, daß sich in den meisten Modellen der Allgemeinen Didaktik Fragen zu
 a) dem Lehrplan und der Bestimmung von Zielsetzungen,
 b) der Auswahl von Fachinhalten und Themen,
 c) den Möglichkeiten der Gestaltung von Wissens- und Fähigkeitsvermittlung (Methodik) und
 d) der Berücksichtigung der Voraussetzungen der Lernenden finden.

Diese didaktischen Überlegungen werden sowohl durch Entscheidungen über Unterrichtsmedien und Verfahren der Leistungsüberprüfung als auch durch die Berücksichtigung der institutionellen Bedingungen des Unterrichtens ergänzt.
Dabei hat die Allgemeine Didaktik nicht den Anspruch einen konkreten, exakten Fahrplan für die Unterrichtsrealisierung zu liefern, vielmehr definiert sie sich als Reflexionshintergrund für Unterrichtsplanung. Dieses Verständnis von Didaktik liegt HEIMANNs „Berliner Modell" zugrunde (vgl. PETERSSEN 1989). Die Lehrerin oder der Lehrer muß zu einer eigenen Theoriebildung fähig sein, und dazu liefert die Didaktik die Maßstäbe. In ähnlicher Weise äußert sich KLAFKI, der Didaktik nur einen mittelbaren Bezug zur Praxis bescheinigt, da diese der Lehrkraft die „didaktischen Entscheidungen und Begründungen" im konkreten Fall nicht

abnimmt. Vielmehr bleibe ein Unterrichtsplanungskonzept in den „Grenzen eines Problematisierungsrasters" (KLAFKI 1980, S. 25).

1.3 Stufen der Unterrichtsplanung

Die meisten allgemeindidaktischen Modelle aus den 60er und 70er Jahren - das gleiche gilt für die Fachliteratur in der Lehrerausbildung, in der ja die besonders präparierte Vorführstunde („Lehrprobe") eine wichtige Rolle spielt - erwecken den Eindruck, als bestünde die Unterrichtsvorbereitung fast ausschließlich aus der Planung von Einzelstunden (JANK & MEYER 1991, S. 218). In der gesamten Vorbereitungsliteratur wird aber die Fixierung der Unterrichtsplanung auf die Einzelstunde abgelehnt und statt dessen eine langfristig angelegte Unterrichtsplanung gefordert. Diese sei für die Kontinuität des Unterrichts notwendig, um umfangreiche Einheiten sinnerhaltend unterrichten und weitgefaßte Erziehungsziele verwirklichen zu können. Nur wenn die Einzelstunde in diesen Gesamtzusammenhang eingebettet wird, gewinne sie ihre spezifische Bedeutung (vgl. etwa BECKMANN 1978, S. 21 f.; HILLER 1980, S. 119 ff.; MEYER 1980a, S. 19; SCHRECKENBERG 1980, S. 68).

Entsprechend wird die detaillierte Verlaufsplanung der Einzelstunde meist als Endpunkt einer Folge aufeinander bezogener Planungsschritte gesehen, die mit Überlegungen für einen langen Zeitraum, z. B. für ein Schuljahr beginnt. So muß nach SCHULZ (1980) die „Unterrichtsplanung in der Alltagspraxis auf mindestens vier [Stufen] der zeitlichen Abfolge und Konkretisierung" (a. a. O., S. 3) erfolgen. Er bezeichnet die Planung für ein Schul- oder Halbjahr als *Perspektivplanung*, für eine Unterrichtseinheit als *Umrißplanung* (frühere Bezeichnung: „Grob- oder Strukturplanung", vgl. a. a. O., S. 75), die Planung der Einzelstunde als *Prozeßplanung* und die Anpassung der Planung während des Unterrichts an nicht vorhergesehene Planungswirkungen als *Planungskorrektur*. Diese verschiedenen Stufen sind, wie oben angesprochen, nicht unabhängig voneinander zu sehen.

Im folgenden werden die Ausführungen PETERSSENs (1982) zur gestuften Unterrichtsplanung skizziert, da sich hier eine Vielzahl konkreter Aussagen zur Praxis finden läßt (zit. nach WENGERT 1989, S. 25 ff.):

Jahresplan: Durch die Planung für ein Schul- oder Halbjahr soll die Erfüllung der vorgeschriebenen Pensen sichergestellt werden. Dabei sind Lehrplanvorgaben, verfügbare Lernzeiten und die Lernvoraussetzungen der Schülerinnen und Schüler zu berücksichtigen. Bei der Auseinandersetzung mit den Lehrplanvorgaben sollen der besondere Erziehungs- und Bildungsbeitrag des betreffenden Fachunterrichts und die Möglichkeiten der Realisation reflektiert werden. Anschließend sind Auswahlentscheidungen zu den Lehrplanvorgaben zu treffen bzw. bei minimalen curricularen Angaben „Anreicherungen" vorzunehmen. Neben diesem Plan soll von der Lehrkraft noch ein „Übungsplan" als „unbedingter Bestandteil aller Jahresplanung" (a. a. O., S. 194) erstellt werden. (Diese Forderung gilt wohl nur für einige

Unterrichtsfächer.) Der Jahresplan soll von der Lehrkraft sehr sorgfältig erstellt und schriftlich fixiert werden, da auf ihn immer wieder Bezug genommen werden muß.

Arbeitsplan: Die Lernziele und Inhalte des Jahresplanes werden nun unter Berücksichtigung sachlich-logischer und didaktisch-logischer Gesichtspunkte und konkreter zeitlicher Gegebenheiten (Lage der Ferien usw.) auf die konkreten Bedingungen des anstehenden Schuljahres abgestimmt und diachron (d. h. nacheinander) und synchron (d. h. nebeneinander) geordnet. Dabei sind auch vorgeschriebene Leistungs- und Prüfungsarbeiten einzuplanen. PETERSSEN schlägt vor, Unterrichtsgegenstände den Unterrichtswochen des Schuljahres zuzuordnen. Er fordert gleichzeitig, daß der Arbeitsplan flexibel genug sein muß, um für das „notwendige pädagogische Risiko" (a. a. O., S. 200) genügend Platz zu lassen.

Unterrichtseinheit: Hierbei geht es um die Planung der nächsten ein bis drei Wochen. Nun werden zu den Lernzielen und Inhalten die Entscheidungen über Methoden und Medien getroffen. Auch praktische Fragen wie die Beschaffung und Bereitstellung von Lehr- und Lernmitteln sind auf dieser Stufe der Planung zu berücksichtigen. „Zugeordnet sein sollten auch - noch exakter als im Arbeitsplan - beabsichtigte Übungen, Prüfungsarbeiten und vor allem auch Hausaufgaben!" (a. a. O., S. 217). PETERSSEN schlägt für diese Planung eine Matrix-Darstellung vor, wobei die jeweiligen Unterrichtsstunden die Zeilen bilden, während die Spalten von den vier Entscheidungsfeldern („Ziele", „Inhalte", „Methoden", „Medien") gebildet werden. Dabei sei in besonderer Weise der Wechsel von Methoden und Arbeitstechniken zu beachten, um Monotonie zu vermeiden und eine optimale Interdependenz zwischen Methoden und Unterrichtsinhalten zu erreichen.

Unterrichtsentwurf: Im Detailplan für die konkrete Unterrichtsstunde müssen alle Vorarbeiten nochmals auf ihre praktische Dignität hin geprüft werden, und trotz aller Vorentschiedenheit müssen auch jetzt noch unausweichliche Änderungen möglich sein. Damit ist die Unterrichtsstunde thematisch, intentional und organisatorisch der Unterrichtseinheit einzugliedern, sollte aber in der Regel selbst eine geschlossene Einheit bilden. Sie dient sowohl der Einführung in die Unterrichtseinheit wie auch der Übung und Wiederholung von eingeführten Inhalten.

Der Entwurf selbst ist so abzufassen, daß die Lehrkraft einerseits ein klares Bild vom projektierten Unterrichtsablauf hat, andererseits aber frei ist für die nicht vorhergesehenen und möglicherweise unvorhersehbaren Erfordernisse der Situation. Die Gliederung ist weitgehend der Lehrerin, dem Lehrer (bzw. in der Ausbildung dem Konsens zwischen der Lehrkraft und den Ausbildern) überlassen und meist ein Abbild der jeweiligen Unterrichtstheorie, die ihr zugrunde liegt. Dabei hat sich weitgehend - trotz aller unterschiedlichen theoretischen Ansätze - folgendes (Maximal)Schema, das in Anlehnung an die Unterrichtstheorie der Berliner Didaktik entstanden ist, durchgesetzt:

1. Angaben zur allgemeinen Orientierung (Datum, Zeit, Fach, Lehrer, Mentor, Seminarleiter, Klasse, Klassengröße, Schulort, -name usw.)

2. Vorüberlegungen mit
   2.1 Voraussetzungen wie den
      2.1.1 anthropogenen und
      2.1.2 sozio-kulturellen Bedingungsfeldern
      2.1.3 organisatorischen Voraussetzungen
   2.2 Sachanalyse als fachwissenschaftliche Auseinandersetzung
   2.3 Lernzielbestimmung (von den Grob- bis zu den operationalisierten Lernzielen)
   2.4 didaktische Analyse
   2.5 Unterrichtsmethoden und Medienanalyse
   2.6 Angaben zur Lehr- oder Lernkontrolle (z. B. Klassenarbeit, Hausaufgaben)
3. Die chronologische Abfolge mit der Gliederung in Spalten nach
   3.1 Zeiteinteilung
   3.2 Phasen der Stunde („Artikulation" des Unterrichts im Sinne HERBARTs)
   3.3 geplantes Lehrerverhalten
   3.4 erwartetes Lehrerverhalten
   3.5 erwartetes Schülerverhalten
   3.6 Medien

Ebenfalls eine modifizierte Form des Berliner Modells ist folgendes von PETERSEN entwickelte „Grundmuster eines Unterrichtsentwurfs":

Zeit	Ziele	Inhalte	Verfahren	Mittel	Sozialformen

Dieses Grundmuster kann in vielfältiger Weise abgeändert, vereinfacht oder durch „didaktische Kommentare" in einer weiteren Spalte angereichert werden. Dies ist vor allem für den Fall gedacht, wenn einem fremden Leser Entscheidungsbegründungen mitgeliefert werden sollen. Bei der Planung soll auch das Tafelbild so genau wie möglich vorausgeplant und schriftlich festgehalten werden, da PETERSEN der Tafel für die übersichtliche Fixierung wesentlicher Lerninhalte und als Vorlage für den Hefteintrag der Schülerinnen und Schüler eine große Bedeutung beimißt. Schließlich seien die Hausaufgaben so sorgfältig zu planen wie der gesamte Unterricht, um sie zu einem sinnvollen Bestandteil des Lernens zu machen.

Auch der **Nachbereitung** des Unterrichts wird von vielen Autoren eine große Bedeutung zugeschrieben (vgl. z. B. BECKMANN 1980, S. 98). KRAMP (1969) empfiehlt eine planmäßige und detaillierte Nachbesinnung, in der es „jene Kleinigkeiten aufzuspüren und zu analysieren (gelte), von denen das Gelingen oder Mißlingen einer Stunde letztlich abhängt" (a. a. O., S. 66). Es sollten „grundsätzlich immer drei Gesichtspunkte zur Geltung kommen: Der Blick auf den Unterrichtenden selbst, ... die Schüler ... und die Unterrichtsgestaltung". BECKMANN (1980) sieht die Nachbesinnung im Zusammenhang einer kontinuierlichen Unterrichtsgestaltung: „Die Ergebnisse der Nachbesinnung werden zum ersten Schritt für die nächste Unterrichtsvorbereitung" (a. a. O., S. 98).

1.4 Elemente der Unterrichtsplanung

Bei der Darstellung der präskriptiven Didaktikmodelle wurden bereits die wesentlichen Aspekte des Unterrichts genannt, die bei der Planung zu berücksichtigen sind. Nun kann nicht angenommen werden, daß Lehrkräfte ihre alltägliche Unterrichtsplanung anhand eines der in Kapitel 1.2 vorgestellten Konzepte durchführen (zum Problem der „Feiertags-" und „Alltagsdidaktiken" vgl. 1.5). Es ist wahrscheinlicher, daß bei der alltäglichen Unterrichtsplanung lediglich einzelne Elemente aus solchen Modellen mehr oder weniger „versatzstückartig" verwendet werden. Wenn das so ist (und das wäre zu klären!), erhebt sich die Frage, welche Elemente in der alltäglichen Unterrichtsvorbereitung tatsächlich eine Rolle spielen und welche nicht und ob es noch weitere wichtige Aspekte in der Planung von Lehrkräften gibt. Ferner ist zu untersuchen, ob die Auswahl und Gewichtung der unterschiedlichen Planungsaspekte immer gleich ausfällt oder möglicherweise vom Fach, der Lerngruppe, Klassenstufe (5. Klasse oder Leistungskurs), Planungsstufe, Art der Stunde (Einführungs- oder Übungsbzw. Wiederholungsstunde) oder möglicherweise der Schulform usw. abhängt und sich entsprechend unterscheiden läßt.

Um bei den Fragestellungen und in den Auswertungskapiteln darauf zurückgreifen zu können, werden die wichtigen Aussagen präskriptiver Modelle zu verschiedenen Planungsaspekten an dieser Stelle auf der Basis des „lerntheoretischen Modells" wegen seiner hohen Integrität zusammengestellt und skizziert (ausführlicher nachzulesen bei WENGERT 1989, S. 30 ff.):

Lernziele: In der gesamten Vorbereitungsliteratur besteht ein breiter Konsens darüber, daß die Reflexion, Auswahl bzw. Konstruktion und Legitimation von Lernzielen ein wichtiger Teil jeder Unterrichtsplanung sein soll. Häufig wird den Zielentscheidungen *die* zentrale Bedeutung für die Unterrichtsplanung zugeschrieben (vgl. KLAFKI 1980, S. 16; PETERSSEN 1982, S. 283). Auch wenn häufig die Interdependenz aller Planungsentscheidungen betont wird, ist in vielen Fällen die Lernzielentscheidung faktisch vorgeordnet: Sie ist meist Ausgangspunkt der Unterrichtsplanung und bestimmt die weiteren Teile. Dabei werden Lernziele häufig hinsichtlich ihres Abstraktionsniveaus unterschieden und je nach zugrunde liegendem Modell definiert. - Übergeordnete *Erziehungsziele* finden im Gegensatz zu fachlich-inhaltlichen Zielen bei der Unterrichtsplanung in der präskriptiven Vorbereitungsliteratur kaum Beachtung, sie werden der Legitimationsebene zugeordnet.

Thematik: Ziele und Inhalte sind im Unterricht eng verschränkt. Ein Lernziel kann ohne die Inhaltskomponente nicht konkretisiert werden, und umgekehrt läßt sich kein Inhalt ohne Intention vermitteln (vgl. SCHULZ 1980, S. 83 ff.). Dennoch ist die Trennung zwischen den beiden sinnvoll, da ein bestimmtes Lernziel im allgemeinen über unterschiedliche Inhalte erreicht und umgekehrt ein bestimmter Inhalt im allgemeinen unter unterschiedlichen Zielsetzungen behandelt werden kann. Die Trennung soll die planende Lehrkraft dazu veranlassen, Ziel- und Inhaltsentscheidungen bewußt vorzunehmen. Dabei kann die Bestimmung von Inhalten im Rahmen curricularer Vorgaben im Zuge der Beantwortung verschiedener Fragen vorgenommen werden, z. B.:

- Welche Bedeutung hat der Inhalt im Rahmen der Fachwissenschaft?
- Welches ist der Bildungsinhalt des Stoffes? (vgl. KLAFKI 1969)
- Läßt sich der Inhalt anschaulich vermitteln?
- Ist der Inhalt geeignet, das Interesse der Schülerinnen und Schüler zu wecken?

Methoden: Nach KLAFKI ist bei der Unterrichtsmethodik die Grundfrage zu klären, „ob die Organisations- und Vollzugsformen des Lehrens adäquates Lernen ermöglichen" (KLAFKI 1980, S. 21). Bei Methodenentscheidungen im Rahmen der Unterrichtsplanung sind relevante Befunde der Unterrichtsforschung sowie der psychologischen und soziologischen Forschung angemessen zu berücksichtigen. Die Form, in der entsprechendes Wissen bereitzustellen ist, ist allerdings umstritten: Während einige Autoren den Lehrkräften „Unterrichtsrezepte" als Vorbereitungshilfen anbieten (vgl. GRELL & GRELL 1983; MEYER 1980a), sehen andere gerade darin eine unzulässige Verkürzung von Sachverhalten und eine „Selbstentwürdigung" der Lehrkräfte (vgl. SCHULZ 1980, S. 5; ACHTENHAGEN 1983, S. 963). Methodenreflexion in der Unterrichtsplanung soll dem Unterricht sowohl zu größerer Effektivität, Flexibilität und Abwechslung verhelfen als auch die unkritische Verwendung stets derselben, oft suboptimalen und inadäquaten Methode verhindern (vgl. GAGE & BERLINER 1977, S. 652 ff.). Methodenentscheidungen sind stets spezifisch im Hinblick auf Ziel- und Inhaltsentscheidungen, Adressaten und Situationsbedingungen (beispielsweise die verfügbare Unterrichtszeit) zu treffen. SCHULZ (1965, S. 31 ff.) unterscheidet Methodenkonzeptionen wie etwa das ganzheitlich-analytische, das elementhaft-synthetische, das induktive und das deduktive Verfahren, das Projektverfahren usw. nach ihrer Reichweite (vgl. auch MEYER 1980a, S. 335 ff.). Diese Entscheidungen sollen vor allem im Rahmen der Perspektivplanung reflektiert werden. Bei den Stufen der Umriß- und Detailplanung müssen Entscheidungen über folgende Aspekte getroffen werden:

- *Artikulationsformen/-schemata* strukturieren den Unterrichtsprozeß nach den vermuteten Lernphasen der Schülerinnen und Schüler. Für diese Gliederung des Unterrichts in verschiedene Phasen steht der Lehrkraft eine Vielzahl von Modellen zur Verfügung wie das Modell von ROTH (1973, S. 222 ff.: „Stufe der Motivation", „Stufe der Schwierigkeiten", „Stufe der Lösung", „Stufe des Tuns und Ausführens", „Stufe des Behaltens und Einübens", „Stufe des Bereitstellens, der Übertragung und Integration des Gelernten").
- *Sozialformen* wie etwa Frontalunterricht, Gruppen-, Partner-, Einzelarbeit, Gespräch, Spiel.
- *Aktionsformen* des Lehrens wie etwa Vortrag, Demonstration, Lehrerfrage, Impuls.
- *Urteilsformen* wie etwa Lob und Tadel, Ermunterung.

Medien: Insbesondere auf der Stufe der konkreten Prozeßplanung wird die Bereitstellung von Arbeitsmitteln als wichtige Vorbereitungstätigkeit der Lehrerin und des Lehrers betrachtet (vgl. BECKMANN & BILLER 1978, S. 69; DICHANZ & MOHRMANN 1976, S. 104 ff.; PETERSSEN 1982, S. 341 ff.; SCHULZ 1965, 1980) Die Auswahl der Medien kann dabei beispielsweise durch die Beantwortung folgender Fragen getroffen werden:

- Legen die bisherigen Ziel-, Inhalts- und Methodenentscheidungen den Einsatz bestimmter Medien nahe (vgl. DICHANZ & MOHRMANN 1976, S. 110)?
- Sind die vorgesehenen Medien adressatengerecht (vgl. SCHULZ 1965, S. 35)? Sind die Medien geeignet, Interesse bei den Schülerinnen und Schülern zu wecken? Ist genügend Vertrautheit im Umgang mit den Medien vorhanden? Werden die Medien von der Lerngruppe akzeptiert? Kann man mit motivierenden Neuigkeitseffekten rechnen? Ist das Anspruchsniveau „passend"?
- Sind die in Frage kommenden Medien verfügbar bzw. erreichbar?
- Ist ein bestimmter Medieneinsatz vom Standpunkt einer Kosten-Nutzen-Rechung her vertretbar?

Aus der Menge möglicher Medien des Schulunterrichts ragen zwei heraus, da sie keine Beschaffungsprobleme bereiten: Die Tafel und das (eingeführte) Schulbuch. Die Tafel kann spontan aus den Erfordernissen der Unterrichtssituation heraus eingesetzt werden, beispielsweise zur Veranschaulichung eines Sachverhaltes oder um Informationen für einen späteren Zeitpunkt festzuhalten. Das Tafelbild sollte aber in der Regel schon bei der Planung berücksichtigt werden (s. o.) und nicht *ausschließlich* spontan erfolgen. Das Schulbuch ist vielseitig verwendbar und daher im Unterricht häufig ein zentrales Medium (in den didaktischen Modellen zur Unterrichtsvorbereitung spielt es dagegen nur eine untergeordnete Rolle (vgl. SCHÜLER 1982, S. 65)). Es kann als Aufgabensammlung, Materialsammlung (z. B. Texte), zusätzliche Informationsquelle für die Schülerinnen und Schüler, Mittel für die selbständige Erarbeitung eines Sachverhalts, Übungsmittel, Veranschaulichkeitsmittel (z. B. Bilder, Karten, Graphiken), Nachschlagewerk, Wiederholungsmittel usw. eingesetzt werden.
Neben diesen Funktionen als Lernmittel kann das Schulbuch der Lehrkraft auch als Planungshilfe dienen (vgl. BROMME & HÖMBERG 1981, S. 91; LÜTGERT 1981, S. 587). Dies muß nicht notwendig negativ gewertet werden, denn die Abstimmung zwischen Unterricht und Schulbuch erhöht im allgemeinen den Gebrauchswert des Buches für die Lerngruppe. Zusätzlich zum Schulbuch stehen der Lehrkraft häufig noch Begleitmaterial und Handbücher als Vorbereitungshilfen zur Verfügung. Deren (unterstellte) kritiklose und meist ausschließliche Verwendung (vgl. OEHLSCHLÄGER 1978; SCHMIDT 1984) wird allerdings von einigen Autoren als Rezeption einer „Didaktik aus zweiter Hand" (OEHLSCHLÄGER 1979, S. 167) scharf abgelehnt. Denn die oftmals unkritische Orientierung am Schulbuch einschließlich des dazugehörigen Lehrerhandbuches sei kein Ersatz für eine eigenständige, der jeweiligen Klassensituation und Individuallage der Schülerinnen und Schüler angepaßte Vorbereitung (vgl. HILLER 1980; RÖHRL 1980; SCHÜLER 1982).

1.5 Didaktische Modelle bei der alltäglichen Unterrichtsvorbereitung

In der Praxis der Lehrerausbildung besitzen die gängigen didaktischen Modelle eine dominierende Stellung, nicht zuletzt, da sie den Anspruch und die Aufgabe haben, die Lehrkräfte zur wissenschaftlich orientierten Bewältigung ihrer täglichen Aufgaben in Schule und Unterricht zu befähigen und zum Kompetenzerwerb von Lehrerinnen und Lehrern einen wichtigen Beitrag zu liefern. Sie dienen dabei gleichermaßen als Planungsanleitungen und Legitimation des Unterrichts, sie strukturieren die Kommunikation über Unterricht und sind für Prüfungszwecke gut geeignet (vgl. KALLWEIT 1982). Da Berufsanfänger ein großes Bedürfnis nach Sicherheit und klaren Richtlinien bei der Vorbereitung ihres Unterrichts haben, scheinen die Modelle gerade bei der Ausbildung künftiger Lehrerinnen und Lehrer Hilfe und Orientierung zu bieten. Ihnen wird darüber hinaus eine wichtige Einübungsfunktion mit „Langzeitwirkung" zugeschrieben (vgl. BROMME & SEEGER 1979, S. 103 f.; MEYER 1980a, S. 183 ff.). Im Gegensatz zu diesen Auffassungen wird die Brauchbarkeit didaktischer Modelle für die Lehrerausbildung von anderen Autoren in Frage gestellt, wobei folgende Kritikpunkte geäußert werden: HAGE u. a. (1985) und MEYER (1987) stellten fest, daß durch die derzeitig gängige Ausbildungspraxis Methodenmonotonie und Stereotypen im Verhalten von Lehrkräften gefördert würden, obwohl Lehrerinnen und Lehrer sehr viel mehr inhaltliche und methodische Freiheit in der Gestaltung hätten als je zuvor. MEYER (1980a) kommt bei der Analyse der Stundenvorbereitungen von Referendarinnen und Referendaren zu dem Ergebnis, daß die Entwürfe stereotypen Mustern folgen und die einzelnen Teile der methodisch-didaktischen Planung nicht miteinander verbunden werden. So wurden zwar z. B. die Lernvoraussetzungen und Vorerfahrungen der Lerngruppe thematisiert, die weiteren Planungsüberlegungen jedoch in keiner Weise damit verknüpft (a. a. O., S. 149).

Wie sieht es mit der „Langzeitwirkung" aus? Studien zum Lehrerverhalten ergaben, daß sich die meisten Lehrkräfte bei der alltäglichen Unterrichtsvorbereitung nicht an offiziellen didaktischen Modellen orientieren (ADL-AMINI 1980; BAUER & BURGHARD 1992; BAUER & KOPKA 1994; v. ENGELHARDT 1979; GEISSLER 1979; MEYER 1980a; MÜLLER-FOHRBORDT u. a. 1978). Die Zahl derer, die sich eines der didaktischen Modelle wirklich von A bis Z aneignen, um es werkgetreu im Unterricht umzusetzen, ist sehr gering. Häufig werden die Modelle nur ansatzweise übernommen, im Anspruch reduziert, den eigene Interessen und Erfahrungen angepaßt. Kurz gesagt: Sie werden „praxistauglich gemacht".
So stellten DICHANZ und HAGE (1979) fest, daß bei der täglichen Unterrichtsvorbereitung die Auseinandersetzung mit dem Stoff im Vordergrund stehe, methodische Überlegungen eine untergeordnete Rolle spielten und es keinerlei Anzeichen für die Verwendung didaktisch-methodischer Theoriestücke gebe. HILLER (1980) hebt hervor: „Das Thema Unterrichtsvorbereitung bleibt für den Praktiker marginal. Das Hauptaugenmerk ist auf die Einzelstunde fixiert, zumal die Bildungsindustrie entsprechende Lehrerhandbücher publiziert und den Lehrer somit als kommunikationspsychologisch und motivationstheoretisch geschulten Ingenieur für Lernprozesse beansprucht" (a.a. O., S. 121). Auch OEHLSCHLÄGER

(1978) verweist darauf, daß Lehrkräfte bei ihrer täglichen Unterrichtsvorbereitung nicht auf didaktische Literatur, sondern auf vorgefertigtes Material wie Schulbücher oder Lehrerbegleithefte zurückgriffen und diese Unterrichtsrezepturen als eine „gute Arbeitshilfe" ansehen (a. a. O., S. 68 f.). Zu einem ähnlichen Ergebnis kam HAGE (1981), der feststellte, daß Unterrichtsvorbereitung vorrangig aus einer angemessenen Portionierung (Sequentierung) des Unterrichtsstoffes bestehe und in erster Linie Vorbereitung aus „zweiter Hand" sei. MEYER (1983) betonte: „Routinierte Lehrer haben wenig Interesse an allgemeinen Didaktiken. Ihr Planungsverhalten ist problem- und aufgabenbezogen, Zielentscheidungen werden implizit getroffen. Die gelernten Planungsraster werden aufgegeben, zum Kristallisationspunkt wird der geplante Stundenverlauf, wobei der größte Teil mental abläuft. Als Hilfsmittel wird zu den Schulbüchern bzw. zu den entsprechenden Lehrerbegleitheften gegriffen und selten zu den Richtlinien. Die wichtigsten Hilfsmittel sind die eigene Unterrichtserfahrung sowie Gespräche mit Kollegen. Der Zeitaufwand wird beim routinierten Lehrer deutlich kürzer" (a. a. O., S. 64 f.).

Als mögliche Ursachen für die geringe Bedeutung didaktischer Konzepte im schulischen Alltag wird in der Literatur neben der Problematisierung der Ausbildungspraxis auf zwei „didaktik-immanente" Probleme hingewiesen:
So wurde im Zusammenhang mit der „Alltagswende" der Didaktik und der damit verbundenen deutlichen Aufwertung von Praxiserfahrungen die Praktikabilität der didaktischen Konzeptionen für die alltägliche Unterrichtsvorbereitung heftig bestritten (vgl. u. a. DICHANZ & HAGE 1979; LOSER & TERHART 1979; MEYER 1980a; OEHLSCHLÄGER 1979). Keines der Modelle liefere eine ausreichend praktische Handlungsorientierung für die konkrete Unterrichtsplanung bzw. für den Kompetenzerwerb von Lehrkräften. Begründet wird dies vor allem mit der Nichtbeachtung der konkreten Arbeitsplatzsituation von Lehrerinnen und Lehrern. Die Didaktikmodelle gingen, so wird argumentiert, von Lehrkräften aus, die über unbegrenzte Zeitressourcen und enorme Motivation für die Unterrichtsvorbereitung verfügen und zudem mit einer sehr hohen theoretischen und praktischen Handlungskompetenz und einem großen Bestand an empirischem Wissen ausgestattet sind (vgl. MEYER 1980a, S. 180). Die alltägliche Unterrichtsvorbereitung von „normalen" Lehrkräften müsse statt dessen häufig unter Zeitknappheit und Handlungsdruck erledigt werden (vgl. FUHR 1979, S. 2; HAGE 1981, S. 277; SCHULZ 1980, S. 162). Daher bliebe die ausführliche Unterrichtsvorbereitung gemäß den didaktischen Modellen besonderen Anlässen wie Schulbesuchen, „Lehrproben" usw. vorbehalten. Um diese Nichtalltäglichkeit zu verdeutlichen, kreierte MEYER (1980a) den Begriff „Feiertagsdidaktiken" (a.a.O., S. 181 f.). In ähnlicher Weise äußerten sich LOSER und TERHART (1977), wenn sie feststellen, daß die „offiziellen Theorien zur Unterrichtsvorbereitung" nur die „offiziellen Bereiche des Unterrichts" abdecken, eben die „unterrichtlichen Feiertage" und der alltägliche Unterricht bzw. die alltägliche Unterrichtsvorbereitung ganz anders abliefe. Diese sei abhängig von den „heimlich wirkenden privaten Theorien über Unterricht und alltägliche Unterrichtsvorbereitung" sowie von den „Bedingungen der Arbeitsplatzstruktur des Lehrers",

das heißt von der Anzahl der Fächer, die vorzubereiten sind, der Klassenstufe und der Zeit, die für die einzelne Stunde zur Verfügung steht (a. a. O., S. 404 f.) Auch PETERSSEN (1989, S. 52) bemängelte, daß bisher versäumt wurde, „Lehrerdaten" und „Lehrervoraussetzungen" in die Modelle aufzunehmen und die Lehrkraft in den verschiedenen Modellen nur als „Stereotyp" berücksichtigt ist. HILLER (1980) weist darauf hin, daß die gängigen Planungskonzepte die Lehrerin oder den Lehrer in deren alltäglichen Unterrichtsvorbereitungen nicht nur überfordern, sondern auch Unnötiges von ihnen verlangen, da bei fortlaufendem Unterricht in gleichen Klassen nicht stets wieder beim Punkt Null angefangen werden müsse. MEYER (1980 a/b) stellt daher den „Feiertagsdidaktiken" eine „Spickzettel-Didaktik" des pädagogischen Alltags gegenüber: Umfangreiche Planungsentwürfe seien praxisuntauglich, ein Großteil der Unterrichtsvorbereitung geschehe in nicht-schriftlicher Form, notiert würden zumeist lediglich ein paar Wegmarken für den Ablauf des Unterrichts auf einem Spickzettel, was zumindest für die erfahrene Lehrkraft auch völlig ausreichend sei.
In diesem Zusammenhang wird auch die Rolle von Planungs- und Unterrichtsrezepten positiver eingeschätzt als in den herkömmlichen Didaktikmodellen: Während SCHULZ (1980, S. 5) die Verwendung von Rezepten als Selbstentmündigung der Lehrkräfte scharf ablehnt und zu gründlicher didaktischer Reflexion aufruft, wird von anderen Autoren in der Übernahme von Rezepten eine nützliche Erweiterung des Handlungsrepertoires der Lehrerin oder des Lehrers gesehen (GRELL & GRELL 1983; MEYER 1980a/b).
Gegen die vehemente Kritik an den „Feiertagsdidaktiken" wendet sich OTTO (1983), indem er auf die Irrigkeit der Meinung, „das Nachdenken und Handeln in der Ausbildung habe mit dem im beruflichen Alltag identisch zu sein", hinweist (a. a. O., S. 535). In der Ausbildung stehe der Theorieerwerb und Theoriegebrauch im Mittelpunkt. OTTO übersieht dabei aber, daß zumindest ein Teil der didaktischen Modelle dem Anspruch nach nicht primär für Ausbildungsbedürfnisse, sondern für die Alltagspraxis konstruiert wurde (vgl. KLAFKI 1980, S. 25; SCHULZ 1980, S. 49 ff.).

Als weiterer Grund für die geringe Bedeutung didaktischer Modelle bei der alltäglichen Unterrichtsvorbereitung wird von den Autoren auf ein zweites Problemfeld verwiesen. So erweise sich der „schlichte pädagogische Alltag" (GRÜNER 1980, S. 694) immer noch als „terra incognita" (HILLER 1980, S. 140). MENCK (1980) stellte fest: Außer „Impressionen" wisse niemand etwas über die „durchschnittliche Praxis der alltäglichen Unterrichtsvorbereitung". Es fehle eine „Analyse des tatsächlichen Planungsprozesses" (a. a. O., S. 323). Auch die angeführten Äußerungen berufen sich nicht auf größere empirische Untersuchungen, sondern meist auf kleine Stichproben bzw. Einzelgespräche oder auf allgemeine Eindrücke. Die Untersuchung von OEHLSCHLÄGER (1978) bezieht sich beispielsweise auf die Rezeption didaktischer Literatur bei Lehrerinnen und Lehrern und besagt somit wenig über das tatsächliche Verhalten am Schreibtisch. Daher fordert MEYER (1980 b): „Wer die alltägliche Praxis der Unterrichtsvorbereitung verändern will, ... muß zuallererst erkunden, wovon er überhaupt spricht" (a. a. O., S. 166 f.). Auch LOSER und TERHART (1979) verweisen darauf, daß die Strukturen, Formen und Inhalte alltäglicher Unterrichtsvorbereitung durch die Lehrkräfte nach wie vor unbekannt seien, man wisse noch immer nicht genau, wie Lehrerinnen und Lehrer ihren Unterricht vorbereiten (a. a. O., S. 405). LENZEN (1980 b) spricht von dem „zerrissenen Band" zwischen pädagogischen Theorien und der alltäglichen „Praxis". Und ADL-AMINI (1980) stellt fest, daß sich der am Schreibtisch jeder Lehrerin, jedes Lehrers vollziehende Prozeß der alltäglichen Unterrichtsvorbereitung offenbar dem pädagogischen Zugriff lautlos entzogen habe (a. a. O., S. 223).

Es wird daher immer wieder auf das Problem hingewiesen, daß die didaktischen Modelle nicht unter Einbeziehung praktischer Unterrichtsforschung entstanden seien, die Ergebnisse empirischer Analysen in den Diskursen nicht berücksichtigt würden bzw. der Kenntnisstand über die alltägliche Praxis unzureichend sei. PETERSSEN (1989) stellt zusammenfassend fest: „Didaktische Theorie ignoriert bisher weitgehend ihre Aufnahme und Verwendung durch den Lehrer. Sie führt bisher keine Kontrolle der eigenen Wirksamkeit durch" (a. a. O., S. 53). Von daher wird in fast allen Arbeiten der „Vermittlungsprozeß" problematisiert (vgl. ADL-AMINI 1980, S. 211; MESSNER 1985, S. 165; MEYER 1983, S. 69 f.; PETERSSEN 1989, S. 59). Hier zeigt sich in aller Deutlichkeit das „Theorie-Praxis-Problem" bzw. die „Handlungsrelevanz erziehungswissenschaftlicher Erkenntnisse" (vgl. dazu ECKERLE & PATRY 1987). Ob zur Überwindung der Grenzen zwischen didaktischen Theorien und alltäglicher Unterrichtspraxis eine Differenzierung in „Profi-, Feiertags- und Anfängerdidaktik" notwendig ist (MEYER 1983, S. 69) oder das Ganze nur als ein Vermittlungsproblem anzusehen ist (MESSNER 1985), sei erst einmal dahingestellt.

Die hier intendierte Trennung zwischen dem Gewünschten und dem tatsächlich Realisierten wird in der methodologischen Literatur stark problematisiert und ist in der empirischen Literatur zur Unterrichtsplanung nur unbefriedigend gelöst (vgl. Kap. 3).

2 Unterrichtsplanung im Rahmen kognitionspsychologischer Theorien

In diesem Kapitel wird der zweite theoretische Zugriff auf die Unterrichtsplanung von Lehrkräften - die kognitions- und handlungstheoretischer Perspektive - dargestellt. Unterrichtsplanung wird entsprechend dieser Ansätze als Handlung betrachtet. Denn dieser Arbeit liegt die Annahme zugrunde, daß die Unterrichtsplanung nur adäquat interpretiert und verstanden werden kann, wenn die Vorgänge des Denkens, die Intentionen, antizipierten Handlungsmöglichkeiten und Erwartungen der Lehrkräfte bei diesem Prozeß berücksichtigt werden.

Im folgenden werden, ausgehend von dem im ersten Abschnitt vorgestellten Subjektverständnis kognitiver Ansätze, der Handlungsbegriff im zweiten Abschnitt definiert, vom Verhaltensbegriff abgegrenzt sowie die wesentlichen Merkmale von Handlungen dargestellt. In diesem Zusammenhang werden die für die Fragestellung zentralen Begriffe „Handlungsplan oder -schema" sowie das „handlungsleitende Wissen" thematisiert. Was unter diesem „Wissen" zu verstehen ist, wie es organisiert ist und was es beinhaltet, wird im dritten Abschnitt mit Hilfe des Expertenansatzes sowie im vierten Abschnitt über „subjektive Theorien" konkretisiert. Im fünften Abschnitt wird die Unterrichtsplanung schließlich vor diesem Hintergrund als Entscheidungssituation und Problemlösungsprozeß konzipiert.

2.1 Das Subjektverständnis kognitiver Ansätze

Während verhaltenstheoretische Auffassungen eine weitgehende Außensteuerung durch Reize unterstellen, sehen handlungstheoretische Ansätze schwerpunktmäßig eine Innensteuerung durch die Person selbst. Letztere befassen sich mit dem Zusammenhang zwischen kognitiver Struktur und Handlung, dabei wird die interne Handlungssteuerung - im Gegensatz zur Außensteuerung beim Verhalten - zum Kernpunkt der Theoriebildung (EDELMANN 1993, S. 304 f.).

Während also das behavioristische Modell den Menschen unter der Kontrolle der Umwelt sieht: „Wer das Verhalten ändern will, muß die Umwelt ändern" (WESTMEYER 1973, S. 139), wird der Mensch bei dem den handlungstheoretischen Ansätzen zugrunde liegenden Modell des reflexiven Subjekts „als Hypothesen generierendes und prüfendes Subjekt" (GROEBEN & SCHEELE 1977, S. 22) definiert. Der Mensch „mit seinen die Umwelt erklärenden (subjektiven) Theorien bzw. durch Erklärungstheorien geleiteten Handeln" wird unter einer kognitiven Frageperspektive betrachtet. Dabei ist die Reflexion, d. h. die „Selbstbeobachtung des Handelnden auf dem Wege zum Ziel" (AEBLI 1980, S. 27) ein wesentliches Merkmal dieser Auffassung. Schwerpunkte dieser Forschungsprogramme sind auf der einen Seite die kognitive Repräsentation (Einsicht in Welt und Selbst) und auf der anderen Seite die Aktivität des menschlichen Subjekts gegenüber der Umwelt.

Bereits Ende der 50er Jahre entwickelte sich, beeinflußt durch die Informationstheorie, die Kybernetik und die Linguistik, dieser (neue) psychologische Ansatz, der „die psychischen Zustände und Prozesse, die beim Menschen zwischen der Reizaufnahme und dem Verhalten vermitteln", zum Gegenstand nahm (HOFFMANN 1988, S. 63). Die Ablösung des behavioristischen Paradigmas zugunsten dieses Subjektmodells wurde häufig als „Kognitive Wende" (vgl. GROEBEN u. a. 1988, S. 254; STEINER 1984, S. 729) bezeichnet. Dabei rückte man vom Postulat „konstanter Beziehungen zwischen Reiz und Reaktion" zugunsten der Ansicht ab, „daß die Beziehungen zwischen Reiz und Reaktion durch bereits vorhandene Information, die im Gedächtnis gespeichert ist, und durch eine Vielzahl von kognitiven Prozessen, letztlich Aktivitäten des zentralen Nervensystems, erst vermittelt und auch verändert werden" (STEINER 1984, S. 729).

Innerhalb der kognitiven Psychologie existiert eine Vielzahl theoretischer Konzepte, weshalb es nach WAHL angemessener erscheint, von „Kognitiven Wenden" zu sprechen (GROEBEN u. a. 1988, S. 254). Allen gemeinsam ist das Ziel, Licht in die „Blackbox" zu bringen (STEINER 1984, S. 730) und die Auffassung des Menschen als aktivem Informationsverarbeiter, der in einem kontinuierlichen Informationsaustausch mit der Umwelt agiert (vgl. HOFFMANN 1988, S. 65). Dabei muß die „Sicht von außen" durch die „Sicht von innen" ergänzt werden (vgl. SCHEELE & GROEBEN 1988, S. 5). In Abgrenzung vom behavioristischen Verhaltensbegriff tritt der Handlungsbegriff ins Zentrum.

Es lassen sich je nach Akzentuierung der Autoren verschiedene Handlungsbegriffe unterscheiden. Bei SCHEELE & GROEBEN steht das Merkmal der Innensteuerung durch ein Subjekt im Vordergrund, andere Autoren heben die Intentionalität hervor, wieder andere das Vorhandensein von Handlungsalternativen. Im Anschluß an den Soziologen WEBER (1976) läßt sich der subjektive Sinn betonen, unter rechtlichen Gesichtspunkten ist die Verantwortlichkeit besonders wichtig usw. (EDELMANN 1993, S. 307). Für diese Arbeit soll die Entwicklung eines flexiblen Handlungskonzepts als wesentliches Merkmal einer Handlung angenommen werden.

2.2 Zum Handlungsbegriff kognitiver Ansätze

Im Rahmen handlungstheoretischer Ansätze wird der Mensch somit als Subjekt gesehen, das sich selbst Ziele setzt oder vorgegebene Ziele verfolgt. Dabei orientiert sich das Handeln „an dem Erreichen von Zielen" (= „effizientes Handeln") und „dem Finden geeigneter Wege zu diesen Zielen" (VOLPERT 1982, S. 39). Handlungen sind somit Mittel zur Erreichung dieser Ziele. Die Handlungen werden willentlich und absichtlich eingesetzt, und sie sind wählbar, d. h. es bestehen Handlungs-alternativen. Dies macht den subjektiven Sinn für den Handelnden aus. Der Handelnde ist somit verantwortlich für sein Tun. Die Handlung wird gesteuert durch einen Plan, ein Handlungskonzept, das eine Antizipation der späteren Tätigkeit darstellt. Die Handlungsfolgen werden rückgemeldet, d. h. der Handelnde erwirbt Wissen über die Welt und über erfolgreiche und nicht-erfolgreiche Handlungspläne. Nach diesen Überlegungen läßt sich folgendes Schema der Handlung ableiten:

Abbildung 4: Schematische Darstellung einer Handlung
(aus EDELMANN 1993, S. 308)

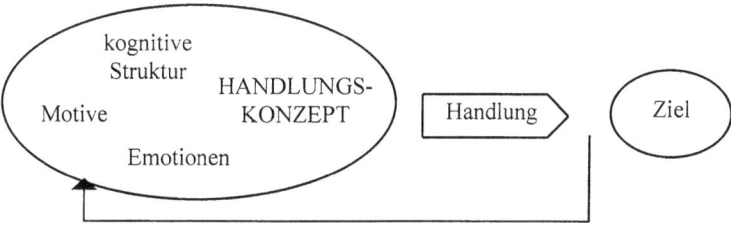

Das handelnde Subjekt ist mit seiner kognitiven Struktur (Wissens- und Wertestruktur, Gedächtnis) sowie Emotionen und Motiven ausgestattet. Werden das normalerweise dispositionale Wissen und das latente Motiv angeregt, dann kommt es zur Ausbildung eines flexiblen Handlungskonzepts, das eine Antizipation der späteren Handlung beinhaltet. Die eigentliche Tätigkeit wird von diesem Handlungsentwurf oder -plan gesteuert. Der Erfolg der Handlung (Zielerreichung) wird an die Person rückgemeldet und im Gedächtnis gespeichert.

Kernpunkt dieser Auffassung ist die interne Handlungssteuerung durch das Handlungskonzept. Das Gegenmodell wäre die Außensteuerung des Verhaltens beim Reiz-Reaktions-Lernen und beim Instrumentellen Lernen (EDELMANN 1993, S. 306 f.). Im folgenden werden nun das Handeln vom Verhaltensbegriff abgegrenzt sowie die zentralen Merkmale von Handlungen dargestellt.

2.2.1 Handeln oder Verhalten?

Autoren, die dem Paradigma des reflexiven Subjekts anhängen, neigen dazu, fast alle menschlichen Tätigkeiten als Handlungen zu bezeichnen, lediglich reflektorische Reaktionen (z. B. Gähnen) fallen dann außerhalb dieser Definition. Es ist aber notwendig, Unterkategorien zu bilden. So sind beispielsweise eigenverantwortliche Handlungen von „automatisierten Handlungen" abzuheben. Im folgenden wird versucht, „Handeln" von „Verhalten" zu trennen. Dabei lassen sich unterschiedliche Akzentuierungen bei den Autoren ausmachen.

AEBLI geht vom Verhalten als Oberbegriff aus und versteht darunter „willkürliche und unwillkürliche, bewußte und unbewußte Reaktionen des Menschen" (AEBLI 1980, S. 19). „Tun" beschreibt er als zwar absichtsvolles und zielgeleitetes Verhalten, jedoch mit geringerem Bewußtheitsgrad, da Teil- und Zwischenziele häufig nicht bewußt sind. Typische Beispiele von Tun sind das Konstruieren von Sätzen, das Aufstehen von einem Stuhl oder das Tanzen. „Handeln" umfaßt die „Bereiche des Tuns mit hohem Grad der Bewußtheit und Zielgeleitetheit". Darunter fällt beispielsweise das Bauen eines Hauses. Handeln ist somit Teilmenge von Tun und dieses Teilmenge von Verhalten. Linear gedacht, nimmt der Bewußtheitsgrad bzw. die Zielgerichtetheit vom Verhalten über das Tun zum Handeln zu (a. a. O., S. 20).

GROEBEN geht auf der Grundlage des epistemologischen Subjektmodells von einem Kontinuum von Verhalten und Handeln aus. Handeln wird durch die Begriffe Willkürlichkeit, Kontrolle über die Umwelt, Bewußtheit und Zielorientierung charakterisiert, Verhalten als zweiter „Außenpol" durch Unwillkürlichkeit, Kontrolle durch die Umwelt, Funktionalität etc. (vgl. GROEBEN 1986, S. 405). Die mittlere Kategorie des Tuns ist gekennzeichnet durch ein Auseinanderfallen von Intention und Motivation. Der Sinn ist dem Akteur nicht vollständig bewußt: „Man hat etwas getan, was man gar nicht gewollt hat" (a. a. O., S. 168). Tun stellt nach GROEBEN die „Restkategorie" zwischen Handeln als „hochkomplexer Ausgangseinheit" und Verhalten als „niedrigster Komplexitätsstufe" dar (a. a. O., S. 185), es läuft mit einem Minimum an bewußter Kontrolle ab. Handeln wird „intentional", Tun „motivational" und Verhalten „funktional" beschrieben (vgl. SCHEELE & GROEBEN 1988, S. 17). Diese Einheitenkategorien lassen sich nach GROEBEN den verschiedenen Theorierichtungen grob zuordnen, die „Verhaltens-Kategorie" dem Behaviorismus, die „Tuns-Kategorie" der Psychoanalyse bzw. entsprechender sozialpsychologischer und soziologischer Theorieansätze und die „Handlungs-Kategorie" der humanistischen Psychologie bzw. den verschiedenen handlungstheoretischen Modellen, aber auch dem „Kognitiven Konstruktivismus" (vgl. GROEBEN 1986, S. 407).

Der eigenen Arbeit wird der Handlungsbegriff von GROEBEN zugrunde gelegt, da er auf dem epistemologischen Subjektmodell basiert. Handeln wird somit nicht als Teilmenge von Verhalten verstanden, es werden keine mentalen Prozesse in den Verhaltensbegriff integriert. Verhalten wird auf seinen präzisen Kern begrenzt, „von dem der Behaviorismus seinen Ausgang genommen hat: nämlich die von der Umwelt kontrollierte Reaktion" (SCHEELE & GROEBEN 1988, S. 17). Wird also eine Tätigkeit im wesentlichen von tatsächlich auftretenden oder antizipierten Konsequenzen gesteuert (Außensteuerung), so handelt es sich um Verhalten. Steht die Entwicklung eines antizipatorischen flexiblen Handlungskonzepts im Vordergrund (Innensteuerung), liegt eine Handlung vor.

Festzuhalten bleibt: Je deutlicher die Merkmale „bewußter und absichtlicher Einsatz der Handlungen zur Zielerreichung", „Abwägen von Handlungsalternativen" „Erkennen eines subjektiven Sinns", „Erleben der Verantwortlichkeit", „Entwicklung eines flexiblen Handlungskonzepts" feststellbar sind, desto eher liegt eine Handlung vor. Daher ist in diesem Sinne verantwortliches, rationales, flexibles und effizientes Handeln im menschlichen Leben eher eine Seltenheit.

2.2.2 Merkmale von Handlungen

Kennzeichnende Merkmale von „Handeln" sind somit, wie gerade erläutert, zunächst Zielgerichtetheit und Bewußtheit. Nach HACKER (1982) regulieren Ziele „Handlungen zusammen mit internen Repräsentationen der Verfahren zu ihrer Erreichung", dabei ist zusätzlich „die Absicht zur Verwirklichung des vorweggenommenen Resultats unerläßlich" (a. a. O., S. 19). Diese zielgerichteten Handlungen werden „von (teilweise bewußten) Kognitionen geleitet, die (teilweise sozialen Ursprungs sind" (CRANACH & KALBERMATTEN 1982, S. 62). Dabei bezeichnet CRANACH (1983) Kognitionen, „derer wir gewahr werden und über die wir berichten können", als „reflexives Bewußtsein" (a. a. O., S. 66), wobei je nach „Art und Ebene der bewußten Repräsentation" (a. a. O., S. 67) zwischen „Bewußtheitsgraden" unterschieden wird.

Diese lassen sich GROEBENs Definitionen folgendermaßen zuordnen: „Bewußte Kognitionen" entsprächen dem Handeln, „unbewußte Kognitionen" dem Tun und „nichtbewußte Kognitionen" dem Verhalten. Als weitere Kategorie benennt CRANACH „unterbewußte Kognitionen", die leicht bewußt werden können, während „bewußte Kognitionen" leicht „unterbewußt" werden können (1983, S. 68).

Weiterhin differenziert er zwischen „bewußtseinsfähigen Kognitionen", die im Verlauf einer Handlung bewußt werden können und „bewußtseinspflichtigen Kognitionen", die „mindestens einmal im Zusammenhang mit einer Handlung" bewußt werden müssen (CRANACH 1983, S. 68).[5]

Auch bei der Unterrichtsplanung wird davon ausgegangen, daß der Grad der Bewußtheit variieren kann. Dies richtet sich beispielsweise nach der Routiniertheit der auszuführenden Handlung oder der Neuigkeit des zu bearbeitenden Problems (s. u.).

Die Theorie des zielgerichteten Handelns geht von einem hierarchischen Handlungsplan oder -konzept aus. Darunter wird ein System von handlungssteuernden Regeln, die durch (aktive) Organisation von (aktuellen und gespeicherten) Wahrnehmungen entstehen, verstanden (in Analogie zu den Programmen für Computer). Diese Handlungsorganisation wird häufig als hierarchisch-sequentiell beschrieben - ein Modell, das auf MILLER, GALANTER und PRIBRAM zurückgeht, deren Buch „Strategien des Handelns" (1973) die Entwicklung von Handlungstheorien stark beeinflußt hat. Kennzeichnend ist die Annahme unterschiedlicher Regulationsebenen. Theoretische Grundlage ist die Systemtheorie (vgl. CRANACH 1980, S. 45 f.). Nach diesem Modell lassen sich bei komplexen Handlungen Teilpläne, Teilhandlungen und Teilziele unterscheiden.

Die Planung und der Vollzug jeder Teilhandlung können mit Hilfe der TOTE-Einheit[6] erklärt werden, wie bei MILLER, GALANTER und PRIBRAM oder als „zyklische Einheit" wie bei VOLPERT (1982, S. 41; vgl. auch HACKER 1982; S. 23) bzw. wie bei OESTERREICH (1982), der eine Verbindung beider Modelle anstrebt (vgl. GROEBEN 1986, S. 397).

---

[5] Da CRANACH Handeln als „eine besondere Art des Verhaltens" (1980, S. 77) bezeichnet und auch bei „unterbewußter Selbstregulierung" (CRANACH 1980, S. 82) von Handlung spricht, ist somit ein deutlicher Unterschied zum Verhaltensbegriff von GROEBEN zu sehen (vgl. GROEBEN 1986, S. 398 sowie dessen Kritik an der Methodik der Erhebung der bewußten Kognitionen durch einen „monologhermeneutischen Ansatz"). Festzuhalten bleibt, daß bei der Methodendiskussion die Möglichkeit unterschiedlicher „Bewußtheitsgrade" zu beachten ist.
[6] Die Handlungssteuerung wird unter Verwendung des kybernetischen Modells der Rückkopplung erklärt, die in der Psychologie als TOTE-(Test-Operate-Test-Exit)-Einheit bezeichnet wird. (aus Edelmann 1993, S. 312; vgl. auch CRANACH 1980, S. 46 ff.)

Beispiel für Teilhandlungen:

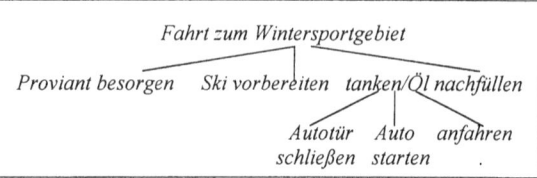

Ein solch komplizierter Regulationsvorgang bis zum Erreichen des Endziels ist durch Regulationsvorgänge auf verschiedenen Ebenen gekennzeichnet. Die höheren Funktionsebenen wirken dabei als Überwachungs- und Steuerinstanzen für die niederen. In diesen hierarchischen Organisationen dominiert das Endziel letztlich alle Teilpläne und -handlungen. Auf diese Weise kommt es zu einer wesentlichen bewußtseinsmäßigen Entlastung bei der Bewältigung der untergeordneten Einheiten (EDELMANN 1993, S. 312 f.).

Handeln ist nach diesem Modell zunächst hierarchisch organisiert, wobei die in der Hierarchie übergeordneten Elemente die jeweils untergeordneten steuern. Die einzelnen Teilhandlungen können dabei aus der Situation heraus jeweils neu generiert werden, in der Regel werden sie jedoch als Ganzes gespeichert und brauchen nur abgerufen zu werden. Diese Pläne von Teilhandlungen haben algorithmischen Charakter: Es sind Operationsvorschriften zur Erreichung eines definierten Zieles, wenngleich dieses Ziel in der Gesamthandlung nur ein Teilziel darstellt. Andere Teilhandlungen müssen jedoch heuristisch neu generiert werden, so daß die Handlung insgesamt ein hierarchisches System von algorithmischen und heuristischen Plänen darstellt. Da die einzelnen Teilhandlungen im Regelfall aber nur nacheinander ausgeführt werden können, ergibt sich zusätzlich eine zeitliche Reihenfolge (Sequenz), der einzelnen Komponenten einer komplexen Handlung (vgl. BROMME & SEEGER 1979, S. 42). Handeln wird damit hierarchisch-sequentiell beschrieben.[7]

Dem Handlungsgeschehen wird meist ein Anfangspunkt und ein Endpunkt zugeschrieben und dementsprechend, je nach theoretischer Konzeption, in einen „Orientierungsteil", eine „Situationsauffassung" o. ä. und einen „Realisierungsteil", „Handlungsausführung" o. ä. unterteilt (vgl. WAHL 1991, S. 21 f.). Dabei sind diese Handlungsprozesse ohne „Rückgriff auf gedächtnismäßig gespeicherte Strukturen" (a. a. O., S. 46) nicht vorstellbar bzw. nicht nachvollziehbar. Diese „Strukturen entstehen in der und durch die aktive Wechselwirkung zwischen Organismus und Umgebung" (KLIX 1984, S. 927). Diese ordnungsbildenden, strukturierten Gedächtniseinträge werden als „Wissen" bezeichnet; beziehen sie sich auf die Gestaltung von Handlungen, als „handlungsrelevantes Wissen" (vgl. WAHL 1991,

---

[7] Dieses Modell blieb nicht unkritisiert: Nach GROEBEN suggeriert die Vorgabe von einer „fixen Ebenen-Einteilung" die Möglichkeit einer „'objektiven' Normalbeschreibung von Handlungen", außerdem hat der Begriff „Verantwortlichkeit" keinen Platz, da die Abläufe in „algorithmischen Computeranalogien" beschrieben werden (ähnlich DÖRNER 1982, S. 27; auch BAMMÉ 1986, S. 155 ff. u. a.).

2. Unterrichtsplanung im Rahmen kognitionspsychologischer Theorien

S. 47). Im Zuge der Überwindung (oder der Differenzierung) des behavioristischen S-R-Schemas setzten sich in verschiedenen, durchaus z. T. widersprüchlichen Theorien Annahmen über diese handlungssteuernden Kognitionen durch: Sie erhielten unterschiedliche Bezeichnungen. So spricht etwa TOIMAN von „cognitive maps", BRUNER, GOODNOWN und AUSTIN von „Strategien", SKINNER von „Regeln" und MILLER, GALANTER und PRIBRAM von „Plänen" (a. a. O., S. 63). Dabei ist das Wissen in besonderer Weise organisiert. Auf der oberen Ebene sind die Regeln über die Planung von Handlungen selbst angesiedelt. Es sind Prinzipien oder auch Fähigkeiten, die das Erstellen von Plänen betreffen, d. h. die Produktion von Informationen, die in Plänen selber verwendet werden. Auf der zweiten Ebene kommen die Regeln und Prinzipien, die die Speicherung und Kombination sowie das Abrufen von vorhandenen Wissensbeständen betreffen. Darunter schließt sich eine Ebene an, auf die die jeweils akuten Handlungspläne liegen.

Dabei wird zum einen davon ausgegangen, daß der Plan eines Handlungsvollzuges (mit seinen Teilplänen) nur in Ausnahmefällen vollständig kognitiv repräsentiert ist. Im Prozeß von Handlungen wird der Plan statt dessen mehr und mehr „automatisiert", d. h. sein Vollzug geschieht ohne kognitive Repräsentation. An deren Stelle tritt eine abgekürzte Repräsentation auf der jeweils übergeordneten Ebene in der Hierarchie der Handlungspläne („Superzeichenbildung").

Diese Automatisierung, die Umwandlung in Prozesse ohne bewußte Kontrolle - um gleichsam die Kapazität des Gehirns für neue Informationen frei zu machen - ist Voraussetzung für effektives Handeln. Die „bewußte Kontrolle" ist nur erforderlich, wenn unvorhergesehene Probleme auftauchen. Solche automatisierten Handlungen sinken nach einer Phase der Aneignung im Bewußtsein in Schichten ab, die mit weniger Aufmerksamkeit versehen sind. Dort bleiben sie verfügbar und einsetzbar. Dabei sind der bewußt vollzogene Handlungsvollzug (etwa eines Anfängers) und der automatisierte (eines Geübten) identisch, beiden Strategien liegt der „gleiche" Plan zugrunde (MILLER, GALANTER & PRIBRAM 1973, S. 88). Pläne enthalten demnach zwar unbewußte Anteile, sind aber dennoch Wissensbestandteile in handlungsleitender Funktion. Da Menschen unter verschiedenen Bedingungen aufwachsen, finden sich in diesem Wissen neben individuellen Erfahrungen auch gesellschaftliche und gruppenspezifische Einflüsse. Dabei baut dieses ontogenetisch erworbene Wissen auf phylogenetisch erworbenen Strukturen auf (vgl. VOLLMER 1980). Zu diesem Wissen gehören bei Lehrkräften somit neben dem Theorie- auch das Alltagswissen und die Berufserfahrung (KAMINSKI 1970, S. 47).[8]
Wie letztlich dieses „Wissen" zu verstehen ist, wird noch kontrovers diskutiert. Für vorliegende Arbeit scheint die Forschungsrichtung „Expertenansatz" erfolgversprechend, da hier der „Lehrer als Problemlöser" (BROMME 1987, S. 127) Gegenstand der Untersuchung ist (s. u.).

---

[8] Im Gegensatz zu dieser Einteilung unterscheidet z. B. ZETTBERG (1967; aus EDELMANN 1993, S. 297) fünf Wissensarten: Berufsethos; asuistisches Wissen, Faustregeln, deskriptives Wissen, wissenschaftlich bestätigte Thesen.

Menschliches Handeln wird neben den beschriebenen Kognitionen auch durch Gefühle und Bedürfnisse in erheblichem Maße gesteuert. Der Aufforderungscharakter (emotionale Valenz, Anreiz, Aktivität) einer Sache kann u. a. die Aktivität mehr beeinflussen als das rationale Kalkül einer Planung. Aus diesem Grunde sind handlungsleitende Emotionen und Motive[92] zu berücksichtigen (EDELMANN 1993, S. 307 f.). Es ist davon auszugehen, daß die meisten kognitiven Prozesse, sieht man von Routinen ab, von Emotionen begleitet sind. Subjektive Betroffenheit, emotionale Belastungen und Entlastungen - auch vor dem Hintergrund von Interessen, Motiven, Einstellungen und Wertebezügen -dürften eine erhebliche Rolle bei der Handlungssteuerung spielen.

Nach BRANDSTÄDTER (1985, S. 255) treten Emotionen bei der Bewertung von Handlungsepisoden auf und haben eine motivationale und verhaltensregulative Funktion. DÖRNER (1985) sieht die Funktion von Emotionen ebenfalls in der Steuerung der Verhaltensregulation, indem sie „die denkende Auseinandersetzung mit einem Problem in Gang" setzen und auch „den „Ablauf des Denkprozesse" bestimmen (a. a. O., S. 173). Zudem können kognitive Prozesse Emotionen „hochschaukeln" bzw. „dämpfen" (a. a. O., S. 177). Denken und Emotionen können als „System interagierender Instanzen" (a. a. O., S. 180) verstanden werden. Emotionen sind somit „handlungsregulativ" (bzw. verhaltensregulativ) und „handlungskonstitutiv" (BRANDSTÄDTER 1985, S. 255), während die kognitive Komponente für Emotionen konstitutiv ist (a. a. O., S. 256, siehe auch: KRAUSE 1982; ULICH 1982; WAGNER u. a. 1981). Bei der Untersuchung der Unterrichtsvorbereitung ist davon auszugehen, daß Kognitionen und Emotionen ebenso wie Erwartungen[10] integriert sind. Mit Notfallreaktionen ist sicher nicht zu rechnen, da kein unmittelbarer Handlungsdruck besteht - daß für manche Lehrkräfte Unterrichtsplanung eher Frust als Lust bedeutet, ist allerdings nicht von vornherein auszuschließen. Es könnte sich aber eine Drucksituation ergeben, indem bestimmte Ziele, die sich eine Lehrerin, ein Lehrer setzt, miteinander konfligieren, etwa ein bestimmtes Stoffpensum zügig und vollständig durchzunehmen und einen handlungsorientierten, auf rege Unterrichtsbeiträge der Schülerinnen und Schüler aufbauenden Unterricht zu planen (vgl. dazu WAHL u. a. 1984, S. 45 ff.). Wenn also Unterrichtsvorbereitung als Drucksituation empfunden wird - unter Zeitdruck fühlen sich zumindest viele Lehrkräfte - so ist mit entsprechenden

---

[9] Im Sinne der Motivationspsychologie ist Motivation ein theoretischer Begriff, ein sog. hypothetisches Konstrukt. Das heißt, Motivation ist nicht unmittelbar, sondern über Verhaltensweisen zu erfassen, die ihm zugeordnet werden. Im Anschluß an YOUNG ist Motivation ein Sammelbegriff für alle Variablen, die Verhalten anregen (arouse), tragen (sustain) und lenken (direct). Oft synonym gebrauchte Begriffe sind Antrieb, Bedürfnis, Drang, Impuls oder Trieb. GRAUMANN definiert Motivation als Funktion aus Motiv und Situation. Damit wird zwischen Motiv und Motivation unterschieden. Das Motiv ist das Konstrukt in engerem Sinne, das eines situativen Auslösers bedarf, um zum motivierten Verhalten zu führen (aus EDELMANN 1993, S.309).

[10] In diesem Zusammenhang verweisen BROMME und SEEGER (1979, S. 8) auf den Pygmalioneffekt: Die Erwartungen der Lehrkraft auf den Erfolg einer Schülerin, eines Schülers können sich tatsächlich auf den Erfolg auswirken, zumindest, wenn sich die Lehrkraft entsprechend den Erwartungen verhält und bei der Schülerin, dem Schüler die nötigen Voraussetzungen, die Leistungen zu erbringen, gegeben sind (ROSENTHAL & JACOBSON 1971).

Bewältigungsstrategien zu rechnen, die entweder beschleunigen, indem man sich auf das Notwendigste beschränkt, Schwerpunkte bildet, auf Routinen zurückgreift, oder verzögern, indem man sich in Details vertieft, die thematischen Schwerpunkte wechselt oder andere Arbeiten vorzieht (vgl. dazu DÖRNER 1982; S. 29; WAHL 1991, S. 32 ff.). Inwieweit solche Merkmale des „Handelns unter Druck" (WAHL 1991) auftreten, wird sich zeigen, wichtig erscheint auf jeden Fall, daß neben den kognitiven Prozessen auch die dazugehörigen Emotionen erfaßt werden sollten. Sind beispielsweise modifikatorische Maßnahmen geplant, so ist dies geradezu eine Notwendigkeit.

Abbildung 5: Eigene Erweiterung der schematischen Darstellung einer Handlung

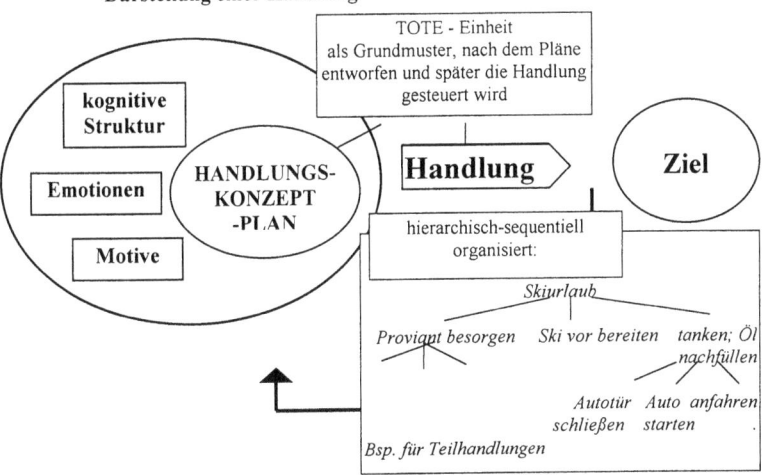

2.3 Der Expertenansatz

Bei dem Expertenansatz werden „Lehrkräfte als Problemlöser" definiert. Dies impliziert nach BROMME (1987) die Kernannahme, „daß Lehrer ständig komplexe Probleme bearbeiten, ohne sie wie eine Denksportaufgabe abschließend zu lösen" (a. a. O., S. 127). Problemlösen wird dabei als ein Sonderfall des planvollen Handelns verstanden. DUNCKER (1963) definiert beispielsweise: „Ein 'Problem' entsteht z. B. dann, wenn ein Lebewesen ein Ziel hat und nicht 'weiß', wie es dieses Ziel erreichen soll" (a. a. O., S. 1). Man spricht von einem „Problem", wenn einem handelnden Subjekt ein Ziel vorgeben ist, zu dessen Erreichen das nötige Wissen bzw. die Instrumente nicht vollständig vorhanden sind, so daß sich diese Zielerreichung nicht exakt beschreiben läßt. Ein Problem ist somit durch drei Komponenten gekennzeichnet: Unerwünschter Anfangszustand - Erwünschter Zielzustand - und die Barriere, die die Überführung des Anfangszustandes in den Zielzustand im Augenblick verhindert. Für die Bewältigung des Problems müssen daher aus dem vorhandenen Wissen, den vorhandenen Instrumenten und Methoden usw. neue Wege der Problemlösung aufgestellt werden. Eine solche nichtalgorithmische Problemlösung wird als heuristisch[11] bezeichnet, wodurch das Fehlen einer festgelegten Verfahrensvorschrift hervorgehoben wird (vgl. BEIER 1974, S. 3). Unter „'Neue' Wege der Problemlösung" ist die Anwendung bereits vorhandenen Wissens auf die jeweils neue Situation zu verstehen. Nun sind nicht alle Tätigkeiten des Praktikers (bewußt ablaufende) Problemlösetätigkeiten, es finden sich auch Tätigkeiten, die rein routinemäßig ohne schöpferische und problemlösende Anstrengung durchgeführt werden können.

Vom Problem ist eine Aufgabe zu unterscheiden (vgl. PARTHEY, VOGEL & WÄCHTER 1966). Unter Aufgaben versteht man die Tatbestände, bei denen sowohl das Ziel als auch der Weg zur Zielerreichung vorhanden sind - im Gegensatz zu Problemen, bei denen zwar das Ziel bestimmt ist, aber die Mittel zur Zielerreichung nicht vorliegen bzw. unvollständig sind. - Bei einer Aufgabe verfügt man über Regeln (Wissen), wie die Lösung zu erreichen ist. So ist beispielsweise die Division 232 : 4 für ältere Kinder und Erwachsene eine Aufgabe, weil die Regeln für solche Rechenoperationen gelernt wurden. Eine besondere Art der Aufgabenlösung stellt die Anwendung eines Algorithmus (genaue Verfahrensvorschrift) dar. Ein Beispiel hierfür ist das Telefonieren in einer Telefonzelle mit einer Sequenz von Teilhandlungen, die in festgelegter Reihenfolge durchgeführt werden müssen. Was für ein Individuum eine Aufgabe oder ein Problem ist, hängt demnach von den Vorerfahrungen und Kompetenzen ab.

Bei der Arbeit einer Lehrerin oder eines Lehrers handelt es sich nach BROMME und SEEGER (1979) in der Regel um die Lösung von Problemen; denn die Tätigkeit besteht zwar aus vielen häufig wiederholten Tätigkeitsvollzügen, die sich ähneln, aber nie identisch ausgeführt werden können. Lehrkräfte haben zwar häufig den Eindruck, eher routiniert zu handeln und seltener neue Pläne für die Lösung der Probleme zu entwickeln, dennoch werden jedesmal neben der Anwendung von theoretischem Wissen (welches häufig vermischt mit Alltagstheorien und eigenen Erfahrungen in transformierter Form vorliegt), von Erfahrungen, Faustregeln usw. dem spezifischen Problem angepaßte Regeln entwickelt und integriert (s. u.). Dabei unterscheidet sich lediglich je nach Art und Umfang des Problems der „schöpferische" Anteil bei der Planbildung. Dabei hat der Praktiker somit folgende Leistungen zu erbringen: zum einen die Konkretisierung des Theoriewissens bzw. der eigenen Theoriebegriffe und zum anderen die Abstraktion von der sinnlichen Erfahrung der Problemsituation. Dabei bewältigt das Subjekt Aufgaben bzw. Probleme mit Hilfe der eigenen kognitiven Struktur:

---

[11] Heuristische Planbildung: 1. Wahrnehmung eines Problems/einer Problemsituation 2. dessen Einordnung in vorhandenes (Theorie-)Wissen 3. gleichzeitige Transformation des Wissens und Übertragung von (Regel-)Wissen auf das Problem 4. selektive Wahrnehmung bedeutsam erscheinender Merkmale dieses neu definierten Problems (BROMME & SEEGER 1979, S. 49 f.).

Abbildung 6: Modell der kognitiven Struktur

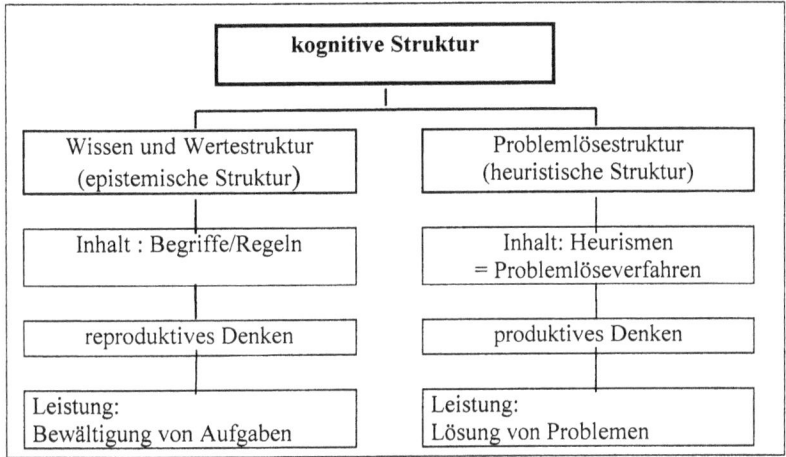

(nach KLUWE 1979, aus EDELMANN 1993, S. 329)

Der weitaus größte Teil des Handelns wird über die Wissen- und Wertestruktur gesteuert. Erst wenn unser Wissen nicht ausreicht, den Zielzustand auf direktem Weg anzustreben, gelangen Problemlöseverfahren zur Anwendung.[12]

Nach dem Expertenansatz unterscheidet dieses Wissen den Experten vom Anfänger bezüglich des Umfangs als auch des Strukturierungsgrades. „Erfolgreiche Problemlöser (Experten) nehmen Problemsituationen anders wahr und verfügen über mehr bereichsspezifisches Wissen sowie über ein besseres Modell der Gesamtsituation als Anfänger" (BROMME 1987, S. 145).
In Untersuchungen zum Forschungsparadigma des „Lehrers als Experten", bestätigte sich die Annahme, daß Lehrkräfte ihr Wissen ähnlich wie gute Schachspieler organisieren. In dieser neueren wissenspsychologisch orientierten Professionsforschung (vgl. auch TERHART 1990; 1991; 1992) ging man von der Erkenntnis aus, daß Schachexperten sich an etwa 50 000 unterschiedliche bedeutungsvolle Schachpositionen erinnern können, zusammen mit den notwendigen nächsten Zügen der beiden Spieler. Bei der genaueren Untersuchung ihres Wissens stellte sich heraus, daß sie nicht die Schachregeln besonders gut auswendig konnten, sondern daß ihr Denken so organisiert ist, daß durch dessen Ordnung ein schnelles Erkennen einer bedeutungsvollen Konstellation möglich ist (TERHART 1990, S. 172 f.).

---

[12] Dazu zählen: Versuch und Irrtum; Umstrukturierung, Anwendung von Strategien, Kreativität, Systemdenken. Diese Heurismen garantieren zwar nicht die Lösung, engen das Feld möglicher Verhaltensweisen aber sehr ein. (genauer bei EDELMANN 1993, S. 328 ff.)

Der Tatsache, daß Unterricht ein vieldimensionales Geschehen ist, dessen Faktoren wechselseitig in Beziehung stehen, tragen Lehrkräfte offenbar mit einem fast unendlichen Fallwissen Rechnung (BROMME 1992 a). Erfahrene Lehrkräfte speichern entsprechend nicht nur die (von ihnen zugeschriebenen) Eigenschaften von Schülerinnen und Schülern oder einer Klasse kognitiv, sondern auch handlungsorientiertes Erfahrungswissen, beispielsweise zum angemessenen Umgang mit der entsprechenden Lerngruppe. Zu den fallorientierten „Wissensbrocken" gehören ebenfalls erprobte Musterbeispiele für spezifische Unterrichtssituationen (z. B. geeignete Einstiege in ein neues Wissensgebiet). Dabei findet sich ein reichhaltiges „Fallrepertoire", da Lehrkräfte ihr Wissen in bedeutungsvollen Aktivitätsszenarien organisieren. Diese besondere Leistung des Experten, die auch als „routinierte" (siehe 2.5) Leistung bezeichnet werden kann, setzt offensichtlich „eine bestimmte Qualität des intern repräsentierten Wissens" voraus. „Diese Qualität der Informationsintegration wird als ‚Verdichtung' des aufgabenrelevanten Wissens bezeichnet. ... Verdichtung des Wissens von Experten bedeutet also, daß die Konzepte zur Problemwahrnehmung Informationen über Lösungsbedingungen und Lösungsschritte umfassen" (BROMME 1985, S. 186). Zum Begriff der „Verdichtung" liegen unterschiedliche theoretische Ansätze vor, etwa die Konzepte „Schema", „script" oder „chunk" (vgl. WAHL 1991, S. 50 f.).

Der hier häufig verwendete Schema-Begriff wurde bereits 1932 von BARLETT eingeführt und als „eine allgemeine, aktive Organisation vergangener Erfahrungen" definiert (FUHRER 1990, S. 52). So kann menschliches Handeln als „Abfolge von Episoden" angesehen werden, wobei im fortlaufenden Handlungsstrom Wiederholungen vorkommen und einzelne Episoden die gleiche Struktur aufweisen (vgl. AEBLI 1980, S. 83). So läuft beispielsweise das Zubereiten einer Mahlzeit ungefähr nach folgendem Schema ab: Speiseplan aufstellen, einkaufen, die Speisen zubereiten, Tisch decken, servieren. Obwohl die einzelnen Episoden gewisse Unterschiede aufweisen (z. B. Mahlzeit im Familienkreis oder Bewirtung von Gästen*)*, bleibt die Struktur der Handlung - das Handlungsschema - gleich. Nach FUHRER (1990) „schlagen sich die Erfahrungen vergangenen Handelns in den Schemata nieder, was Schemata als Elemente des Handlungswissens auszeichnet" (a. a. O., S. 52 f.). Ein solches Schema stellt somit die kognitive Repräsentation einer Klasse von Vorgängen in handlungsgemäßer, bildhafter und symbolischer Form dar und ist als Kategorisierung zu begreifen. Kognitive Schemata bestehen aus Elementen und Subschemata, sie repräsentieren Wissensstrukturen, weisen eine gleichbleibende Struktur auf, sind wiederholbar und auf neue Situationen übertragbar (AEBLI 1980, S. 84). Im Zuge mehrfacher Wiederholung werden die Handlungsabläufe sicherer, flüssiger und fehlerloser. Durch Erfahrungen werden so die Handlungsschemata erst allmählich in ihrer endgültigen Struktur aufgebaut. Das bedeutet: Handlungsschemata werden gelernt. „Schemata ordnen den Ablauf des Verhaltens und sichern so die funktionale Anpassung des Individuums an seine mittelbare psychische und soziale Umgebung" (FUHRER 1990, S. 52 f.). Dafür werden die Schemata in der konkreten Situation entsprechend modifiziert (a. a. O., S. 53 f.). Die Gesamtheit einer Person zur Verfügung stehenden Handlungskonzepte und Handlungsschemata bezeichnet man als Handlungskompetenz. In

Anlehnung an die Terminologie der (Psycho-)Linguistik wird darunter die individuelle Verfügbarkeit eines endlosen Systems von Handlungselementen und Verknüpfungsregeln verstanden, aus denen eine potentiell unendliche Menge gegenstandsadäquater Tätigkeitssequenzen generiert werden kann. „Dieses System von Regeln und Elementen zur Erzeugung realisierbarer Pläne stellt die wesentliche 'innere' Voraussetzung adäquaten Handelns dar" (VOLPERT 1980, S. 139). Wenn es sich um eine bestimmte Kategorie von Handlungsschemata handelt, spricht man von einer spezifischen Handlungskompetenz (z. B. zu unterrichten) (EDELMANN 1993, S. 316 f.).

In der Anwendung von Schemata zeigt sich eine „interindividuelle Variabilität". So bedeutet die Verfügbarkeit über ein bestimmtes Schema nicht gleichzeitig, daß es auch im konkreten Handeln angewendet wird, da dies von der „bereichsspezifischen Sachkenntnis" abhängt. So unterscheiden sich Experten und Novizen bezüglich des „Gehalts" bestimmter Schemata unwesentlich, sie verfügen aber über ein qualitativ besser organisiertes Wissen. Dies erleichtert den Abruf geeigneter Schemata (vgl. FUHRER 1990, S. 55).
Diese Verdichtungen werden auch als „scripts" („Drehbücher") konzeptualisiert. Dabei werden Situationen und die dazugehörigen Reaktionen für beide Interaktionspartner als „skriptartige Verknüpfungen von Situationskategorien und Handlungsprogrammen modelliert" (vgl. WAHL 1991, S. 51). Expertenwissen müßte demnach nach WAHL „eine große Zahl von ‚scripts' enthalten, was es dem Akteur erleichtert, sich in (Standard-)Situationen zurechtzufinden und 'drehbuchgemäß' auf das Verhalten seiner Interaktionspartner zu reagieren" (a.a.O.).
„Chunks" sind Wissenseinheiten, die durch Erfahrung zu umfassenderen begrifflichen Einheiten „verklumpen". Der Vorteil der Zusammenfassung vieler kleiner Einheiten zu übergeordneten besteht darin, daß Situationen rasch identifiziert und die entsprechende Handlungsmöglichkeit schnell abgerufen werden kann (vgl. WAHL 1991, S. 51).

Zusammenfassend bleibt festzuhalten, daß im Expertenansatz „professionelles Wissen in Form von verdichteten Informationsstrukturen konzeptualisiert (wird), die in der Regel nicht bewußtseinspflichtig, im Prinzip aber bewußtseinsfähig sind" (WAHL 1991, S. 52). Dabei ist davon auszugehen, daß zum gleichen Inhaltsbereich unterschiedlich stark komprimierte „Verdichtungen" vorliegen, die zudem untereinander vernetzt sind, so daß beispielsweise beim Planungshandeln mit in der Regel geringem Handlungsdruck und milden Emotionen andere Verdichtungsgrade relevant sind als in unterrichtlichen Drucksituationen mit hoher Situationsdynamik und kurzen Entscheidungszeiträumen (vgl. WAHL 1991, S. 184 ff.; WAHL u. a. 1984, S. 25 ff.).

2.4 Subjektive Theorien

Die Planungshandlungen der Lehrerin oder des Lehrers werden neben diesen verdichteten Wissensbeständen, Handlungsschemata und -plänen auch durch die privaten Wissensbestände und Kausalitätsannahmen, individuellen Präferenzen und

implizierten Überzeugungssysteme, die sogenannten „subjektiven Theorien", gesteuert. Das Forschungsprogramm subjektive Theorien soll hier nur kurz skizziert werden, da es nur z. T. für diese Arbeit von Bedeutung ist.
Bedingt durch die bereits erwähnten „kognitiven Wenden" hat das Interesse an Alltagstheorien zugenommen, in deren Mittelpunkt die mentalen Prozesse bzw. psychologischen Konzeptsysteme des Menschen stehen, mit denen der alltägliche Lebensvollzug bewältigt wird (vgl. DANN 1983, S. 77). Auch bei der Untersuchung der Unterrichtstätigkeit von Lehrkräften hat sich das Interesse von der Beobachtung des äußeren Verhaltens auf die Analyse kognitiver, nicht direkt erfaßbarer Prozesse verlagert. Es entwickelte sich eine Vielzahl theoretischer Zugänge wie die „naive Verhaltenstheorie", „implizite Persönlichkeitstheorie", „Attributionstheorie", „Berufstheorie", „Alltagstheorie/-psychologie", „Common-sense-Psychologie", „Unterrichtstheorie" und „subjektive Theorie" (vgl. DANN 1983; LAUCKEN 1974; SCHLEE & WAHL 1987, S. 5). Dabei scheint sich der Begriff „subjektive Theorien" mehr und mehr als Oberbegriff durchzusetzen (DANN 1983), wobei die „Theorien" über eigenes und fremdes Erleben und Verhalten im Mittelpunkt des Interesses stehen. In Abgrenzung zu Kognitionen, die als „einfache Phänomene" zu verstehen sind, wie etwa Begriffe oder Konzepte, die keine komplexen Relationen enthalten (vgl. GROEBEN u. a. 1988, S. 17 f.), „sind subjektive Theorien als relativ überdauernde (im Langzeitgedächtnis gespeicherte), d. h. nicht kurzfristigen Schwankungen unterworfene - wenngleich durchaus veränderbare - mentale Strukturen bzw. Wissensbestände aufzufassen" (DANN 1983, S. 80).

Subjektive Theorien stellen eine Ansammlung von Kognitionen, besonders von Erklärungsbegriffen, dar. Diese Begriffe (als Elemente subjektiver Theorien) sind durch bestimmte Relationen derart verknüpft, daß eine Argumentationsstruktur impliziert wird. Weiterhin wird von einer Organisation in mehreren Wissensebenen ausgegangen: vom konkreten Herstellungswissen über das Regelwissen bis hin zum abstrakten Funktionswissen (LAUCKEN 1974).
Den subjektiven Theorien stehen die objektiven (wissenschaftlichen) Theorien gegenüber. Letztere sind durch systematisches und methodenkontrolliertes Vorgehen zur Gewinnung empirischer Daten und durch explizite Aussagen gekennzeichnet. Während von wissenschaftlichen Theorien ein hoher „Kohärenz- und Systematisierungsgrad", präzise sprachliche Formulierungen, explizite Argumentationsstrukturen erwartet werden und diese den Kriterien „Generalität" und „Überprüfbarkeit" genügen müssen, gelten für subjektive Theorien „liberalisierte" Bewertungsaspekte (vgl. SCHLEE & WAHL 1987, S. 6). Dabei erfüllen subjektive Theorien für die Autorin, den Autor - also den Alltagsmenschen - vergleichbare Funktionen wie es wissenschaftliche Theorien für Forschende tun, „sie dienen nämlich der Erklärung, der Prognose und der Technologie" (a. a. O., S. 5 f.). Es ist somit sinnvoller, graduelle anstatt prinzipielle Unterschiede anzunehmen und die Theorien auf einem „Kontinuum" anzusiedeln (vgl. WAHL u. a. 1983, S. 18). Die Begriffe subjektive versus wissenschaftliche/objektive Theorien sollen also keine Wertung suggerieren, zumal wissenschaftliche Theorien nicht immer richtig bzw. Alltagstheorien nicht immer falsch sind (vgl. a. a. O., S. 12 f.).

2. Unterrichtsplanung im Rahmen kognitionspsychologischer Theorien

Subjektive Theorien von Lehrkräften sind das Produkt ihrer Auseinandersetzungen mit den Berufsanforderungen, der Biographie und der im Laufe des beruflichen Werdegangs erworbenen Fähigkeiten. Sie ermöglichen es, die alltäglichen Aufgaben und Probleme im Klassenzimmer mehr oder minder erfolgreich anzugehen. Diese subjektiven Theorien geben Praktikern das Begriffssystem für die Speicherung und den operativen Einsatz des Berufserfahrungs-Wissens. Denn Berufserfahrung wird vor allem auf der Ebene des skill-Erwerbs (im Sinne von Fähigkeiten, die durch konkrete Handlungen erworben wurden) und weniger auf einer begrifflich-kognitiven Ebene erworben. In ihm findet sich eine Mischung aus Theorie-Wissen und Alltags-Wissen. Diese subjektiven Theorien sind sowohl Voraussetzung als auch Produkt der Praktiker-Planbildung. Es wird angenommen, daß sie einen bedeutsamen Einfluß auf pädagogisches Handeln haben, denn sie können sich in einem Handlungskonzept aktualisieren und somit entscheidend die Steuerung der eigentlichen Handlung beeinflussen.

Mit großer Übereinstimmung wird von verschiedenen Forscherinnen und Forschern hervorgehoben, daß subjektive Theorien im praktischen Lebensvollzug nicht lediglich ein handlungsbegleitendes Phänomen darstellen, sondern daß sie zusammen mit Emotionen und Motiven eine handlungssteuernde oder handlungsleitende Funktion besitzen (eingeschlossen den Grenzfall einer Handlungsblockierung). Die Funktion der Handlungssteuerung stellt geradezu den Kerngedanken für den Forschungsansatz dar und dürfte auch für das große Interesse, das ihm gegenwärtig entgegengebracht wird, mitverantwortlich sein. Dabei wird der Mensch nicht nur als ein „Kopfwesen" (WAHL u. a. 1983, S. 9) begriffen, sondern die Integration von Kognition und Emotion gilt als eine „regulative Zielvorstellung" des Ansatzes: Überzeugungen, Motivationen und Emotionen sind konstitutiv dafür, „daß subjektive Theorien handlungswirksam werden (können)" (GROEBEN u. a. 1988, S. 216).

In die Funktion der Handlungssteuerung gehen die bisher genannten Funktionen der Situationsdefinition, Erklärung, Vorhersage und Handlungsempfehlung bzw. Normenkritik sicherlich ein, wobei sie nicht nur Aussagemöglichkeiten für das Subjekt darstellen, sondern sich - zumindest unter bestimmten Bedingungen - auch tatsächlich im Handeln auswirken. Denn die Beziehung zwischen subjektiven Theorien und Handeln ist nicht „geradlinig", d. h. ob sie angewendet werden, hängt von vielerlei Bedingungen ab, die sowohl in der Person des Handelnden selbst als auch in der Situation liegen können. Die Anwendung hängt somit auch von der Person-Umwelt-Interaktion ab. Werden sie angewendet, ermöglichen sie vielfach rasche Reaktionen und vermitteln dabei eine gewisse Verhaltenssicherheit (LAUCKEN 1974). Umgekehrt haben auch das Handeln und seine Ergebnisse Auswirkungen auf die Genese subjektiver Theorien, ihre längerfristige Entstehung, Aufrechterhaltung und Veränderung. Weiterhin ist davon auszugehen, daß subjektive Theorien wahrscheinlich einen begrenzten Entwicklungsspielraum besitzen und nur schwer veränderbar sind. Diese Stabilisierungstendenz ist begründet in dem teilweise implizierten Charakter der Theorien, der eine Reflexion und Korrektur kaum zuläßt, da diese Theorien grundlegende, relativ veränderungsresistente Persönlichkeitsanteile wie allgemeine Werthaltungen,

Einstellungen oder Menschenbilder beinhalten, die den Entwicklungsspielraum eingrenzen. Subjektive Theorien haben so gesehen auch eine handlungsrechtfertigende Funktion.

2.5 Unterrichtsplanung als Entscheidungssituation und Problemlösungsprozeß

Die hier beschriebenen kognitionspsychologischen Ansätze konzipieren Lehrkräfte als handlungsorientierte Individuuen, die bei der Unterrichtsplanung oder während des Unterrichts in Zusammenhang mit einer bestimmten Instruktionsaufgabe permanent Situationsmerkmale wahrnehmen, antizipieren und bewerten. Gleichzeitig wählen sie auf der Grundlage solcher Bewertungen im Hinblick auf bestimmte Ziele und unter Berücksichtigung gegebener Rahmenbedingungen aus einem Repertoire an Handlungsmöglichkeiten (oder Plänen s. o.) die jeweils beste(n) aus (vgl. WENGERT 1989, S. 50 f.). Dabei ist die Lehrkraft bemüht, „den eigenen Bedürfnissen und den wahrgenommenen Situationsanforderungen gerecht zu werden. Sein kognitives System dient dazu, Handlungsmöglichkeiten zu finden, Handlungen auszuwählen und ihre Durchführung zu steuern" (HOFER & DOBRICK 1978, S. 76).

Um Lehrerverhalten in diesem Sinne adäquat zu erfassen, werden drei grundlegende Annahmen getroffen:

1. Lehrkräfte verhalten sich bei der Planung und Durchführung des Unterrichts planvoll und zielgerichtet, d. h. wesentliche Teile des Lehrerverhaltens stellen Handlungen dar. Das muß allerdings nicht bedeuten, daß sich die Lehrkräfte immer bewußt aufgrund expliziter Entscheidungsregeln verhalten.

2. Die Aktivitäten der Lehrkräfte bei der Unterrichtsplanung werden u. a. von ihren privaten Wissensbeständen und Kausalitätsannahmen, individuellen Präferenzen und impliziten Überzeugungssystemen gesteuert.

   Diese Grundannahme beruht auf der Vorstellung, daß das für die Unterrichtsplanung relevante individuelle Handlungswissen von Lehrkräften aus zwei Teilmengen besteht. Die eine beinhaltet das im Verlauf der Ausbildung und in der Auseinandersetzung mit der Berufsrollenübernahme erworbene Wissen darüber, wie Unterricht nach Maßgabe bestimmter normativer Systeme vorbereitet werden sollte. Die andere Teilmenge besteht aus dem vermutlich durch Praxiserfahrungen entstandenen Überzeugungswissen hinsichtlich der Beurteilung einzelner pädagogischer Maßnahmen, was sich in der jeweiligen Situationsauffassung, in der Wahrnehmung von Handlungsalternativen, in Erwartungs- und Handlungssystemen ausdrückt. Daher kann man annehmen, daß Lehrkräfte wissen, welche Planungsmaßnahmen unter den jeweiligen Bedingungen des Schulalltages wichtig, wirkungsvoll und praktikabel (etwa im Sinne einer günstigen Kosten-Nutzen-Relation) sind (vgl. WENGERT 1989, S. 145).

3. In Übereinstimmung mit dem „epistemologischen Subjektmodell" werden Lehrkräfte als auskunftsrelevante Experten für das eigene Handeln und für „dahinter liegende" subjektive Theorien gesehen.

2. Unterrichtsplanung im Rahmen kognitionspsychologischer Theorien

Allerdings sind die folgenden Einschränkungen zu machen: Es gibt Unterrichtssituationen, in denen die Lehrkraft unter starkem Handlungsdruck steht und daher unmittelbar reagieren muß, was einen rationalen Prozeß der Informationssuche und -verarbeitung sowie der Entscheidungsfindung unter Beachtung verschiedener Alternativen ausschließt. Um Verhalten dennoch steuern zu können, entwickeln Lehrkräfte Routinen. Diese erhöhen die Reaktionsbereitschaft und reduzieren die momentane kognitive Belastung (vgl. SHAVELSON & STERN 1981). Routinen können quasi als „abgesunkene" oder abgespeicherte Handlungen betrachtet werden, die zwar ursprünglich meist eine bewußt-rationale Basis hatten, nun aber unter entsprechenden Situationsbedingungen abgerufen werden können, ohne von expliziten Begründungsprozessen begleitet zu sein (vgl. BROMME & SEEGER 1979). Dabei wird vorausgesetzt, daß routiniertes Handeln ebenso wie reflektiertes auf rationalem Weg zustande kommt, „d. h. im Prinzip eine argumentativ begründbare Entscheidung für eine bestimmte Handlungsalternative im Hinblick auf ein verfolgtes Ziel impliziert" (DANN 1982, S. 190). Es ist entsprechend anzunehmen, daß durch geeignete Verbalisierungsverfahren die ursprüngliche Begründungsstruktur zu rekonstruieren ist (vgl. SCHEELE & GROEBEN 1988, S. 6 ff.; WAHL u. a. 1983, S. 36).

Eine weitere Einschränkung ergibt sich aus der Begrenztheit der menschlichen Informationsverarbeitungskapazität: Die Lehrkraft fällt unterrichtliche Entscheidungen nicht unter Beachtung der Fülle aller erreichbaren Informationen, sondern aufgrund einiger weniger, durch entsprechende Vereinfachungsstrategien ausgewählter Informationen. Insofern kann man Lehrkräften in ihrem unterrichtlichen Handeln nur eine „beschränkte" Rationalität zusprechen: Sie handeln in befriedigender, oft aber suboptimaler Weise (vgl. GROEBEN 1981, S. 42; HOFER 1981, S. 64; SHAVELSON & STERN 1981, S. 456). Oder wie SHAVELSON es ausdrückt: Lehrkräfte verhalten sich rational (und insofern „vernünftig") in bezug auf das vereinfachte Modell der Realität, das sie konstruieren.
SHAVELSON (1985) legt ein - mehrfach abgewandeltes - Modell vor (vgl. Abb. 7), das relevante Komponenten des Entscheidungsverhaltens von Lehrkräften abbildet.

Es wird angenommen, daß einer Lehrkraft bei der Unterrichtsplanung verschiedene Unterrichtsstrategien zur Verfügung stehen, um eine Lerngruppe zu einem bestimmten Ziel zu führen. HOFER und DOBRICK (1978, S. 57) sprechen hier von „Handlungsentwürfen". Wichtig für die Auswahl von Handlungsalternativen sind Einschätzungen von Leistung, Motivation und Verhalten der Schülerin, des Schülers (bzw. der Klasse). Diese gewinnt die Lehrkraft aus verschiedenen Informationen über die Lerngruppe (beispielsweise eigene Beobachtungen, Testergebnisse, Besprechungen mit Eltern, Mitteilungen von Kollegen).
Dabei kommt es nicht auf die „objektive" Situation an, sondern auf die von der Lehrkraft wahrgenommene oder antizipierte Situation und deren Deutung in Hinblick auf die verfolgten Ziele (zur „Bedeutungsbeimessung": HOFER und DOBRICK 1978, S. 54). Diese kann durch die individuelle Informationsverarbeitung der Lehrkraft (beeinflußt durch ihre oder seine Alltagstheorie,

Verwendung von Heuristiken usw.) unter Umständen stark verzerrt sein. Es werden in der Regel die Alternativen berücksichtigt, die im Einklang mit der pädagogischen Grundüberzeugung der Lehrerin, des Lehrers stehen, für die Bearbeitung der Aufgabe angemessen erscheinen und den institutionellen Zwängen Rechnung tragen. Welche Alternative gewählt wird, hängt nach SHAVELSON letztendlich von einer Kosten-Nutzen-Kalkulation ab. Es wird die Handlung gewählt, die den höchsten subjektiven Nutzen verspricht und eine bestimmte Erfolgswahrscheinlichkeit aufweist (siehe auch EDELMANN 1993, S. 385).

Abbildung 7: Komponenten des unterrichtlichen Urteilens und Entscheidens

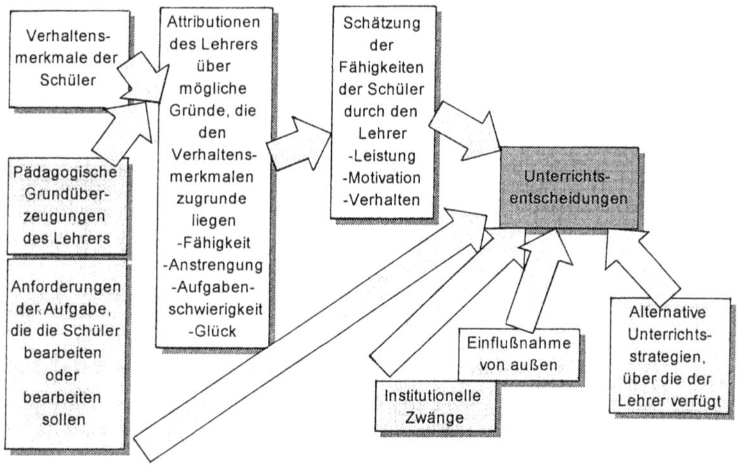

(nach SHAVELSON 1985; aus WENGERT 1989)

Dieses Modell ist somit nicht für die Beschreibung des interaktiven, fast stets unter Handlungsdruck ablaufenden Entscheidens (beispielsweise im Unterricht), sondern vor allem für die Abbildung der unter eher entspannten Bedingungen ablaufenden Planungsentscheidungen geeignet.

Dabei ist zu berücksichtigen, daß Lehrkräfte zwar in maßgeblicher Weise, aber nicht alleine, ihren Unterricht planen und steuern. Nach BOETTCHER u. a. (1980) sind Lehrkräfte in ein ganzes Geflecht von Planungsvorgaben und Planungsvorschlägen wie Fachkonferenzen, Fortbildungen, Kollegen, Unterrichtsmaterial u. a. m. eingebunden. Einige Faktoren können die Planungsspielräume der Lehrkräfte sogar einengen oder beschneiden. So weisen BECKER u. a. (1977) darauf hin, daß Unterricht an Schulen durch eine Vielzahl von Faktoren wie Adressaten, Lehrplan, Gesellschaft, Schulbuch usw. bestimmt wird. FUHR (1979) mißt in diesem Zusammenhang den Lehrplänen und Rahmenrichtlinien einen erheblichen Einfluß auf die Entscheidungen der Lehrkräfte bei. Er entwickelte das im folgenden dargestellte Stufenmodell, um die Entscheidungsspielräume und Handlungsmöglichkeiten der Lehrkräfte aufzufinden.

Abbildung 8: Didaktische Entscheidungsebenen

Entscheidungsebenen	für die didaktischen Entscheidungen der Lehrkräfte relevante Bereiche
Bildungsplanerische und administrative Ebene	Rahmenvorgaben (z. B. Stundentafeln) Lehrpläne Prüfungsordnungen etc.
Schulorganisatorische Ebene	Stundenverteilung, Lehrbucheinführung, Kataloge von Unterrichtsthemen Grundsätze über Leistungsbeurteilungsverfahren etc.
Unterrichtliche Ebene	Themenwahl Einsatz von Lernverfahren und Unterrichtsformen Medienauswahl Lernkontrollen etc.

(nach FUHR 1979, S. 15)

Solche oder ähnliche Darstellungen in Form von Stufenmodellen finden sich häufig. Sie machen darauf aufmerksam, daß Planungsprozesse weit vor der kurzfristigen Planung einzelner Unterrichtsstunden beginnen. Sie setzen schon dort ein, wo über bildungspolitische Programme erste Ansprüche an Schule und Unterricht erhoben und angemeldet werden (vgl. PETERSSEN 1982, S. 163 f.).

Insgesamt wird die Unterrichtsplanung somit als Problemlösungs- und Entscheidungsprozeß aufgefaßt, bei dem die künftigen (Unterrichts-)Handlungen der Lehrkräfte geplant werden. Damit ist die Planung aller Tätigkeiten gemeint, die auf die bewußte Organisation von Unterrichtshandlungen gerichtet sind. Ergebnis dieser Planung ist ein Handlungsplan. Dieser beschreibt „die Struktur und den Inhalt von Informationen, die zur Durchführung der Handlung erforderlich sind und vor und während der Handlung kognitiv verarbeitet werden" (BROMME & SEEGER 1979, S. 6). Die Erforschung dieses Prozesses, der zugrunde liegenden Handlungspläne sowie des handlungsleitenden Wissens stellt damit eine sinnvolle Möglichkeit dar, die Unterrichtsplanung von Lehrkräften zu untersuchen.

Denn dieser Arbeit liegt die Annahme zugrunde, daß die Unterrichtsplanung nur adäquat interpretiert und verstanden werden kann, wenn die Vorgänge des Denkens, die Intentionen, antizipierten Handlungsmöglichkeiten und Erwartungen der Lehrkräfte bei diesem Prozeß berücksichtigt werden.

3 Forschungsergebnisse zur Unterrichtsplanung

Die ersten Untersuchungen der Planungspraxis von Lehrkräften wurden Ende der 60er Jahre in den USA durchgeführt. In der Bundesrepublik wurde die Unterrichtsplanung erst ca. zehn Jahre später empirisch untersucht, wobei nach wie vor viele Bereiche unerforscht sind und nur für einige Fragen empirisch gesicherte Antworten vorliegen. Dies ist z. T. in den Abgrenzungsschwierigkeiten begründet, die bei der Untersuchung der Unterrichtsvorbereitung auftreten. Dabei geht es zum einen um die zeitliche Begrenzung: In der Regel ist die Unterrichtsvorbereitung keine zeitlich genau umrissene Tätigkeit, vielmehr beschäftigen sich Lehrkräfte im Laufe eines Tages in allen möglichen Situationen, so etwa beim Autofahren, immer wieder mal gedanklich mit dem Unterricht. Zum anderen wirft die inhaltliche Abgrenzung mitunter Probleme auf: Zählt die Lektüre eines einschlägigen Buches oder Fachartikels, das Gespräch mit Kollegen zur Unterrichtsplanung oder nicht (vgl. dazu WENGERT 1989, S. 99 f.)? Problematisch ist zudem die Erfassung aller zur Unterrichtsplanung gehörenden Stufen, Elemente und Entscheidungen bei der gleichzeitigen Berücksichtigung möglicher Einflußfaktoren wie der Schulform, dem Fach, der Jahrgangsstufe usw. Nicht zuletzt müssen die Absichten und Erwartungen, die eine Lehrerin, ein Lehrer mit den Planungsmaßnahmen verbindet, erfaßt werden. Denn nur durch sie bekommt das beobachtbare Verhalten seine Bedeutung. Dadurch ergibt sich das Problem der adäquaten Erfassung handlungsleitender Kognitionen.

Diese Probleme versuchten die Forscherinnen und Forscher auf unterschiedliche Weise zu lösen. Um die Absichten und Erwartungen der Lehrkräfte zu erfassen, wurden in einigen Untersuchungen die schriftlichen Planungsunterlagen analysiert oder die Lehrerinnen und Lehrer in einem Interview gebeten, Auskunft über ihre alltägliche Vorbereitungspraxis zu geben. Bei dem Großteil der empirischen Untersuchungen beobachtete man den konkreten Planungsprozeß, wobei die planenden Lehrkräfte ihre begleitenden Kognitionen simultan verbalisierten. In einem Teil dieser Studien versuchte man dem Alltagshandeln so nah wie möglich zu kommen, indem man die Lehrkräfte an ihrem Arbeitsplatz aufsuchte und bei der Planung beobachtete oder über einen längeren Zeitraum bei allen berufsbezogenen Tätigkeiten „beschattete". In anderen Untersuchungen mit größerer Kontrolle der Erhebungsbedingungen wurden den Lehrkräften beispielsweise feste Vorbereitungszeiten im Labor, teilweise auch Lerninhalte, Listen von Lernzielen oder das zu verwendende Unterrichtsmaterial vorgegeben. In diesen Studien, die nur über einen sehr kurzen Zeitraum liefen, sollten die Lehrkräfte den Unterricht für unbekannte oder fiktive Schülerinnen und Schüler vorbereiten. Dadurch wurde zwar die Vergleichbarkeit erhöht, die Ergebnisse haben aber für die Alltagspraxis eine eher geringe Aussagekraft.

Während man in den USA Untersuchungen zur Vorbereitungstätigkeit von Lehrerinnen und Lehrern bereits Ende der 60er Jahre durchführte, wurden in

Deutschland zunächst lediglich vereinzelt isolierte Elemente des Planungsvorgangs untersucht, z. B. in Studien zum Einfluß von Schulbüchern und sonstigem Unterrichtsmaterial auf die Unterrichtsplanung (z. B.: EDELSTEIN u. a. 1968), zum zeitlichen Umfang der Unterrichtsvorbereitung (KNIGHT-WEGENSTEIN 1973, ZIFREUND 1977) oder zur Literaturbenutzung bei der Vorbereitung (OEHLSCHLÄGER 1978). BROMME (1981) war der erste, der die Forderung nach Untersuchungen zur alltäglichen Unterrichtsvorbereitung aufgriff. Denn die Untersuchung von WARNKEN (1976) berücksichtigt ausschließlich die Unterrichtsplanung von Lehramtsanwärtern.
Die deutschen Untersuchungen beziehen sich dabei primär auf das Planungsverhalten von Mathematiklehrkräften an Gymnasien (für die Sek. I: HOPF 1980; für die Sek II TIETZE 1986 und WENGERT 1989), bei BROMME (1981) wurden Sek. I und II Mathematiklehrkräfte aus Haupt-, Real- und Gesamtschulen mit einbezogen. In Hamburg untersuchten BRINKMANN-HERZ (1984) für das Fach Wirtschaftslehre (9. Klasse) an Hauptschulen ebenso wie BRÄUTIGAM (1986) für den Sportunterricht in der Sek. I, das Planungsverhalten der Lehrkräfte und insbesondere die Bedeutung der neu eingeführten Lehrpläne bei der Unterrichtsplanung. Die jüngsten Untersuchungen zu diesem Thema wurden von HAAS (1992) durchgeführt, der die Unterrichtsplanung in Sachfächern (Chemie, Biologie, Erdkunde und Geschichte) von Grund- und Hauptschullehrkräften bzw. in Biologie für die 6. Klasse an Haupt- und Realschulen sowie Gymnasien betrachtete (HAAS 1998).

Die Ergebnisse der bisher durchgeführten Untersuchungen wurden inzwischen von mehreren Autoren ausführlich zusammengestellt (siehe dazu BROMME 1981; CLARK & PETERSON 1986; HAAS 1998, SHAVELSON & STERN 1981; WENGERT 1989). Im folgenden werden diese Forschungsergebnisse thematisch sortiert zusammenfassend vorgestellt und anschließend kritisch bewertet. Dabei werden die Probleme erläutert, die sich durch die unterschiedlichen methodischen Zugänge ergeben, um daran anschließend Konsequenzen für die eigene Untersuchung zu ziehen bzw. die Fragestellung zu präzisieren.
Aufgrund des unterschiedlichen methodischen Zugriffs der Untersuchungen und der verschiedenen Schulsysteme (Curricula, Lehrerausbildung, Kontrolle der Unterrichtsplanung, Erstellung von Stoffplänen und anderen gesetzlichen Bestimmungen) und den daraus resultierenden Rahmenbedingungen sind die Befunde ausländischer Untersuchungen nicht immer ohne Einschränkungen auf die Bundesrepublik übertragbar. Dies gilt vor allem für die unterschiedliche Verbindlichkeit des Planungshandelns: Während z. B. in den USA die Planungsvorgaben stark verbindlich sind, die Lehrkräfte ihre Planung in „planbooks" nach genauen Richtlinien anfertigen müssen und diese (partiell) vom Schulleiter kontrolliert werden (vgl. z. B. McCUTCHEON 1980), unterliegt die Unterrichtsplanung in der Bundesrepublik bis auf wenige Ausnahmen keiner Kontrolle. Außerdem sind Planungssitzungen und Kooperation im Sinne von Team-Teaching in den USA im Elementarschulwesen häufig institutionalisiert. In der

Bundesrepublik herrscht dagegen weitgehend der „pädagogische Einmannbetrieb" vor (vgl. BROMME 1981).

Trotz dieser unterschiedlichen Rahmenbedingungen lassen sich einige Gemeinsamkeiten oder wenigstens gewisse Tendenzen in den Forschungsergebnissen erkennen, die im folgenden vorgestellt werden. Die zur Darstellung dieser Ergebnisse vorgenommene thematische Unterteilung orientiert sich an der eigenen Untersuchung sowie der vorliegenden Forschungsliteratur.

3.1   Institutionelle und kollegiale Einbindung

Die kollegiale Zusammenarbeit der Lehrkräfte bei der Unterrichtsplanung wurde in der Bundesrepublik bei der Untersuchung der Vorbereitungspraxis nur von BROMME und HÖMBERG (1981) bzw. WENGERT (1989) betrachtet. Die damit für die Planung des Mathematikunterrichts vorliegenden Ergebnisse zeigen deutlich, daß informelle Kooperation, Pausengespräche, Materialaustausch u. ä. durchaus zur gängigen Praxis der befragten Lehrkräfte gehören, gemeinsame Planung hingegen kaum anzutreffen ist. Dies wird durch die vorliegenden Ergebnisse aus dem Bereich der aktuellen Untersuchungen zur Lehrerarbeit bestätigt (vgl. u. a. BAUER 1990; TERHART 1996). So stellte ENGELHARDT (1982) in seiner Studie mit 1000 Lehrkräften an allgemeinbildenden Schulen fest:

- Rund zwei Drittel der Befragten diskutieren regelmäßig gemeinsame Arbeitsprobleme und geben sich praktische Tips;
- ein knappes Drittel gibt gemeinsame Unterrichtsvorbereitung sowie den Austausch von Unterrichtsplänen und -material an, aber
- gegenseitige Hospitationen und Team-Teaching praktizieren nur ca. 3 % der Lehrkräfte häufig (a. a. O., S. 43 ff.).

Daher überrascht die hohe Zustimmung von 55 % der befragten Lehrkräfte bei einer Befragung von SUSTECK (1975) zu dem Statement: „Die hierarchische Kontrolle des Lehrers durch die übergeordnete Schulaufsichtsbehörde sollte der horizontalen Kooperation Platz machen" (a. a. O., S. 188). Denn schon gegenseitige Hospitationen stellen eine Ausnahme dar, und Team-Teaching findet nur an sehr wenigen Schulen statt. Daraus läßt sich jedoch nicht eine prinzipielle Kooperationsfeindlichkeit der Lehrkräfte ableiten. Man muß vielmehr in Rechnung stellen, daß die gemeinsame Planung und Durchführung von Unterricht angesichts der hohen Lehrverpflichtung schnell an organisatorische Grenzen stößt. Einer Lehrkraft, die pro Woche ca. 28 Unterrichtsstunden zu erteilen hat, bleibt nur wenig Zeit übrig, um in den Stunden von Kolleginnen oder Kollegen zu hospitieren. Es liegt aber nicht nur am Zeitmangel: Eine Untersuchung von MÜHLHAUSEN (1994) bei Lehrkräften an Berufsschulen ergab, daß viele Lehrerinnen und Lehrer Angst vor Hospitationen haben; denn Hospitationen waren in der Ausbildung ein Instrument der Beurteilung, und dabei werden Schwächen aufgedeckt. So stellte BOECKEN (1977) fest, daß sich Lehrkräfte vor intensiver Kooperation scheuen, da dies „... das Verhalten der einzelnen Lehrer transparent macht, dabei Verhaltensunterschiede und Verhaltensmängel in hohem Maße aufdecken würden, was für einen großen Teil der Lehrer unerträglich wäre" (a. a. O., S. 334).

BROMME und HÖMBERG (1981) stellten zudem in ihrer Interviewstudie (mit 19 Mathematiklehrkräften, die in der Sek. I und II in Nordrhein-Westfalen unterrichten) die zentrale Rolle der Fachkonferenzen für die weiteren Koordinationsbemühungen der Lehrkräfte fest. Hier wird neben dem informellen Austausch auch die Koordination des unterrichtlichen Curriculums vorgenommen. In dieser Untersuchung konnten außerdem deutliche schulformspezifische Unterschiede im Bereich der Kooperation ausgemacht werden: Während sich an Gesamtschulen eine mehr oder weniger stark institutionalisierte Zusammenarbeit zwischen den Lehrkräften auf dem Gebiet der Curriculumentwicklung, der Materialerstellung und der Unterrichtsvorbereitung etabliert hat, spielen im herkömmlichen Schulsystem - insbesondere an Gymnasien - solche Formen der Kooperation in der Regel keine Rolle (siehe auch WENGERT 1989 für Mathematik am Gymnasium und SCHÜMER 1992, S. 673 f.).

3.2 Stufen und Elemente der Unterrichtsplanung

Die Frage, in wie vielen unterschiedlichen Stufen Lehrkräfte planen, kann aufgrund der vorliegenden Ergebnisse nicht einheitlich beantwortet werden. In den an US-amerikanischen Grundschulen durchgeführten Studien (unter Einbeziehung aller Unterrichtsfächer) wurden fünf bzw. acht Planungsstufen identifiziert. So konnte YINGER (1978) in seiner Fallstudie mit einer erfahrenen Elementarschullehrerin fünf verschiedene Arten von Planungsaktivitäten ausmachen: Jahresplanung, Trimesterplanung, Planung von Einheiten, Wochenplanung und die Tagesplanung. In der Studie von CLARK und YINGER (1979) wurden in den Selbstprotokollen der 78 Elementarschullehrkräfte sogar acht unterschiedliche Planungsstufen festgestellt: wöchentliche und tägliche Planung, Einheitenplanung, langfristige und kurzfristige Planung, Planung einer Lektion, jährliche Planung und Trimesterplanung. Im Gegensatz dazu beschränken sich die 196 befragten Lehrkräfte in der schwedischen Fragebogenerhebung von LUNDGREN (1972) auf eine Kombination von der langfristigen Planung zu Beginn des Schuljahres mit der kurzfristigen Planung, die sich auf eine Unterrichtseinheit bezieht. Die hier befragten Lehrkräfte unterrichteten Geschichte, Gesellschaftskunde, Englisch, Mathematik und Schwedisch in der 11. Klasse der Sekundarstufe II.
In den deutschsprachigen Untersuchungen wurden meistens zwei oder drei Stufen identifiziert: Jahresplanung, Unterrichtseinheiten und/oder Einzelstunden (vgl. WENGERT 1989, BROMME & HÖMBERG 1981; HAAS 1992/1998). In diesen Untersuchungen konnte zudem die besondere Bedeutung der langfristigen Planung, wie sie in den amerikanischen Studien von JOYCE (1978-79), SHAVELSON und STERN (1981), CLARK und ELMORE (1979) u. a. festgestellt wurde, auch für den deutschsprachigen Raum bestätigt werden. Die Autoren fanden heraus, daß zu Beginn des Schuljahres weitreichende Planungsentscheidungen getroffen werden, die alle weiteren Planungen in hohem Maße beeinflussen. Mitunter verzichten die Lehrkräfte aber auch auf diesen Planungsschritt. So erstellten die von McCUTCHEON (1980) in den USA untersuchten zwölf Elementarschullehrerinnen und -lehrer keine langfristigen Pläne, da das Schulbuch als angemessener Stoffverteilungsplan angesehen wurde. WENGERT (1989) sowie BROMME und

HÖMBERG (1981) stellten für den Mathematikunterricht in der Bundesrepublik fest, daß statt eigener langfristiger Planung mitunter auch der Lehrplan bzw. das schulinterne Curriculum deren Funktion erfüllt (s. u.). Während die Anzahl der Planungsstufen zwischen den einzelnen Untersuchungsländern variiert, liegt der Schwerpunkt der Planung bei fast allen befragten Lehrkräften bei der Vorbereitung im laufenden Schuljahr, insbesondere der mittelfristigen Planung. So ergab die Studie von CLARK und YINGER (1979), daß nach Meinung der befragten Lehrkräfte die Planung von Einheiten am wichtigsten sei, danach kamen die wöchentliche und die tägliche Planung. Dabei zählten nur 7 % dieser Lehrerinnen und Lehrer die stundenweise Planung zu den drei wichtigsten Planungsarten. Ebenfalls in den USA untersuchte SMITH (1978) die Planungsgewohnheiten von Elementarschullehrkräften mit einer Fragebogenaktion. Dabei zeigte sich die große Bedeutung vorgefertigten Materials (z. B. des Lehrbuchs). Der Zeitraum der Planung erstreckte sich bei fast allen auf höchstens eine Woche oder weniger, wobei die Lehrerinnen und Lehrer der unteren Klassen kurzfristigere Planungen bevorzugten (a. a. O., S. 68 f.). Für Deutschland stellten BROMME und HÖMBERG (1981) ebenso wie WENGERT (1989) für Mathematiklehrkräfte bzw. HAAS (1998) für Biologielehrerinnen und -lehrer fest, daß diese im laufenden Schuljahr meist ein zweischrittiges Vorgehen praktizieren. Dabei werden zunächst bei der Planung der Einheit die Inhalte grob verteilt, und dieser Plan wird anschließend von Stunde zu Stunde ausgearbeitet. Festzuhalten bleibt, daß Lehrerinnen und Lehrer in unterschiedlichen Stufen planen, dabei sind die Vorbereitungen im laufenden Schuljahr (Einheiten und Einzelstunden) nach Meinung der Lehrkräfte besonders wichtig.

Im Gegensatz zu den Planungsstufen weisen die Ergebnisse bezüglich der Planungselemente durchgängige Gemeinsamkeiten auf. In fast allen vorliegenden Untersuchungen wurde deutlich, daß im Mittelpunkt der Unterrichtsplanung nicht die Zielentscheidungen stehen, sondern Überlegungen zum Inhalt, der vermittelt werden soll. So stellte HAWTHORNE (1968) in der ersten Studie zur Unterrichtsplanung mit acht Teams, deren zwölf gemeinsame Planungssitzungen auf Tonband aufgenommen wurden, fest, daß Ziel- und Evaluationsentscheidungen bei der Planung von geringer Bedeutung waren. Auch in der ebenfalls in den USA durchgeführten „Standford-Studie" von PETERSON, MARX und CLARK (1978), in der mit der Methode des „Lauten Denkens" und Videoaufzeichnungen des Unterrichts gearbeitet wurde, bezogen sich die Verbalisationen der zwölf Junior-High-School-Lehrkräfte bei der Planung des Sozialkundeunterrichts sehr selten auf Lernziele, obwohl diese vorgegeben waren. Das gleiche gilt für die weiteren angelsächsischen Erhebungen (vgl. u. a. „Beginning Teacher Evaluation Study" von MORINE 1976 und MORINE-DRESHIMER 1977, 1979a,b; die Studie von McCUTCHEON 1980 und als Zusammenfassung SHAVELSON & STERN 1981). Auch bei den Untersuchungen im deutschsprachigen Raum wurde deutlich, daß die Bestimmung von Lernzielen bei der Unterrichtsplanung eine untergeordnete Rolle spielt (vgl. BROMME 1981, HAAS 1992/98; WENGERT 1989).

Bei den Beobachtungen der Unterrichtsplanung von amerikanischen Grundschullehrkräften mit der Methode des „Lauten Denkens" lag bei der von YINGER (1978) untersuchten Lehrkraft der Schwerpunkt der Planungsüberlegungen jedoch auf den Aktivitäten und bei den von TILLEMA (1984) beobachteten 15 Planungen für Social Science auf den Schülervoraussetzungen ebenso wie auf der Organisation von Lernprozessen. Nach der in Großbritannien durchgeführten Fragebogenerhebung von TAYLOR (1970) mit 261 in der Sekundarstufe I unterrichtenden Lehrkräften umfaßt die Planung in Englisch, Science und Geographie zunächst Überlegungen zum Material, der Anordnung der Inhalte, der zur Verfügung stehenden Zeit und den angestrebten Lernprozessen. Er stellte zudem fest, daß sich die Lehrkräfte an keinem vorgegebenen Ablauf orientieren.

Insgesamt wird in den meisten Erhebungen ein geringer bzw. fehlender Anteil planerischer Entscheidungen bezüglich der Schülervoraussetzungen, Ziele, Individualisierungs- bzw. Differenzierungsmaßnahmen, Alternativen und Evaluation festgestellt (vgl. u. a. MORINE 1976; MORINE-DRESHIMER 1979 a/b).

PETERS (1983) fand außerdem bei den fünf in den Niederlanden mit der Methode des „Lauten Denkens" untersuchten Unterrichtsplanungen für die Grundschule in Rechnen und Sprache heraus, daß auch die im Unterricht möglicherweise auftretenden Probleme oder Störungen nicht in die Planungsüberlegungen einbezogen werden, obwohl diese den Lehrkräften auch bei der Planung durchaus bewußt seien. PETERS erklärt dies dahingehend, daß während der Planungsphase bei den Lehrkräften wenig „kognitive Repräsentation" stattfinde, „so daß sie kaum in der Lage sind, Probleme zu signalisieren. Erst nach der Reflexion über dieses Handeln werden sie dazu gebracht. Planungsroutinen verhindern gleichsam eine adäquate Antizipierung. Offensichtlich dominiert hier routinehaftes Verhalten das reflexive Verhalten" (a.a. O., S. 10; siehe auch 3.7).

In den bundesdeutschen Erhebungen wurde darüber hinaus die zentrale Rolle der „Aufgabe" bei den Planungsüberlegungen zum Mathematikunterricht festgestellt (BROMME 1981, 1992 b; BROMME & HÖMBERG 1981; WENGERT 1989). Hierbei ist die Auswahl der Aufgaben nach SHAVELSON (1983) als stellvertretend für Überlegungen zu den zentralen Planungselementen anzusehen, auch wenn diese nicht explizit erwähnt werden. Dabei umschließt eine Aufgabe bezüglich der Unterrichtsvorbereitung mindestens sechs Komponenten: den Inhalt, das Material, die Aktivitäten, die Zielvorstellungen, die Lernvoraussetzungen der Schülerinnen und Schüler und den sozial-kulturellen Kontext des Unterrichts (a. a. O., S. 402). BROMME (1986) konnte nachweisen, daß diese Aspekte „... bei der Auswahl von Aufgaben mitbedacht werden - teils bewußt abgewogen, teils unbewußt bilden sie sozusagen den Hintergrund, der gar nicht thematisiert wird, der aber die Auswahl beeinflußt" (a. a. O., S. 12 f.). Offenbar werden somit bei der Aufgabenauswahl (bei der Vorbereitung des Mathematikunterrichts) die wesentlichen Elemente der Planung implizit mitbedacht und vor jeder Unterrichtsstunde systematisch aufeinander bezogen.

Die zentrale Stellung der Aufgabe bedeutet daher nicht, daß die anderen Planungsaspekte unberücksichtigt bleiben. BROMME (1981) konnte durch eine detaillierte Analyse der 14 Protokolle des „Lauten Denkens" bzw. durch Nachfragen zeigen, daß die Aufgabenauswahl anhand verschiedener Kriterien erfolgt, beispielsweise induktives Vorgehen, Aktivierung der Schülerinnen und Schüler, Antizipation der Zeit und die Übereinstimmung der Aufgaben mit der durch den Lehrplan vorgegebenen logischen Stoffabfolge. Diese Prinzipien bilden somit den „Hintergrund", der zwar nicht thematisiert wird, aber wirksam ist (vgl. BROMME 1986, S. 12 f.; 1992 b).

Einschränkend muß festgehalten werden, daß dieses Ergebnis nicht ohne weiteres auf andere Unterrichtsfächer übertragbar ist. Erste fachspezifische Unterschiede zeichnen sich durch die vorliegenden Untersuchungen von HAAS (1992/98) und MISCHKE und WRAGGE-LANGE (1987) ab (s. u.).

3.3 Materialnutzung

In vielen in- und ausländischen Untersuchungen konnte die besondere Bedeutung des Lehrbuchs für die Unterrichtsplanung (vor allem im Mathematikunterricht) nachgewiesen werden (vgl. für die Bundesrepublik: BROMME 1981; BROMME & HÖMBERG 1981; OEHLSCHLÄGER 1978; WARNKEN 1976 sowie WENGERT 1989; für Schweden LUNDGREN 1972; in den USA u. a. McCUTHEON 1980 und TAYLOR 1970 in Großbritannien). In diesem Zusammenhang sind auch weitere bundesdeutsche Erhebungen wie die schriftliche Befragung von HOPF (1980) zu erwähnen, die sich jedoch allgemein auf Fragen der Didaktik und Methodik des (Mathematik-) Unterrichts beziehen und nicht in engerem Sinne auf Fragen der Unterrichtsvorbereitung. Es handelt sich um Fragen in geschlossener Form mit Wahlantworten, die an 397 Mathematiklehrkräfte der 7. Klasse an Gymnasien verschickt worden waren. Hierbei wurde eine starke Prägung des Unterrichts durch das Lehrbuch festgestellt (a. a. O., S. 39 f.). Eine ähnlich starke Lehrbuchorientierung konnte TIETZE (1986) in seiner Befragung von Mathematiklehrerinnen und -lehrern der Sekundarstufe II nachweisen: „Etwa drei Viertel der Lehrer halten sich in wesentlichen Dingen an den Aufbau des Schulbuchs". Diejenigen, die sich nicht daran halten, benutzen es zumindest als „Aufgabensammlung" (a. a. O., S. 151). Auch bei der schwedischen Fragebogenstudie von LUNDGREN (1972) zum Einfluß von Curriculum und Schulbuch auf den Planungs- und Instruktionsprozeß (196 Lehrkräfte der 11. Klasse in Geschichte, Englisch, Mathematik und Schwedisch) wurde der überragende Einfluß des Schulbuchs sowohl auf die inhaltlichen als auch auf die zeitlichen Planungsentscheidungen deutlich.

Im Gegensatz zu dieser vor allem mathematikspezifischen „Lehrbuchkonformität" stellte HAAS (1992) in seiner Untersuchung der Unterrichtsplanung von Chemie-, Geschichts- und Erdkundelehrkräften, ebenso wie BRINKMANN-HERZ (1984) für das Fach Wirtschaftslehre, fest, daß Lehrerinnen und Lehrer bei der Planung zwar primär das eingeführte Schulbuch verwendeten, aber auch weiteres Material heranziehen. Dazu gehören andere Schulbücher, Lexika, Fachliteratur, Zeitungsausschnitte, bereits vorhandene Manuskripte usw. In Biologie findet sich kein einheitliches Bild: Die von WEBER (1992) in seiner Fragebogenerhebung festgestellte deutliche Lehrbuchkonformität konnte von HAAS (1998) nicht bestätigt werden. Dennoch scheinen Schulbücher ein zentrales Arbeitsmittel bei der Planung darzustellen. CLARK und YINGER (1979) faßten als Ergebnis ihrer Untersuchung von 78 amerikanischen Grundschullehrkräften zusammen, daß viele Lehrerinnen und Lehrer unabhängig vom Fach dazu neigen, ihre Suche nach Unterrichtsideen auf unmittelbar zugängliche Quellen zu beschränken. Daher sei das Schulbuch (z. T. noch mit Handreichungen für die Lehrkraft erweitert) wegen seiner hohen Verfügbarkeit von besonderer Bedeutung für die Unterrichtsplanung.

In den deutschsprachigen Untersuchungen konnte zudem eine Orientierung an Lehrplanvorgaben bei den langfristigen Planungsentscheidungen nachgewiesen werden (WENGERT 1989 und HAAS 1998 für Baden-Württemberg). Das gleiche gilt für die in der Fachkonferenz gemeinsam erstellten schulinternen Pläne, die in einigen Bundesländern eine weitaus höhere Akzeptanz und Orientierungsfunktion als die gültigen Lehrpläne besitzen (vgl. BROMME u. HÖMBERG 1981 für NRW und VOLLSTÄDTu. a. 1995, 1999 für Hessen). Diese Vorgaben werden - unabhängig von der Schulform und dem Untersuchungsfach (Mathematik in nordrhein-westfälischen Sek.-I.-Schulen bzw. Mathematik, Deutsch, Chemie und Geschichte an hessischen Sek.-I-Schulen) - vor allem für die Auswahl und Festlegung der Inhalte bei der Grob- oder Umrißplanung, seltener bei der Detailplanung einzelner Unterrichtssequenzen oder Überlegungen zu Methoden und Medien berücksichtigt (RAUIN 1995, S. 90 f.). Nur nach der Neueinführung von Lehrplänen wie in der Untersuchung von BRINKMANN-HERZ (1984) für Wirtschaftslehre an nordrhein-westfälischen Hauptschulen bzw. in der Untersuchung BRÄUTIGAM (1986) in Sport scheinen diese auch im laufenden Schuljahr eine Orientierungsfunktion zu besitzen.

In der Studie von OEHLSCHLÄGER (1978) wurde in einer schriftlichen Befragung, an der 669 Grund- und Hauptschullehrerinnen und -lehrer teilnahmen, die Rezeption pädagogischer Literatur untersucht. Er konnte einen starken Bedeutungsverfall fachdidaktischer Literatur nach den ersten Berufsjahren feststellen und einen weiteren nach dem zehnten Berufsjahr (a. a. O., S. 309). Für den Großteil der Lehrkräfte sei die „Literaturrezeption aus zweiter Hand" zentral. Die vorgefertigten Unterrichtsplanungen der Lehrerausgaben oder ähnlicher Handreichungen bildeten den „Kern der Unterrichtsvorbereitung" (a. a. O., S. 368).

Festzuhalten bleibt, daß vor allem Schulbücher bei der Unterrichtsplanung herangezogen werden, wenn auch mit fachspezifischen Unterschieden, die noch genauer untersucht werden müßten. Eine Orientierungsfunktion besitzen zudem der gültige Lehrplan bzw. das Schulcurriculum, und einige Lehrkräfte nutzen außerdem vorgefertigtes Unterrichtsmaterial u. ä., seltener fachdidaktische Literatur.

3.4 Das Planungsergebnis

Auch die Planungsnotizen wurden in einigen Studien untersucht. So z. B. von MORINE-DERSHIMER (1977) im Rahmen der „Beginning Teacher Evaluation Study" in den USA, bei der von 40 Grundschullehrkräften die Planungsunterlagen für Mathematik und Lesen untersucht wurden. Hierbei wurde festgestellt, daß die Lehrkräfte keine Lernziele formulieren. Die Planungsnotizen umfaßten statt dessen fast ausschließlich die zeitliche Abfolge der Stunde. Die meisten Lehrkräfte wählten dabei eine skizzenhafte Form, da vieles „im Kopf" abliefe und insbesondere ein geistiges Bild des Unterrichts erstellt würde, das nicht schriftlich fixiert wird (vgl. auch CLARK & YINGER 1979; McCUTCHEON 1980; ZAHORIK 1975). Nur wenige Lehrkräfte wählten eine narrative Form, und sehr wenige erstellten ein Skript, das genauere Angaben zur Lehrer-Schüler-Interaktion enthielt. Inhaltlich waren die Pläne eher allgemein gehalten. Die schriftlichen Pläne enthielten sehr wenige Angaben zu Lernzielen, insbesondere in Mathematik. In den Planungsnotizen waren keine bzw. fast keine Angaben zur Diagnose der Schülerbedürfnisse, zur Evaluation des Lernerfolges oder zu alternativen Vorgehensweisen zu finden. Relativ oft wird dagegen Unterrichtsmaterial erwähnt, insbesondere wurden vielfach Arbeitsblätter erstellt. Darin sind nach MORINE-DERSHIMER (1979 a) ein möglicher Ersatz für Lernziele und ein Inhaltsbezug zu sehen.

In der Schweiz analysierten TROXLER, PERREZ und PATRY (1979) die schriftlichen Unterrichtsvorbereitungen einer Woche für „Sprache" und „Realien" von 59 Junglehrerinnen und -lehrern (mit weniger als drei Jahren Berufspraxis) und 155 erfahrenen Lehrkräften. Die Resultate zeigen, daß sich *alle* untersuchten Grundschullehrkräfte minimal, stichwortartig und kurzfristig schriftlich vorbereiten. In allen Notizen fehlten die Zielformulierungen. Die „Präparationen" waren so knapp gehalten, daß zur Unterrichtsrealität bzw. -realisierung kaum ein Bezug herausgelesen werden konnte und diese daher für Drittpersonen von geringem Nutzen waren (a. a. O., S. 13 f.). Dabei war zwischen den beiden Gruppen kein Unterschied festzustellen. Einen Grund vermuten die Autoren darin, daß die Lehrkräfte verpflichtet sind, ein Unterrichtsheft zu führen. Dies führt zwar dazu, daß jede Lektion vorbereitet wird, aufgrund des Platzmangels in den Heften kann die Vorbereitung aber nur aus wenigen Stichworten bestehen (a. a. O., S. 16 f.).

In Deutschland untersuchte WENGERT (1989) die Protokolle der Lehrkräfte zur Unterrichtsplanung. Auch er kam zu dem Ergebnis, daß die schriftlichen Planungsnotizen sehr knapp ausfallen, wobei er die Stichworte als „Superzeichen" bezeichnet, da in ihnen ein mehr oder weniger umfangreiches Verhaltensrepertoire impliziert sei (a. a. O., S. 116). Die von HAAS (1992/98) untersuchten Planungsaufschriebe für Sachfächer beinhalteten ebenfalls vor allem Stichworte, waren chronologisch gegliedert und enthielten ähnlich wie bei WENGERT (1989) z. T. ausformulierte Passagen zum Tafelanschrieb.

3.5 Der Prozeß der Unterrichtsplanung

Der Prozeß der Unterrichtsplanung wurde in den Untersuchungen, die mit der Methode des „Lauten Denkens" arbeiteten, nachgezeichnet. Dabei wurden fachspezifische Unterschiede ebenso deutlich wie personenspezifische Einflüsse. BROMME (1981) entwarf für Mathematik folgendes Bild des Planungsablaufs, der sich in drei Abschnitte unterteilen läßt und im folgenden skizziert wird:
Der erste Teil dient der Feststellung über den Fachinhalt, im Sinne einer groben Orientierung bezüglich des mathematischen Teilthemas und der Feststellung über den erreichten Lernstand der Schülerinnen und Schüler. Sie dient der Frage nach der „Eröffnung" (z. B. Hausaufgabenkontrolle) des Unterrichts, während mit der Wahl einer „angemessenen" Einstiegsaufgabe schon die Suche nach der geeigneten Aufgabenabfolge beginnt.
Der Mittelteil ist an der Folge der zu bearbeitenden Aufgaben und der Antizipation dieser Aufgabenbearbeitung orientiert. Die Auswahl der einzelnen Aufgaben wird vor dem Hintergrund des Fachinhalts vorgenommen, gesteuert durch eine „didaktische" Orientierung bezüglich der Erzeugung von Interesse, indem eine „anwendungsorientierte" Aufgabe gesucht wird, die entweder Bezug zu außermathematischen Fragen hat oder bei der eine innermathematische Anwendung eines Begriffs oder Prinzips möglich ist. Anschließend erfolgt die Festlegung unterrichtsorganisatorischer Fragen, wie etwa Sozialformen, Material, Zeit usw. Diese Fragen werden jeweils auf die einzelnen Aufgaben bezogen behandelt. Die so ausgewählten Aufgaben werden dann in eine Reihenfolge gebracht, um zu einer Regel oder zu einem mathematischen Begriff zu führen, wobei dies als unspezifische Aktivität und nicht für eine konkrete Lerngruppe geplant wird.
Im letzten Teil der Planung, in dem zunächst noch einmal der Stundenablauf vergegenwärtigt wird, werden weitere Aufgaben gesucht und ausgewählt, die entweder als Hausaufgabe, zur weiteren Übung oder zum Ausfüllen eventuell verbleibender Zeit dienen (a. a. O., S. 193 f.).

Dieses Ablaufschema ist deutlich mathematikspezifisch geprägt. Daher unterscheidet sich der Planungsprozeß, den MISCHKE und WRAGGE-LANGE (1987) für eine Englischlehrerin (5. Klasse) beschreiben, deutlich davon. Sie identifizierten sieben Planungsphasen: didaktischer Zusammenhang, Einführung neuer Vokabeln/Strukturen, Kommunikationsübung, Festigungsphase, Wiederholung der geplanten Inhalte und Schritte, Einbettung und Unterrichtsorganisation (Medien, Einstieg, Sitzordnung). Diese Phasen sind wiederum in sich strukturiert und enthalten fachimmanente Kategorien (a. a. O., S. 102 - 106).
Aufgrund der Analyse ihres Planungsprotokolls kommen MISCHKE und WRAGGE-LANGE zu dem Ergebnis, „daß diese Unterrichtsplanung in einen didaktischen Rahmen eingebettet ist, in den die Erfahrungen der Lehrerin aus der Unterrichtstätigkeit eingegangen sind. Diese didaktische Theorie ist in allen Phasen der Planung präsent. ... Diese Phasen entsprechen nicht einem didaktischen Modell, sondern ergeben sich aus den Bedingungen der aktuellen Planung." (a. a. O., S. 106). Dabei gäbe es zwar in jeder Phase einen inhaltlichen Schwerpunkt, aber die Unterrichtsaspekte würden nicht isoliert behandelt.

HAAS (1992) konnte in seiner Untersuchung von elf Grund- und Hauptschullehrkräften ebenfalls fachspezifische Unterschiede bei der Unterrichtsplanung nachweisen. So würden die Fächer Erdkunde, Geschichte, Gemeinschaftskunde und Wirtschaftslehre nach Aussagen der befragten Hauptschullehrkräfte ähnlich vorbereitet. Im Gegensatz dazu orientierten sich die Fächer Biologie, Chemie und Physik an der naturwissenschaftlichen Arbeitsweise mit den Phasen „Problemstellung", „Hypothesenbildung", „Versuchsplanung und -durchführung", „Beobachtung" und „Auswertung". Die Gewichtung dieser Phasen ist bei den einzelnen Lehrkräften jedoch unterschiedlich. Für Biologie gilt dieses Vorgehen allerdings nur für Themen, bei denen ein Versuch geplant ist. Dabei scheinen „Versuche" im naturwissenschaftlichen Unterricht eine ähnlich zentrale Rolle zu spielen wie die „Aufgabe" bei der Unterrichtsplanung von Mathematiklehrkräften. Hier strukturiert die Auswahl des Versuches den Ablauf, wobei sich die methodischen Überlegungen vorrangig auf die Entscheidung „Lehrer"- oder „Schülerexperiment" beschränken (HAAS 1998, S. 18 f.).
In seiner darauf aufbauenden Arbeit von 1998, die 36 Unterrichtsplanungen von Biologielehrkräften untersuchte, verweist HAAS jedoch darauf, daß kein einheitlich beschreibbarer Prozeß der Planung bei den untersuchten Biologielehrkräften nachzuweisen sei. Er kam ähnlich wie SAGEDER (1992), der an 156 österreichische Handelschullehrkräfte, die das Fach Wirtschaftspädagogik unterrichteten, Fragebögen verschickte, zu dem Schluß, daß Unterrichtsplanung ein höchst individueller, routinengesteuerter Prozeß sei (HAAS 1998, S. 234).

Einen dreistufigen Planungsprozeß im Sinne einer Problemlösungskette fand YINGER (1978) in seiner Fallstudie einer Grundschullehrerin in den USA. Dieses Modell beschreibt die Planung, die mit einer Idee beginnt und mit der Ausführung endet, folgendermaßen: Problem finding → Problem Formulation/Solution (Design) → Implemantation, Evaluation, Routinisation (vgl. a. a. O., S. 27). Dabei spielen die Überlegungen zu den Aktivitäten eine herausragende Rolle.

3.6 Das handlungsleitende Lehrerwissen

WENGERT (1989) stellte in seiner Untersuchung bei der Frage nach dem handlungsleitenden Lehrerwissen fest, daß Lehrkräfte eine gründliche Vorbereitung als wichtig für einen erfolgreichen, d. h. reibungslos mit regen Schülerbeteiligungen verlaufenden, Unterricht ansehen. Dabei sei ein gut ausgearbeiteter Handlungsplan aber nur ein begünstigender Faktor für guten Unterricht, da dieser insbesondere von der konkreten Situation und Interaktion abhinge, die nur bedingt planbar sei (a.a.O., S. 430). Daher könne auch ein unvorbereiteter Unterricht durchaus gelungen verlaufen, denn Lehrerinnen und Lehrer gingen nie gänzlich planlos in den Unterricht. Bei knapper oder fehlender Vorbereitungszeit vergegenwärtigen sich Lehrkräfte lediglich des momentanen Standes des Unterrichts und der nächsten inhaltlichen Schritte, die sich daran anschließen. Die Verhaltensweisen zur Schülerbeteiligung, methodische Überlegungen u. ä. werden dann spontan im Unterricht entschieden. Besonders hilfreich sei in diesen Fällen die Berufserfahrung, da man die wichtigen Inhalte und die zentralen Fragen im Kopf habe (WENGERT 1989, S. 433 f.).

Die allgemeine Bedeutung der Berufserfahrung oder von Routinen bei der Unterrichtsplanung war ein weiterer Untersuchungsschwerpunkt bei ausländischen, aber auch deutschen Erhebungen. BROMME (1985) definiert Routinen als Operationen, „die durch häufige Wiederholung entstanden sind, eine relativ hohe Geschwindigkeit des Vollzuges haben (und) wenig Steuerungsprozeduren erfordern" (a. a. O., S. 184). Dabei wird angenommen, daß sich die Funktion und Bedeutung von Routinen sowohl beim Planen als auch beim Unterrichten mit wachsender Erfahrung verändern (BROMME 1992 b). Für die Untersuchung von Routinen werden häufig Vergleiche zwischen erfahrenen Lehrkräften und Berufsanfängern vorgenommen (vgl. z. B.: BERLINER 1987 a/b; BROMME 1982; BROMME & BROPHY 1986; CALDERHEAD 1984; YINGER 1979). Alternativ dazu wird auch der Werdegang von jungen zu berufserfahrenen Lehrkräften erforscht, so auch in den aktuellen Untersuchungen zur Professionalität von Lehrkräften (vgl. u. a.: BAUER 1997; HINSCH 1979, PETERS 1983, SCHWÄNKE 1988).

Um die Rolle von Routinen bei Lehrerhandlungen zu untersuchen, beobachtete in den USA YINGER (1978) in einer umfangreichen Fallstudie fünf Monate lang die Planung und Gestaltung des Unterrichts einer erfahrenen Elementarschullehrerin. Er konnte dabei die überragende Bedeutung von Routinen feststellen, die im Laufe des Schuljahres immer mehr zunahmen, so daß beispielsweise in der Mitte des Schuljahres nur noch 14 % der Instruktionsaktivitäten nicht routiniert waren. Die Lehrerin formulierte bei der Planung zwar keine Lernziele oder Evaluationsprozeduren und berücksichtigte auch keine Schülermerkmale, bei der Auswahl und Konstruktion von Aktivitäten spielten diese Punkte jedoch implizit immer eine Rolle (zit. nach WENGERT 1989, S. 114 f.). Zudem tragen Routinen dazu bei, auf Unterrichtssituationen flexibel zu reagieren. Sie können aber auch zu stereotypen Automatismen führen, vor allem, wenn Lehrkräfte erwarten, daß im Unterricht nichts Neues passiert (vgl. SCHRECKLING 1984).
Dieses implizierte Wissen zeigt sich immer dann, wenn bei den entsprechenden Untersuchungen nachgefragt wurde (z. B. PETERS 1983, „South Bay Study" Morine-Deshimer 1979 a/b, BRÄUTIGAM 1986). Inwieweit die Antworten durch den Faktor „soziale Erwünschtheit" beeinflußt wurden, sei einmal dahingestellt. Der Routinisierungsgrad scheint im Laufe des Schuljahres zuzunehmen, ebenso hängt er davon ab, ob das Thema oder die Klasse neu ist.
Die Berufserfahrung hat aber offenbar nicht nur Einfluß darauf, welche Planungsaspekte explizit oder implizit berücksichtigt werden. Zudem wirken sich Berufserfahrung oder routiniertes Handeln auch auf die Dauer der Unterrichtsvorbereitung aus. So ergab die Auswertung der 1991 an 387 niedersächsische Grundschul- und Sek.-I-Lehrkräfte verschickten Fragebögen, in denen u. a. nach der Wochenarbeitszeit gefragt wurde, bezüglich des Dienstalters einen deutlichen Hinweis auf die zunehmende Arbeitserleichterung oder -entlastung durch die Berufserfahrung mit steigendem Dienstalter: Je höher das

Dienstalter der Befragten war, desto höher der Anteil jener, die am Wochenende selten oder nie für die Schule arbeiten (SCHÖNWÄLDER 1994, S. 12).

Zu den konkreten handlungsleitenden Zielen bei der Unterrichtsplanung liegen Ergebnisse aus der Studie von WENGERT (1989) vor. Er konnte in seiner Untersuchung im wesentlichen zwei Ziele, die eng zusammenhängen, identifizieren, an denen sich die Lehrkräfte bei ihrer Planung orientieren. Zum einen geht es um die Ziele im Bereich des Fachinhalts wie hoher Lernerfolg, anspruchsvoller Unterricht für gute und Förderung für schwache Schülerinnen und Schüler. Zum anderen werden Ziele im Bereich der Lehrer-Schüler-Interaktion verfolgt. Denn eine wichtige Voraussetzung zur Erreichung eines guten Lernerfolges seien die konzentrierte Mitarbeit, Schwung und Reibungslosigkeit, Freude und Interesse der Schülerinnen und Schüler sowie die freundschaftlich-entspannte Atmosphäre im Unterricht. Diese Ziele gelten als sehr wichtig, aber nur z. T. als planbar (a.a.O., S. 431, vgl. auch HAAS 1998 S. 232).

Ein weitere Forschungsfrage zielte auf die Beurteilung und Bedeutung didaktischer Modelle für die Unterrichtsplanung berufserfahrener Lehrer. In der Untersuchung von BROMME (1981) beurteilten die befragten Lehrkräfte den inhaltlichen Kern der im Referendariat angeeigneten Modelle als positiv, insbesondere für Berufseinsteiger. Die alltägliche Planungspraxis würde sich aber durch die Entwicklung eigener Routinen im Verlauf der Berufsausübung von den Vorgaben der Modelle deutlich unterscheiden. Auch in den weiteren vorliegenden Untersuchungen zur Unterrichtsplanung kommen die Autoren zu dem Schluß, daß sich Unterrichtsplanung an keinem spezifischen didaktischen Modell orientiert (vgl. für den deutschsprachigen Raum: MÜLLER-FOHRBORDT u. a. 1978; HAAS 1992/1998).

3.7 Ort, Zeit und Dauer der Unterrichtsplanung

Ort und Zeit der Unterrichtsvorbereitung sind bei Lehrkräften sehr unterschiedlich, da sich hierbei jede Lehrkraft den Tagesablauf so organisiert, wie es den persönlichen Lebensumständen und Bedürfnissen entspricht (BROMME 1981, S. 49 f.). Zahlreiche Studien belegen darüber hinaus, daß sich die Unterrichtsvorbereitung nicht nur zu einer bestimmten Zeit, oder an einem festgelegten Ort, wie beispielsweise dem heimischen Schreibtisch, vollzieht, sondern in allen möglichen Alltagssituationen stattfinden kann. Viele Lehrkräfte berichten, daß sie im Laufe des Tages immer wieder über Unterricht und seine Vorbereitung nachdenken (vgl. CALDERHEAD 1984; CLARK & YINGER 1979; McCUTCHEON 1980).

Über die Dauer der Unterrichtsplanung liegen in der Bundesrepublik bisher nur wenige gesicherte Ergebnisse vor. Dies gilt sowohl allgemein für die Arbeitszeit von Lehrkräften als auch speziell für den realen Zeitaufwand für die Unterrichtsvorbereitung. Bei der allgemeinen Ermittlung der Arbeitszeit von Lehrkräften im Rahmen der Erhebungen zur Lehrerarbeit wurden diese in den vorliegenden Untersuchungen selbst befragt, so daß eine gewisse Skepsis bei den Ergebnissen angebracht ist. Sie können aber als Anhaltspunkte gelten, denn sämtliche Untersuchungen, die zur Arbeitszeit von Lehrkräften in der BRD zwischen 1958 und 1985 durchgeführt wurden (vgl.: KISCHKEL 1984, S. 142 f.; RUDOW 1994, S. 61 ff. und SCHÖNWALDER 1989, S. 11), stimmen in ihren Ergebnissen *weitgehend überein*. Die ermittelte durchschnittliche wöchentliche Arbeitszeit der Lehrkräfte liegt bei mindestens 45 bis 48 Stunden; MÜLLER-LIMMROTH (1980) ermittelt sogar einen Arbeitsumfang von 53 bis 55 Stunden (a. a. O., S. 8). Selbst wenn die (relativ zum Durchschnittsurlaub) längeren Ferien berücksichtigt werden, übersteigt jedenfalls die Arbeitszeit der Lehrkräfte die der meisten anderen Arbeitnehmer deutlich (KISCHKEL a.a.O.; SCHÖNWÄLDER 1989, S. 12). Für die Verteilung der Arbeitsstunden wurden dabei folgende Werte angegeben:

Tätigkeiten	Anteil der Arbeitszeit	
	ENGELHARDT	HÄBLER & KUNZ
Unterricht	45 %	46 %
Unterrichtsvorbereitung	22 %	31 %
Beurteilung und Korrekturen	11 %	
Verwaltungsarbeiten	5 %	7 %
Konferenzen/Gremien	4 %	4 %
Sprechstunden	4 %	3 %

Quellen: ENGELHARDT 1982, HÄBLER & KUNZ 1985, S. 41

Viele Lehrkräfte beklagen in diesem Zusammenhang, daß Korrekturen und Verwaltungsarbeiten[13] ihnen zu wenig Zeit für die pädagogische Arbeit (dazu gehört eine sorgfältige Unterrichtsplanung) ließen.

Dabei wird der Zeitaufwand für Korrekturen und die bürokratische Einbindung der Tätigkeit vor allem von Lehrkräften an Gymnasien beklagt. Denn insbesondere an dieser Schulform spielen die Schülerleistungen eine große Rolle, und das Kurssystem an der Oberstufe sowie die Abiturprüfungen sind in besonders starkem Maße Gegenstand von formalen Regelungen. Dies ist mit einem entsprechend hohen Aufwand für die Verwaltungsarbeiten und die Beachtung bestehender Richtlinien und Prüfungsordnungen verbunden (FLAAKE 1989, S. 90 f.).

Auch die Erfassung der reinen Planungszeit, wie sie in einigen Untersuchungen versucht wurde, ergibt bisher noch kein genaues Bild. Dies hängt nicht zuletzt mit dem angesprochenen Problem der zeitlichen Abgrenzung der Planungstätigkeiten

---

[13] Dazu zählen: Berichte über Referendare und Lehrproben, Gutachten über Schülerinnen und Schüler, z. B. für die Berufsberatung oder für Förderungseinrichtungen; Anträge auf Genehmigung von Klassenarbeiten, Studienfahrten, Schülerbeihilfen; das Eintreiben von Elternunterschriften auf Zetteln bezüglich drohender Nichtversetzung; diverse Statistiken und Listen, Entschuldigungen, Beurlaubungen, die regelmäßige Mühe um die Durchführung der Elternversammlung usw., usw. (RUMPF 1966, S. 369)

OEHLSCHLÄGER (1978) veranschlagt 15 Minuten pro Unterrichtsstunde (a. a. O., S. 353), dieser Wert wurde auch in einem GEW-Gutachten (vgl. MEYER 1983, S. 65) ebenso wie in der Untersuchung von ZIFREUND (1977, S. 89) ermittelt. HAGE (1981) gibt einen Wert von 13 Minuten an, bei einem Unterrichtsdeputat von 23 Wochenstunden (a. a. O., S. 276 f.). Ob diese Werte die Vorbereitungszeit allerdings einigermaßen angemessen beschreiben, ist sehr fraglich; denn die Angaben von ZIFREUND und HAGE beruhen auf Schätzungen sowie anschließenden Berechnungen. Und OEHLSCHLÄGER interpretierte die Fragebogenformulierung „kurz" einfach als „15 Minuten".

HÜBNER und WERLE (1997) ermittelten in einer Fragebogenerhebung mit 660 Berliner Lehrkräften für Grundschullehrkräfte einen Wert von 21,6 Minuten, für Gymnasiallehrkräfte 28,7 Minuten und für Gesamtschullehrerinnen und -lehrer 27,5 Minuten pro Unterrichtsstunde. Im Durchschnitt ergab sich ein Wert von 25,7 Minuten, für teilzeitbeschäftigte Lehrkräfte errechnete sich ein durchschnittlicher Wert von 31,6 Minuten Vorbereitungszeit pro Unterrichtsstunde (a. a. O., S. 216 f.). WENGERT (1989) erhält in seiner Untersuchung von Mathematiklehrkräften in der Sek. II am Gymnasium einen Mittelwert von 33 Minuten pro Unterrichtsstunde, wobei die Werte zwischen sechs und 81 Minuten schwanken. Dabei zeigte sich kein Zusammenhang zwischen der allgemeinen Berufserfahrung und der Vorbereitungsdauer, erwartungsgemäß jedoch mit der Erfahrung zu dem konkreten Stoff (a. a. O., S. 411 ff.).

In der Untersuchung zur Unterrichtsvorbereitung in Sachfächern (HAAS 1992, S. 110 ff.) ergab sich für die beteiligten Grundschullehrkräfte ein Wert von 22,2 Minuten bei Schwankungen zwischen sieben und 60 Minuten, für die Hauptschullehrkräfte 16,2 Minuten, wobei hier die Werte zwischen 1,5 Minuten und 42 Minuten schwankten. In der Aufbaustudie von 1998 ermittelte HAAS einen Durchschnittswert von 22,3 Minuten. Allerdings war im Gegensatz zu HÜBNER und WERLE (1997) die Vorbereitungsdauer der Gymnasiallehrkräfte mit 15,4 Minuten am geringsten. Er stellte fest, daß ein knappes Zeitbudget oder die allgemeine Überlastung die Vorbereitung verkürzen, während die subjektive Vorliebe für ein Fach oder Thema die Vorbereitung intensivierte (HAAS 1998, S. 48).

Insgesamt kann die Frage, wie lange sich die Lehrkräfte auf ihren Unterricht vorbereiten, bisher nur ansatzweise beantwortet werden, da es sich bei den meisten Untersuchungen um Schätzungen handelt. Keine der befragten Lehrkräfte hatte jemals die Dauer der Unterrichtsplanung notiert.

3.8 Zusammenfassung und kritische Einordnung

Die referierten Ergebnisse stellen, wie eingangs erwähnt, lediglich Tendenzen dar, da sich die Untersuchungen bezüglich des methodischen Zugriffs, aber auch der Rahmenbedingungen erheblich unterscheiden. Zudem liegen nur zu einigen ausgewählten Fächern, Schultypen und Jahrgangsstufen Ergebnisse vor. So bezieht sich der Großteil der ausländischen Erhebungen auf den Lese- und Mathematikunterricht in (US-amerikanischen) Grundschulen. Die größeren Studien in der Bundesrepublik untersuchten dagegen vor allem die Vorbereitungspraxis von Mathematik- oder Biologielehrkräften in der Sekundarstufe I oder II. Überblickstudien, die parallel unterschiedliche Fächer *und* verschiedene Schulformen untersuchen, fehlen bislang. Daher können auch nur wenige allgemeingültige Aussagen über Unterrichtsplanung gemacht werden. Man kann nicht davon ausgehen, daß es *die* Unterrichtsplanung von Lehrerinnen und Lehrern als einheitlich beschreibbare Verhaltensweise überhaupt gibt. Vielmehr scheint die Unterrichtsvorbereitung zu einem gewissen Teil von dem Schulsystem, der Klassenstufe, dem Fach (dies wird durch die ähnlichen Ergebnisse bei Untersuchungen von Mathematiklehrkräften bezüglich der Bedeutung von Aufgaben und der Lehrbuchkonformität deutlich) und möglicherweise auch von der Schulart abhängig zu sein. Darüber hinaus, von welcher Art und von welcher Verbindlichkeit die curricularen Vorgaben sind, wie die einzelne Schule ausgestattet ist, welches Unterrichtsmaterial verfügbar ist und welche konkreten Arbeitsbedingungen (beispielsweise zeitliche Belastungen, Möglichkeiten zur Zusammenarbeit mit Kollegen) die Lehrkraft vorfindet (vgl. auch WENGERT 1989, S. 143).

Allgemeingültige Aussagen über die Unterrichtsplanungspraxis von Lehrkräften sind zudem kaum möglich, da sich die Untersuchungen erheblich in ihrem methodischen Vorgehen unterscheiden. So wurden in den bisher durchgeführten Untersuchungen Methoden gewählt, die sich nach dem Grad der Kontrolle durch den Forscher entlang eines Kontinuums, das von der ethnographischen Fallstudie auf der einen Seite bis zum streng kontrollierten Laborexperiment auf der anderen Seite reicht, einordnen lassen. Dabei entschied die jeweilige Forschungsfrage, in welchem Ausmaß naturalistische Bedingungen möglich und Einschränkungen und Kontrolle nötig waren.

Bei den Untersuchungen dominieren Fragebogenerhebungen und Interviews unterschiedlichen Strukturierungsgrades. Weiterhin wurde mit kontrollierten und halbkontrollierten Anordnungen, Fallstudien oder dem „Lauten Denken" gearbeitet bzw. mit Mischformen. Dabei sind die unterschiedlichen Methoden mit spezifischen Problemen behaftet, die Auswirkungen auf die Reichweite und Aussagekraft der Ergebnisse haben. So ist bei der Interpretation von Ergebnissen, die durch „künstliche" Erhebungsmethoden gewonnen wurden, Vorsicht geboten, wenn das alltägliche Planungshandeln von Lehrerinnen und Lehrern der Bezugspunkt sein soll. Dies gilt für alle Untersuchungen, bei denen neutrale Themen, Lernziele, Material, Vorbereitungszeit usw. vorgegeben wurden oder die Schülerinnen und Schüler unbekannt bzw. fiktiv waren. Denn dadurch wird vernachlässigt, daß gerade die unter den curricularen Rahmenbedingungen von der Lehrerin, vom Lehrer selbst zu leistende inhaltliche Gestaltung des Unterrichts zu den wichtigen Aspekten der Unterrichtsplanung gehört (vgl. TILLEMA 1984). Außerdem bleibt unbekannt, welche Informationen über die Schülerinnen und Schüler in der Realisation von der Lehrkraft überhaupt beachtet werden. Ein weiteres Problem ist die zwangsläufige Beschränkung auf die kurzfristige Unterrichtsplanung, wie sie praktisch allen experimentellen und quasi-experimentellen Untersuchungen gemeinsam ist. Dadurch wird weitgehend das Beziehungsgeflecht von lang-, mittel- und kurzfristiger Planung in der alltäglichen Unterrichtsvorbereitung ignoriert. Die skizzierten Einschränkungen finden sich bei den Studien von HAWTHORNE

3 Forschungsergebnisse zur Unterrichtsplanung

(1968), MORINE (1976), PETERSON (1978) und ZAHORIK (1970) (vgl. dazu WENGERT 1989, 137 ff.). Inwieweit Fragebogenuntersuchungen wie die Erhebungen von ZAHORIK (1975), TAYLER (1970), McCUTCHEON (1980), LUNDGREN (1972), SMITH (1978), HOPF (1980) und ein Teil der Studie von WENGERT (1989) geeignet sind, die tatsächliche Vorbereitungspraxis zu erfassen, soll weiter unten genauer erörtert werden; es kann zumindest nicht von vornherein davon ausgegangen werden, daß sie das alltägliche Planungshandeln adäquat widerspiegeln. Eine reine Fallstudie wie von YINGER (1978) mag diese Problematik zwar umgehen, über die Vorbereitung anderer Lehrkräfte wird damit aber nicht unbedingt etwas ausgesagt, denn Lehrerinnen und Lehrer, die sich für eine solche Untersuchung bereit erklären, sind sicher als positive Auswahl zu bezeichnen und somit eher weniger repräsentativ. Diese Vorbehalte sollen nicht die Wertlosigkeit der einzelnen Ergebnisse suggerieren, sondern vor einer unkritischen Übernahme warnen. Denn bei der Interpretation muß der gesamte Kontext, in dem die Untersuchung erhoben wurde und in dem Lehrerinnen und Lehrer täglich stehen, mitbedacht werden.

4 Fragestellungen und methodisches Vorgehen

Grundlage dieser Untersuchung sind, wie eingangs erwähnt, neben einer selber durchgeführten Erhebung, vorliegende Daten zur Unterrichtsplanung aus dem Forschungsprojekt „Lehrpläne und alltägliches Lehrerhandeln", in dem die Autorin von August 1996 bis Dezember 1997 als wissenschaftliche Angestellte mitgearbeitet hat. Die Fragestellungen und das methodische Vorgehen der eigenen Arbeit gliedern sich zum einen in den Kontext dieses Forschungsprojekts ein, gehen zum anderen aber auch deutlich darüber hinaus. Um diesen Zusammenhang zu verdeutlichen, soll zunächst die Einbindung der eigenen Arbeit in dieses Forschungsprojekt skizziert werden.

4.1 Das Forschungsprojekt „Lehrpläne und alltägliches Lehrerhandeln"

Das Forschungsprojekt wurde von 1993 bis September 1997 in enger Kooperation mit dem Hessischen Institut für Bildungsplanung und Schulentwicklung (HIBS) von einer Arbeitsgruppe an der Universität Bielefeld (Fakultät für Pädagogik) durchgeführt.[14] Es begleitete die Lehrplanrevision an hessischen Sekundarschulen. Dabei wurden quantitativ-standardisierte Befragungen mit qualitativen Einzelfallstudien gekoppelt. Die Untersuchung erfolgte in zwei Phasen. In der *ersten Phase* wurden

- der Prozeß der Lehrplanrevision nachgezeichnet;
- eine schriftliche Befragung von 1066 hessischen Lehrerinnen und Lehrern der Fächer Deutsch, Geschichte, Mathematik und Chemie und
- Gruppendiskussionen mit Lehrerinnen und Lehrern in zehn Fachkonferenzen (Deutsch, Mathematik und Chemie) durchgeführt.

Die Ergebnisse vermitteln einen ersten Eindruck davon, wie Lehrkräfte mit staatlichen Lehrplänen umgehen und welche Erwartungen sie mit der damals bevorstehenden Lehrplanrevision verbanden. Zusätzlich wurden

- Fallstudien an drei hessischen Sekundarschulen durchgeführt.

In diesen Fallstudien wurde Fragen zur jeweiligen Festlegung der Fachinhalte, formellen und informellen Kooperation, der Bedeutung des Lehrplans und Erwartung an die neuen Lehrpläne nachgegangen. Dadurch konnten die unterschiedlichen „Kulturen" der drei Schulen sowie der untersuchten Fächer bezüglich der Kooperation und des Umgangs mit Lehrplänen dargestellt werden.

---

[14] Dieses Projekt wurde von Klaus-Jürgen Tillmann geleitet. Zu dem Forschungsteam gehörten außerdem Witlof Vollstädt, Udo Rauin, Katrin Höhmann und Andrea Tebrügge. Finanziert wurde es aus Drittmitteln des Hessischen Kultusministers und aus Eigenmitteln der Universität Bielefeld.

Nach der verbindlichen Einführung der neuen Lehrpläne in Hessen im Schuljahr 1996/97 wurden in der *zweiten Phase* der Untersuchung

- eine schriftliche Befragung von 1043 hessischen Lehrerinnen und Lehrern und
- Fallstudien an den drei hessischen Sekundarschulen durchgeführt.

In dieser zweiten Phase wurden die Beurteilung und der Umgang mit den neuen Lehrplänen erhoben. Die ausführliche Dokumentation aller Untersuchungsschritte und die Präsentation der Ergebnisse liegen in mehreren Veröffentlichungen des Forschungsprojekts vor (vgl. insb.: VOLLSTÄDT, TILLMANN, RAUIN, HÖHMANN, TEBRÜGGE 1999).

Im Rahmen dieses Projekts wurde zudem die Frage nach der Unterrichtsplanung von Lehrkräften im Hinblick auf die Bedeutung von Lehrplänen für diesen Prozeß gestellt. Dazu wurden in der ersten Phase sowohl in der standardisierten Befragung als auch in den Interviews der Fallstudien Daten erhoben, die in dieser Arbeit von der Autorin ausgewertet werden. Ausgangspunkt der eigenen Auswertung ist aber nicht die im Projekt verfolgte lehrplantheoretische Sicht; vielmehr werden Fragestellungen verfolgt, die auf der Grundlage der vorangegangenen didaktischen und handlungstheoretischen Überlegungen sowie der vorgefundenen Forschungslücken zur Unterrichtsplanung entstanden sind und die im folgenden ausgeführt werden. Dabei ist es ein Ziel dieser Arbeit, einige dieser Forschungslücken zu schließen, da bislang für den deutschsprachigen Raum insgesamt nur wenig empirisch gesichertes Wissen zur Unterrichtsplanung von Lehrerinnen und Lehrern, zur Handlungsrelevanz didaktischer Modelle, staatlicher Vorgaben sowie innerschulischer Absprachen vorliegt. Was bekannt ist, bezieht sich primär auf den Mathematikunterricht in ausgewählten Klassenstufen an Gymnasien und einige „Sachfächer" in der Sek. I. Damit wurde nur ein Teil der Planungspraxis erfaßt, und wie im vorangegangenen Kapitel angesprochen, erscheint es eher unwahrscheinlich, daß diese Ergebnisse ohne weiteres auf andere Fächer oder Schulformen übertragbar oder generalisierbar sind. Daher soll in dieser Arbeit die Unterrichtsvorbereitung in verschiedenen Fächern *und* unterschiedlichen Schulformen untersucht werden. Die Ergebnisse könnten einen Reflexionshintergrund sowohl für die didaktische Diskussion als auch für die aktuellen Diskussionen über die Veränderungen von Schule und Unterricht liefern.

4.2 Fragestellungen

4.2.1 Rahmenbedingungen und Muster der Unterrichtsplanung

Die erste Leitfrage bezieht sich auf die didaktischen Entscheidungen, die die Lehrkräfte bei der Unterrichtsplanung treffen. Dabei ist, wie im zweiten Kapitel skizziert, zunächst zu berücksichtigen, daß einige der Planungsentscheidungen z. B. durch rechtliche Bestimmungen, zeitlich-organisatorische Rahmenbedingungen und durch andere Entscheidungsträger mehr oder weniger verbindlich vorgegeben werden. Diese staatlichen und schulischen Verordnungen oder Absprachen sind für

4 Fragestellung und methodisches Vorgehen

diese Untersuchung von besonderem Interesse, weil sie sich als wichtig für die Form und den Inhalt des eigentlichen Planungsprozesses erweisen können.

Zu den zentralen *staatlichen Steuerungsmaßnahmen* bezüglich des Unterrichts und seiner Planung gehören vor allem die Lehrpläne. Diese enthalten in der Regel allgemeine Erziehungs- und Bildungsziele und legen (unterschiedlich eng) die Ziele und Inhalte unterrichtlichen Lernens fest; dies wird mitunter durch Prinzipien oder Hinweise für die Unterrichtsgestaltung ergänzt. Da Lehren und Lernen zu einem nicht geringen Teil an bestimmte Inhalte gebunden sind, ist anzunehmen, daß dem Lehrplan für den Unterricht und seine Planung eine große Bedeutung zukommt. Zudem werden über die Prüfungsordnungen, insbesondere die Erlasse zu den Abschlußprüfungen, die Lehrkräfte an die thematischen sowie inhaltlichen Vorgaben und Zielsetzungen der Lehrpläne gebunden.

- In welcher Weise beeinflussen staatliche Vorgaben wie Lehrpläne, Prüfungsordnungen usw. die Planungsentscheidungen der Lehrkräfte?

Auch auf der *Ebene der Einzelschule* finden sich Absprachen und Beschlüsse, die, ebenso wie die konkreten Arbeitsbedingungen, Einfluß auf die Planungstätigkeiten der Lehrkräfte ausüben. So werden in einigen Bundesländern, wie Hessen oder Nordrhein-Westfalen, die für diese Untersuchung von besonderem Interesse sind, auf der Grundlage der staatlichen Lehrpläne schulinterne Curricula entwickelt, in denen die Inhalte und Themen, die in den jeweiligen Jahrgängen behandelt werden sollen, von den Lehrkräften gemeinsam festgelegt werden. Zudem werden z. T. auch in den Konferenzen weitere Absprachen bezüglich des Materials, der Hausaufgaben, der Leistungskontrollen, des Unterrichtablaufs usw. getroffen. Über welche Themen sich die Lehrkräfte gemeinsam verständigen und wie verbindlich diese Absprachen für die Planungsentscheidungen der einzelnen Lehrkräfte sind, müßte, ebenso wie der Einfluß der informellen und institutionalisierten Kooperation, noch genauer untersucht werden.

- Welche für die Unterrichtsplanung verbindlichen Absprachen werden auf der Ebene der Einzelschule getroffen, und welche Bedeutung haben diese für die Planungsentscheidungen der Lehrkräfte?
- Welche Absprachen oder Kooperationsformen gibt es bei der Planung des Unterrichts im jeweiligen Fach und/oder fächerübergreifend? Was beinhalten diese Absprachen und wie verbindlich sind sie? Welchen Formen kooperativer Zusammenarbeit werden praktiziert?

Nicht zuletzt wird die Unterrichtsplanung durch Rahmenbedingungen, die auf der *individuellen Ebene* der einzelnen Lehrkraft liegen, beeinflußt.

- Welchen Einfluß haben zeitlich-organisatorische Rahmenbedingungen, das Zeitbudget, die Berufserfahrung, der persönliche Anspruch an die Vorbereitung u. ä. auf die Unterrichtsplanung?

Die möglichen didaktischen Entscheidungen, die die Lehrkräfte bei der Planung treffen und berücksichtigen, werden in den didaktischen Modelle sehr detailliert und umfangreich dargestellt. Daher werden diese Modelle für die Fragen nach den konkreten Planungsentscheidungen zugrunde gelegt. Nach Maßgabe dieser Planungskonzepte soll sich die Unterrichtsvorbereitung in unterschiedlichen, aufeinander aufbauenden Planungsstufen vollziehen, von der Jahresplanung angefangen bis zur konkreten Planung der Einzelstunde, wobei jeweils unterschiedliche Planungselemente zu berücksichtigen sind (vgl. 1.3/1.4). - In den bisher vorliegenden empirischen Studien finden sich allerdings nur wenige Beispiele, die die gesamte Planungstätigkeit der Lehrkräfte im Blick haben. Um aber das alltägliche Planungshandeln der Lehrkräfte zu verstehen, ist es notwendig, auch Planungsentscheidungen zu Beginn des Schuljahres zu berücksichtigen, da davon auszugehen ist, daß diese langfristige Planung großen Einfluß auf die weiteren Tätigkeiten im laufenden Schuljahr besitzt.

- Welche Planungsstufen (Jahresplanung, Unterrichtseinheit, Wochenplanung, Einzelstunde) berücksichtigen die Lehrkräfte bei ihrer Unterrichtsplanung?
- Welche Elemente (Thema, Ziel, Methoden, Medien, Schülervoraussetzungen) werden bei der Lösung einer jeweils spezifischen Planungsaufgabe (Jahresplanung etwa) in welcher Form und Detailiertheit bewußt vorbereitet und welche bleiben für die aktuelle Gestaltung im Unterricht offen? Werden einige Elemente stärker berücksichtigt als andere? Lassen sich dabei Planungsprioritäten erkennen?

In diesem Zusammenhang sind auch die Planungsergebnisse von besonderem Interesse, wobei es eher unwahrscheinlich erscheint, daß die Lehrkräfte ihre Planungsprodukte gemäß den Vorgaben eines didaktischen Modells festhalten.

- Wie halten Lehrerinnen und Lehrer ihre Planungsergebnisse fest?

In den bisher vorliegenden empirischen Untersuchungen stellten die Autoren fest, daß sich diese Planungsentscheidungen häufig an den Vorgaben des Unterrichtsmaterials orientieren. Dabei findet sich eine große Anzahl möglicher Hilfsmittel und Informationsquellen für die Unterrichtsplanung, z. B. Schulbücher, eigene Materialsammlungen, Fachzeitschriften, didaktische Vorlagen, Lehrpläne usw., deren Funktion und Bedeutung für die Entscheidungen bei den jeweiligen Planungsstufen erfragt werden soll.

- Welche Planungshilfen werden in Anspruch genommen? Und welche Funktion haben sie bei der Planung?

Die vorliegenden Untersuchungsergebnisse weisen zudem darauf hin, daß die Berücksichtigung und Gewichtung der unterschiedlichen Planungsstufen und -elemente, des Unterrichtsmaterials usw. nicht immer gleich ausfällt, sondern von

4 Fragestellung und methodisches Vorgehen

planungsimmanenten Bedingungen wie dem Fach, der Lerngruppe, Klassenstufe (5. Klasse oder Leistungskurs), Planungsstufe, Art der Stunde (Einführungs- oder Übungs- bzw. Wiederholungsstunde) oder der Schulform usw. abhängt und sich entsprechend unterscheiden läßt.

- Lassen sich bei der Unterrichtsplanung und ihren Rahmenbedingungen fach-, schulformspezifische oder sonstige Unterschiede identifizieren? Können entsprechende charakteristische „Muster"[15] der Planung ausgemacht werden?

4.2.2 Der Prozeß der Unterrichtsplanung und das handlungsleitende Lehrerwissen

Diese zweite Leitfrage bezieht sich auf die konkreten Planungshandlungen im laufenden Schuljahr und Teile des dabei zugrunde liegenden handlungssteuernden Lehrerwissens. Ausgangspunkt sind die theoretischen Überlegungen aus dem zweiten Kapitel, wobei nicht die planerischen Entscheidungen sondern die Planungshandlungen im Mittelpunkt stehen. Nach dem Ansatz von MILLER, GALANTER und PRIBRAM (1973) werden Handlungen durch Handlungsschemata oder -pläne gesteuert, die einzelne nacheinander durchzuführende Schritte umfassen, die wiederum aus Teilhandlungen bestehen.

- Lassen sich bei der Unterrichtsplanung handlungssteuernde Schemata oder Pläne identifizieren? Welche Teilhandlungen und Elemente umfassen diese Pläne?

In diesem Zusammenhang wird auch nach weiteren Teilen des handlungsleitenden Wissens, den professionellen Kenntnissen der Lehrkräfte über fachliche, didaktische, psychologische, schulorganisatorische usw. Sachverhalte gefragt.

- Lassen sich in den Ausführungen der Lehrkräfte Teile der (Planungs-) Handlung steuernden subjektiven Wissensbestände, Überzeugungssysteme etc. identifizieren?

Im einzelnen umfaßt dies Fragen nach der allgemeinen Bedeutung der Unterrichtsplanung für die Lehrerin oder den Lehrer, den Absichten, Erwartungen und Zielen, die verfolgt werden, den Strategien bei fehlender Vorbereitung; dem, was alles implizit mitbedacht wird bzw. routiniert ist und nach der Bedeutung didaktischer Theorien für diesen Prozeß.

---

[15] Diese „Muster" im Sinne einer Gruppenbildung sind nicht zu verwechseln mit den im folgenden thematisierten Planungsschemata.

4.2.3 Eingrenzung des Forschungsfeldes

Die oben entwickelten Fragestellungen richten sich zunächst allgemein auf Unterrichtsplanung, d. h. unabhängig vom Fach, der Schulform oder der Lerngruppe, für die vorbereitet wird. Eine umfassende Untersuchung der Unterrichtsplanung für all diese Bereiche würde aber deutlich den Rahmen dieser Arbeit überschreiten. Daher war eine Eingrenzung des Gegenstandsbereiches notwendig, die im folgenden begründet wird.

Antworten auf die erste und Teile der zweiten Leitfrage liefern die vorliegenden Daten aus dem Forschungsprojekt „Lehrpläne und alltägliches Lehrerhandeln". Hier wurden hessische Mathematik-, Deutsch- und Chemielehrkräfte[16], die in der Sek. I unterrichten, u. a. nach ihrer Planungspraxis befragt. Damit konnten sowohl die unterschiedlichen Schulformen als auch der Unterricht in den Jahrgangsstufen 5 bis 10 erfaßt werden. Auf die zusätzliche Befragung von Grundschullehrkräften und in der Sek. II Unterrichtenden mußte aus forschungsökonomischen Gründen verzichtet werden.

Die im Projekt in erster Linie unter lehrplantheoretischen Gesichtspunkten vorgenommene Fächerauswahl (VOLLSTÄDT u. a. 1999) erweist sich auch für die Erfassung der Unterrichtsplanungspraxis vor allem in Hinblick auf die Vergleichbarkeit der Ergebnisse mit vorliegenden Untersuchungen als sinnvoll. So wurden bisher insbesondere Teile der Unterrichtsplanung in den Fächern Mathematik und Chemie untersucht. Erste repräsentative Ergebnisse zu dem Bereich des Sprachunterrichts, der bisher nur in einer Fallstudie mit einer Lehrerin untersucht wurde, liefert die Untersuchung des Faches Deutsch. Damit ist bei dieser Auswahl sowohl der mathematisch-naturwissenschaftliche als auch der sprachliche Fachbereich vertreten, und es werden zwei Hauptfächer und ein Nebenfach berücksichtigt.

In die ergänzende Untersuchung zur Beantwortung der zweiten Leitfrage wurden nordrhein-westfälische Deutsch-, Mathematik- und Chemielehrkräfte einbezogen, die am Gymnasium unterrichten (siehe 4.3.3).

4.3 Methodische Anlage und Durchführung der Untersuchung

Für die Beantwortung der ersten Leitfrage, die auf die Deskription der Unterrichtsplanung und ihrer Rahmenbedingungen zielt, bieten sich sowohl qualitative als auch quantitative Erhebungsverfahren an. Um die jeweiligen methodenimmanenten Defizite auszugleichen und sowohl verallgemeinerungsfähige als auch detaillierte Aussagen über den Untersuchungsgegenstand machen zu können, wurde mit einer Kombination dieser Methoden gearbeitet: Im oben vorgestellten Lehrplanprojekt wurde zum einen eine umfangreiche repräsentative standardisierte Untersuchung durchgeführt, die eine große Fallzahl berücksichtigte. Zum anderen wurde parallel eine kleine für dieselbe Grundgesamtheit stehende

---

[16] Die für das Fach Geschichte in der schriftlichen Befragung erhobenen Daten werden in dieser Untersuchung nicht berücksichtigt.

4 Fragestellung und methodisches Vorgehen

Gruppe in halbstandardisierten Einzelinterviews befragt, was für die Auswertung der für diese Untersuchung relevanten Daten zahlreiche Vorteile bietet. Denn die verschiedenen methodischen Annäherungen implizieren unterschiedliche Erkenntnismöglichkeiten: Während die Übersichtsstudie repräsentative Daten im Rahmen eines vorab definierten Variablennetzes liefert, ermöglicht die qualitative Erhebung die Chance, neue Aspekte, unerwartete Verknüpfungen und nicht bekannte Zusammenhänge zu ermitteln. Den qualitativen Interviews kommt dabei eine doppelte Funktion zu: Sie sollen die Aspekte des Gegenstandsbereiches erfassen, die mit standardisierten Befragungen kaum erreichbar sind, und sollen Erkenntnisse liefern, die eine gehaltvolle Interpretation der quantitativen Ergebnisse ermöglichen. Beide Erhebungsformen bieten in ihrer wechselseitigen Ergänzung gute Möglichkeiten, zu der vorliegenden Problemstellung sowohl generalisierbare wie höchst detaillierte Aussagen machen zu können (vgl.: OSWALD 1997, S. 83).

Im folgenden wird die methodische Anlage und Durchführung der standardisierten schriftlichen Repräsentativbefragung und der qualitativen Interviews vorgestellt, die im Rahmen des Forschungsprojekts durchgeführt wurden. An der Konzipierung und Durchführung dieser Untersuchungsteile war die Autorin nicht beteiligt, da sie erst im August 1996 in das Projekt einstieg. Allerdings oblag ihr die Auswertung der statistischen Daten sowie des qualitativen Interviewmaterials zum Themenkomplex „Unterrichtsplanung".

4.3.1 Die standardisierte Repräsentativbefragung

Bei der standardisierten schriftlichen Befragung wurde ein Fragebogen eingesetzt, der aus drei Teilen bestand: einem Teil zur Unterrichtsplanung, einem zum Umgang mit den in Hessen 1994 noch gültigen Lehrplänen, den „Rahmenrichtlinien", und einem dritten Teil zur Lehrplanrevision, die damals in Hessen kurz bevorstand. Das Instrument umfaßt insgesamt 24 Seiten mit 220 geschlossenen, sieben offenen Fragen und je nach Fach bis zu 15 fachspezifischen Zusatzfragen. Davon beziehen sich auf sechs Seiten 64 geschlossene und zwei offene Fragen auf die Unterrichtsvorbereitung. Zur Einschätzung von Sachverhalten wurden dreistufige („häufig" - „selten" - „nie", oder: „regelmäßig" - „gelegentlich" - „nie") bzw. fünfstufige Antwortalternativen (++ sehr intensiv, + intensiv, 0 weniger, - kaum, -- gar nicht) vorgegeben. Der Teil des Fragebogens zur Unterrichtsplanung, der im Rahmen dieser Arbeit ausgewertet wird, erhebt Daten zu insgesamt fünf Dimensionen, zu:

1. den schulischen Stoffverteilungsplänen,
2. den Planungssequenzen,
3. der Materialnutzung,
4. der Kooperation und
5. den Planungstätigkeiten der letzten Woche.

Die Befragung wurde im Februar 1994 durchgeführt und konzentrierte sich auf Lehrerinnen und Lehrer in Hessen, die in einem der untersuchten Fächer eine

Lehrbefähigung für den Unterricht in der Sekundarstufe I (Hauptschule, Realschule, Haupt- und Realschule, Gymnasium oder Gesamtschule) besitzen und im Schuljahr 1993/94 mindestens vier Wochenstunden in dieser Schulstufe unterrichtet haben. Es wurde eine nach Fächern geschichtete Zufallsstichprobe von je 1 000 Personen in den Fächern Chemie, Deutsch und Mathematik aus der hessischen Lehrerindividualdatei (LID) gezogen, die die genannten Kriterien berücksichtigte. In Anbetracht des erheblichen Arbeitsaufwandes für die einzelne Lehrkraft (umfangreicher Fragebogen inklusive der Bewertung eines ersten Entwurfs des jeweiligen Rahmenplans) kann der Rücklauf von insgesamt (inklusive Geschichte) knapp 30 % als zufriedenstellend bewertet werden[17], wobei in den Fächern Chemie und Mathematik die Rückläufe deutlich über denen in Deutsch liegen.

Tabelle 1: Rücklauf der Befragung

	De[18]	Ma	Ch	Insgesamt
absolut	237	326	351	914
in % der postalisch Befragten	23,7	32,6	35,1	29,6 (inkl. Geschichte)

Zur Prüfung der Repräsentativität wurde nach dem Rücklauf eine Ex-post-Schichtung nach Geschlecht, Alter, Berufsjahren und Einsatz in einer Schulform vorgenommen. Dazu wurde die Verteilung der genannten Merkmale in der Grundgesamtheit (Lehrerinnen und Lehrer, die in einem der vier Fächer in der Sekundarstufe I unterrichten) mit der Verteilung in der Stichprobe verglichen. In der Stichprobe sind bis auf das Fach Mathematik beide Geschlechter entsprechend ihrer Anteile repräsentiert.

Tabelle 2: Geschlecht der Befragten (in % der Stichprobe)/hessischer Lehrkräfte (in % der Grundgesamtheit)

	Stichprobe					Grundgesamtheit			
	De	Ma	Ch	total	N	De	Ma	Ch	total
o. A.	4	1	3	3	27				
männlich	46	70	61	61	558	47	59	64	57
weiblich	50	29	36	36	329	53	41	36	43
insgesamt	100	100	100	100		100	100	100	100
N	237	326	351	914		5 969	4 974	1 882	12 825

Die Fächer Chemie und Mathematik werden häufiger von Männern als von Frauen unterrichtet. Während dies in Chemie korrekt in der Stichprobe abgebildet wird, sind in Mathematik die männlichen Lehrkräfte überrepräsentiert.

---

[17] Die folgende Stichproben-Beschreibung orientiert sich an dem Zwischenbericht des Projekts (vgl. VOLLSTÄDT u. a. 1995).
[18] In den Tabellen werden die drei Untersuchungsfächer folgendermaßen abgekürzt: De = Deutsch, Ma = Mathematik und Ch = Chemie.

Die Altersverteilung der Stichprobe entspricht weitgehend derjenigen der Grundgesamtheit. Die Altersgruppen „bis dreißig" und „über sechzig" kommen in der Grundgesamtheit so selten vor, daß auf eigene Kategorien verzichtet wurde. Der Schwerpunkt liegt bei den 41- bis 50-jährigen Lehrkräften.

Tabelle 3: Lebensalter der Befragten (in % der Stichprobe)/hessischer Lehrkräfte (in % der Grundgesamtheit)

	Stichprobe					Grundgesamtheit			
	De	Ma	Ch	total	N	De	Ma	Ch	total
o. A.	0	0	0	0	1				
bis 40	23	21	25	22	201	18	22	24	19
41 – 50	53	55	51	53	484	53	52	51	51
über 50	24	24	24	25	228	29	26	25	30
Insgesamt	100	100	100	100		100	100	100	100
N	237	326	351	914		5 969	4 974	1 882	12 825

Die geschlechtsspezifische Betrachtung der Altersverteilung zeigte, daß in der Gruppe der „jüngeren" Lehrkräfte (bis 40 Jahre) mehr Frauen vertreten sind, während Lehrkräfte jenseits des 41. Lebensjahres mit zunehmender Tendenz vorwiegend männlichen Geschlechts sind.

In allen Fächern haben mehr als 80 % der Befragten über 10 Jahre Berufserfahrung, die Mehrheit verfügt sogar über mindestens 16 Berufsjahre.
Dies entspricht der Situation in den meisten Bundesländern. Im Vergleich zu den 70er Jahren ist eine erhebliche Überalterung der untersuchten Lehrergruppe festzustellen, die bei der Interpretation der Daten berücksichtigt werden muß.

Tabelle 4: Berufsjahre der Befragten (in % der Stichprobe)

	De	Ma	Ch	insgesamt
bis 5	8	5	8	7
6-10	8	5	9	7
11-15	18	22	25	21
16-20	29	31	30	30
21-25	23	15	11	16
mehr als 25	14	22	17	19
insgesamt	100	100	100	100
N	237	326	351	914

In der Stichprobe sind alle in Hessen angebotenen Schulformen der Sekundarstufe I vertreten.[19] In der Stichprobe sind die Schulformen Gymnasium (GYM) und Integrierte Gesamtschule (IGS) überrepräsentiert, die Kooperative Gesamtschule (KGS) und die Haupt- und Realschulen (H/R) dagegen leicht unterrepräsentiert.

---

[19] Aufgrund der vergleichsweise geringen Anzahl der eigenständigen Hauptschulen bzw. Realschulen in Hessen wurden diese Schulformen mit den kombinierten Haupt- und Realschulen zu einer einzigen Gruppe (H/R) zusammengefaßt.

Tabelle 5: Schulformen in der Befragung (in % der Stichprobe)/ Lehrkräfte nach Schulformen in Hessen (in % der Grundgesamtheit)

	Stichprobe					Grundgesamtheit			
	De	Ma	Ch	total	N	De	Ma	Ch	total
o.A./ Sonstige[20]	11	8	8	9	82				
H/R	21	21	16	19	173	23	24	17	22
KGS	17	25	21	21	192	30	30	27	29
IGS	13	13	12	12	109	18	18	15	17
GYM	38	33	43	39	358	29	28	41	32
insgesamt	100	100	100	100		100	100	100	100
N	237	326	351	914		5 969	4 974	1 882	12 825

Insgesamt ist die Stichprobe daher als repräsentativ anzusehen.

Die statistische Aufbereitung des empirischen Datenmaterials erfolgt mit Hilfe des Statistikprogrammes SPSS. Die eigene Auswertung der durch die Fragebogenerhebung gewonnenen Daten beschränkt sich auf den 1. Teil des Fragebogens, der die gemeinsamen Festlegungen zur Unterrichtsplanung in der einzelnen Schule bzw. die individuelle Unterrichtsplanung der Lehrkräfte thematisiert[21]. Im Vordergrund dieser Untersuchung stehen hierbei Fragen nach fach- bzw. schulspezifischen Unterschieden bei den Rahmenbedingungen und Mustern der Unterrichtsplanung. Anhand des Datenmaterials kann jedoch auch der Frage nach alters- oder geschlechtstypischen Unterschieden nachgegangen werden.

Da das vorhandene Datenmaterial in der Regel auf Nominal- bzw. auf Ordinalskalenniveau vorliegt, wird bei der Auswertung im wesentlichen auf der Ebene univariater und bivariater Statistik gearbeitet. Dies bedeutet im einzelnen: Zunächst wird eine univariate deskriptive Datenanalyse durchgeführt, um sich einen Überblick über die Lage und Verteilung der Werte zu verschaffen und um eventuelle Auffälligkeiten im Datenmaterial zu erkennen. Diese Analyse beinhaltet zunächst einmal die Betrachtung und Auswertung von Häufigkeitstabellen. Über die Analyse der absoluten, relativen bzw. kumulierten Häufigkeiten hinaus beinhaltet die explorative Datenanalyse zusätzlich die Auswertung univariater statistischer Maßzahlen, die Auskunft über Lage (Mittelwerte), Form der Verteilung (Parameter der Schiefe und Steilheit der Verteilung) sowie über die Streuung (Standardabweichung bzw. Varianz) der Werte einer Variablen geben. Ein solcher Überblick über das Datenmaterial ist neben der Berücksichtigung des Skalenniveaus

---

[20] In die Rubrik „Sonstige" wurden alle Sonderfälle eingruppiert, z. B. Lehrkräfte an Schulen für Kranke oder Lehrerinnen und Lehrer, die zur Zeit überwiegend in der Grundschule unterrichten, aber gleichzeitig in der Förderstufe oder in der Hauptschule.

[21] Die Ergebnisse zu den anderern Teilen der Untersuchung sind in den schon genannten Projektveröffentlichungen nachzulesen (vgl. VOLLSTÄDT u. a. 1995).

der Variablen eine notwendige Voraussetzung für die Auswahl geeigneter weiterer Auswertungsverfahren.
Im zweiten Zugriff werden bivariate Zusammenhänge analysiert. Auf dieser Ebene sollen die einzelnen Merkmale auf eventuell bestehende Abhängigkeiten hin untersucht werden. Mittels dieser bivariaten Analyse wird der Frage nach Einflüssen der Schulform oder des Unterrichtsfaches auf die Art der Planungstätigkeiten oder die Wahl des Unterrichtsmaterials nachgegangen.

Da es sich, wie bereits erwähnt, bei den vorliegenden Daten weitgehend um nominal- und ordinalskalierte Merkmale handelt, muß eine dementsprechende Auswahl der zulässigen Prüf- und Korrelationsverfahren getroffen werden. Im wesentlichen werden sich die Auswertungen auf die Darstellung zweidimensionaler Häufigkeiten in Kreuztabellen beschränken. Mittels des χ^2-Unabhängigkeitstestes wird geprüft, ob von einem signifikanten Zusammenhang zwischen den tabellierten Variablen ausgegangen werden kann. Bei der Interpretation der Ergebnisse können dann jedoch lediglich Aussagen darüber getroffen werden, ob ein signifikanter Zusammenhang zwischen zwei Merkmalen vorliegt oder nicht. Aussagen bezüglich der Richtung sind nicht möglich. Für ordinalskalierte Variablen hingegen werden Rangkorrelationskoeffizienten zur Auswertung hinzugezogen.

In einem weiteren Untersuchungsschritt soll durch das Einführen von Kontrollvariablen geprüft werden, ob die gefundenen Zusammenhänge in verschiedenen Gruppen in gleichem Maße gültig sind oder ob Aussagen über Zusammenhänge eingeschränkt und spezifiziert werden können. Als Kontrollvariablen werden neben dem Fach der befragten Lehrkraft und der Schulform, in der er oder sie unterrichtet, das Alter und Geschlecht einbezogen, um auf diese Weise gruppenspezifische Unterschiede ausmachen zu können.

4.3.2 Die themenzentrierte Interviewstudie

Grundlage der Interviews war ein Gesprächsleitfaden, der der Interviewerin oder dem Interviewer zur Kontrolle und Unterstützung diente, sie oder ihn aber möglichst wenig in der Abfolge der Themen binden sollte. Dieser Leitfaden wurde entsprechend den Vorüberlegungen zum Themenbereich in Anlehnung an den Fragebogen entwickelt. Der Leitfaden enthielt zur Unterrichtsplanung die folgenden Fragenkomplexe:

1. Welche Absprachen/Kooperationsformen gibt es bei der Planung des Unterrichts im Fach und fächerübergreifend (Inhalt, Verbindlichkeit, Häufigkeit, Formen kooperativer Unterrichtsplanung)?
2. Welche Formen von Unterrichtsvorbereitung und Plänen werden für die eigene Unterrichtsarbeit tatsächlich benötigt und auch erstellt?
3. Wie wird bei der eigenen Unterrichtsplanung vorgegangen (Überlegungen, Berücksichtigung von Vorgaben, Nutzung von Material, schriftliche Fixierung)?

Darüber hinaus wurden Fragen zur anstehenden Lehrplanrevision gestellt, die an anderer Stelle ausgewertet wurden (vgl. u. a. TILLMANN 1996).

Die Interviews wurden im Schuljahr 1994/95 an einer integrierten Gesamtschule (IGS), einer kooperativer Gesamtschule (KGS) und einem Gymnasium (GYM) im Rahmen der Fallstudien (s. o.) geführt. Bei der Auswahl dieser Schulen wurden sowohl städtische als auch ländliche Einzugsgebiete berücksichtigt, und es wurde darauf geachtet, daß je eine Schule in Nord-, Mittel- und Südhessen einbezogen wurde. Nachdem in einem ersten Besuch der Schulen die Fallstudien inhaltlich und organisatorisch vorbereitet worden waren, führten jeweils mehrere Mitarbeiter des Forschungsprojektes in einem zusammenhängenden Aufenthalt von etwa drei Wochen an jeder Schule die erforderlichen Interviews durch. Dieses Vorgehen ermöglichte sowohl einen prozessualen Einblick in die jeweilige Schulsituation als auch eine kommunikative Validierung der Ergebnisse über die gemeinsamen Auswertungsgespräche. Die Dauer der Interviews lag zwischen 45 und 90 Minuten.
In die Interviewstudie wurden berufserfahrene Deutsch-, Mathematik- und Chemielehrerinnen und -lehrer einbezogen, mit denen bereits über Unterrichtsbeobachtungen erste Kontakte hergestellt worden waren. Die Auswahl der Lehrkräfte erfolgte nach dem Freiwilligkeitsprinzip über die Fachleiterinnen oder Fachleiter unter Berücksichtigung der Wünsche des Forschungsteams (Einbeziehung eines Mitgliedes des Personalrats, fachfremd Unterrichtende, möglichst Tätigkeit in verschiedenen Klassenstufen). Zudem wurden die Lehrkräfte interviewt, die gerne mitarbeiten wollten.
Die befragten Lehrerinnen und Lehrer waren zwischen 34 und 56 Jahren, im Mittel 46 Jahre alt. Sie verfügten über zwei bis 25 Jahre Berufserfahrung.

Tabelle 6: Übersicht über die 35 interviewten Lehrkräfte

	Deutsch	Mathematik	Chemie	gesamt
GYM	3 Lehrerinnen & 2 Lehrer	1 Lehrerin & 2 Lehrer	2 Lehrerinnen & 1 Lehrer	
gesamt	5	3	3	11
KGS	4 Lehrerinnen & 1 Referendarin	1 Lehrerin & 4 Lehrer	1 Lehrerin & 1 Lehrer	
gesamt	5	5	2	12
IGS	5 Lehrerinnen & 1 Lehrer	1 Lehrerin & 2 Lehrer	1 Lehrerin & 2 Lehrer	
gesamt	6	3	3	12
gesamt	16	11	8	35

Die Interviews wurden auf Tonband aufgenommen und anschließend transkribiert und anonymisiert, so daß lediglich eine forschungsinterne Zuordnung der Zitate zu den einzelnen Befragten möglich ist. Die Auswertung des Textmaterials orientierte sich an dem Konzept der qualitativen Inhaltsanalyse nach MAYRING (1993).
Da mit Hilfe dieser qualitativen Untersuchung sowohl die Unterrichtsplanungspraxis und ihre Rahmenbedingungen als auch individuelle Arbeitsstile, Begründungen u. ä. erfaßt werden sollen, wurden bei der Auswertung entsprechend den forschungsleitenden Fragen zwei unterschiedliche Zugänge gewählt. Zum einen ein induktives Vorgehen, bei dem eine Auswertung „längs" der einzelnen Interviews

4 Fragestellung und methodisches Vorgehen

erfolgte, um individuelle Arbeitsstile und Argumentationsmuster herauszuarbeiten und zum anderen ein deduktives Vorgehen, eine fallübergreifende Auswertung nach inhaltlichen Aspekten zugunsten einer „quer" zu den einzelnen Personen bzw. Interviews vorgenommenen thematischen Gruppierung.

Im ersten Schritt wurden daher die einzelnen Interviews mittels des interpretativ-reduktiven Verfahrens (vgl. LAMNEK 1995, S. 104) inhaltlich zusammengefaßt, um aus der Fülle des vorliegenden Materials die inhaltlich interessierenden Aspekte herauszufiltern. Dabei wurde die jeweils individuelle Perspektive, Argumentation und das entsprechende Vorgehen nachgezeichnet. Ziel dieses Schrittes war zudem die Identifizierung subjektiver Wissensbestände, Überzeugungsyteme etc. und die Rekonstruktion dieser Theorien und ihrer Auswirkungen auf die Vorbereitungspraxis.

Im zweiten Schritt wurde das gesamte Datenmaterial mit Hilfe von Kategorien zusammengefaßt und strukturiert (vgl. MAYRING 1993). Die Erstellung der dazu notwendigen Themenliste erfolgte anhand des Interviewleitfadens sowie des vorliegenden Textmaterials und enthält die folgende Hauptthemen:

1. der äußere Rahmen der Unterrichtsplanung
    a) verbindliche Absprachen und Kooperation
    b) Zeit/Ort/Dauer
2. Planungsstufen und Inhalt der Vorbereitung
    a) langfristige Planungstätigkeiten
    b) mittel- und kurzfristige Planungstätigkeiten
3. Materialnutzung
4. Planungsergebnisse
5. Bedeutung/Ziele der Unterrichtsplanung

Diese Liste diente als formales Raster, um festzustellen, an welchen Stellen der Transkripte zu welchen Themen Stellung genommen wurde.
Die Themenzuordnung war notwendig, da das vorliegende Material, wie bei gering strukturierten Interviews üblich, nicht ausreichend durch die Fragen selbst geordnet worden ist bzw. sich die Antworten nicht eindeutig einzelnen Fragen zuordnen ließen. Diese Form der Auswertung ermöglichte eine Mehrfachzuordnung einzelner Textpassagen zu unterschiedlichen Themen und gewährleistete insgesamt eine umfassende Zuordnung.
Die ursprünglichen Interviews wurden durch dieses Verfahren zugunsten einer „quer" zu den einzelnen Personen bzw. Interviews vorgenommenen thematischen Gruppierung aufgelöst. Dies ermöglichte die zusammenfassende Auswertung der Äußerungen der Lehrkräfte gleichsam als eine Gruppe von „Experten" jeweils bezogen auf verschiedene Sachgebiete. Dabei wurden die sprachlichen Äußerungen mit inhaltlich gleicher Bedeutung den Kategorien zugeordnet, nach Häufigkeit ausgezählt und nach Intensität eingeschätzt.
Im dritten Schritt folgte die Untersuchung der Interviews in Hinblick auf mögliche schulform- sowie fachspezifische Besonderheiten bezüglich der einzelnen Themenschwerpunkte.

Im letzten Schritt wurden die Interviewergebnisse in Bezug zu den quantitativen Daten der Fragebogenerhebung gesetzt. Diese zielt auf die Verallgemeinerung der qualitativen Ergebnisse und umgekehrt auf die Differenzierung und Interpretation der quantitativen Daten.

Für die Darstellung der Ergebnisse wird ein zweifacher Zugriff gewählt: sowohl ein induktives, aus dem einzelnen Fall heraus entwickeltes Vorgehen, als auch ein deduktives, welches Gemeinsamkeiten oder Typen an einem Zitatbeispiel demonstriert. Dazu gehörte auch, daß divergierende Auffassungen referiert werden, und, wenn dies zum Verständnis des „Meinungsbildes" notwendig ist, auch quantitative Aussagen gemacht werden, bei wie vielen bzw. wie wenigen Befragten bestimmte Ansichten geäußert wurden.[22] Soweit wie möglich wurden die verschiedenen Meinungen, Einstellungen und Aussagen der Lehrkräfte zu den unterschiedlichen Themen durch Textpassagen dargestellt. Dabei handelt es sich in der Regel um Aussagen, die beispielhaft für andere gelten. Es werden zum einen Zitate aus den Interviews verwendet, um generelle, relativ einheitliche Auffassungen zu belegen. Dazu wird eine typische Aussage angeführt und auf weitere Belege verzichtet. Zum anderen werden mehrere Zitate angeführt, wenn es um unterschiedliche Einschätzungen oder kontroverse Positionen geht. Manchmal sind auch dann mehrere Zitate bzw. jeweils ein Zitat je Fach angegeben, wenn die fächerübergreifende Übereinstimmung sichtbar werden soll. Mitunter kennzeichnet ein Zitat auch die jeweilige Extremposition. Diese Auswahl und Zusammenfassung hat zum Ziel, dem Leser einerseits so weit wie möglich Einblick in die ursprünglichen Interviewtexte zu ermöglichen, andererseits aber auch die Fülle an vorliegendem Material auf ein verträgliches Maß „einzukochen".

4.3.3 Die Untersuchung mit der Methode des Lauten Denkens

Um Antworten auf die zweite Leitfrage nach den Planungshandlungen, den Denkprozessen bei der Planung und dem handlungsleitenden Lehrerwissen zu erhalten, können zum einen die in den Interviews geäußerten Auffassungen *über* den Prozeß der Unterrichtsvorbereitung herangezogen werden. Damit können aber weder die Überlegungen, die *während* dieses Prozesses angestellt werden, noch der Prozeß selbst erfaßt werden. Hierzu ist der Einsatz von Erhebungs- und Auswertungsmethoden aus dem Bereich der kognitiven Psychologie, besonders das „Laute Denken", eine geeignete Möglichkeit, die Erhebung möglichst nahe an den aktuellen Ablauf des Prozesses heranzubringen. Daher wurde die Fragebogen- und Interviewerhebung zur Unterrichtsplanung von der Autorin um einen weiteren Untersuchungsteil ergänzt, in dem mit dieser Methode gearbeitet wurde.

Das „Laute Denken" ist eine Methode der Selbstbeobachtung, der Introspektion. Dabei wird die Versuchspersonen gebeten, laut auszusprechen, was ihr in einer bestimmten Situation, z. B. beim Lösen einer Denkaufgabe, durch den Kopf geht.

---

[22] Diese quantitativen Feststellungen sind aber nicht im Sinne von Aussagen über die Merkmalsverteilung einer bestimmten Stichprobe aufzufassen.

4 Fragestellung und methodisches Vorgehen

Der Unterschied zwischen dem Lauten Denken und anderen Formen der Verbalisation liegt vor allem im Zeitpunkt der Befragung und den daraus resultierenden Ergebnissen. Während zum Beispiel bei allgemeinen Befragungen *nach* einem Experiment oder im Interview die Versuchspersonen über eigenes Verhalten „nachträglich theoretisieren" und ihre Gedanken darüber äußern, was sie „über sich selbst denken", geht es beim Lauten Denken stets um die Frage, welche Kognitionen und mentalen Operationen *im Moment* im Bewußtsein des Befragten ablaufen (vgl. HUBER & MANDEL 1982). Die Versuchspersonen werden aufgefordert, das auszusprechen, was ihnen von den ablaufenden kognitiven Prozessen bewußt ist. Die Methode des Lauten Denkens öffnet daher den Zugang zu einer Fülle innerer kognitiver Prozesse, wodurch man erfahren kann, „... was anderen durch den Kopf geht" (BROMME 1981, S. 77 ff.; siehe auch ERICSON & SIMON 1980; HUBER & MANDEL 1982; MORINE 1976).

In den achtziger Jahren hat das Laute Denken in abgewandelter Form Eingang in die Unterrichtsforschung gefunden, um Denkverläufe während des Unterrichts bzw. bei der Unterrichtsvorbereitung zu untersuchen (BROMME 1981; HAAS 1992, 1998; WAGNER u. a. 1980). Die so zu den Deutungsmuster und handlungsleitenden Kognitionen gewonnenen Ergebnisse sind für die Unterrichtsforschung von großem Interesse, wenngleich zu berücksichtigen ist, daß auch diese Methode mit zahlreichen immanenten Problemen behaftet ist: Den teils sachimmanenten (z. B. Notwendigkeit der Auswahl von Gedanken), teils versuchsimmanenten (Gefahr der Beeinflussung der Versuchsperson) Grenzen der Methode des Lauten Denkens steht aber die Möglichkeit gegenüber, eine Fülle von faszinierenden, aufschlußreichen und interessanten Daten zu erhalten, die auf keine andere Weise gewonnen werden können. Denn das Laute Denken bietet von allen Methoden am ehesten die Möglichkeit, die im Individuum ablaufenden Kognitionen zu erfassen, die - in bestimmtem Umfang zumindest - auch sein Handeln steuern (vgl. WEIDLE. & WAGNER 1982, S. 84 f.).

Um einigen der genannten Probleme bei der Durchführung des Lauten Denkens entgegenzuwirken, wurde in der eigenen Erhebung mit den untersuchten Lehrkräften ein intensives Vorgespräch geführt (vgl. WAHL 1991, S. 73 f.). Dabei wurde, um möglicher Reserviertheit oder Ablehnung vorzubeugen, das Untersuchungsziel dargestellt und darauf verwiesen, daß keine Kontrolle der täglichen Unterrichtsplanung (a) bezüglich der zeitlichen Dauer und (b) generell keine Bewertung dieser Tätigkeit beabsichtigt ist. Reaktivität läßt sich zwar nicht in jedem Fall vermeiden, aber durch ein gelungenes Vorgespräch verringert sich die Wahrscheinlichkeit für „show"-artige Unterrichtsvorbereitungen (vgl. HAAS 1992, S. 102).

Zur Ergänzung und z. T. Konkretisierung der so erhaltenen Daten wurde, ebenso wie bei SMITH und SENDELBACH (1979) oder HAAS (1992/1998), zur Validierung der Ergebnisse die Methode des Lauten Denkens noch mit einer gezielten Befragung kombiniert.

Für dieses anschließende Nachgespräch diente folgender Gesprächsleitfaden:

- Was war anders als sonst oder genau so?
- Kann man aussprechen, was man denkt?
- Wie wichtig ist Ihnen Unterrichtsvorbereitung? Haben Sie Schwerpunkte? Planen Sie gerne?
- Bereiten Sie sich immer am Schreibtisch vor?
- Manchmal hat man keine Zeit sich vorzubereiten, was dann?
- Überlegen Sie bereits bei der Vorbereitung, wie Sie auf mögliche Störungen reagieren? (Schwierige Klasse/Schülerinnen und Schüler)
- Wieviel Zeit verwenden Sie schätzungsweise für die Vorbereitung?
- Didaktik, spielt sie bei der Planung eine Rolle? Modelle? Literatur?

Grundlage für diesen Interviewleitfaden waren die Fragestellungen aus der Untersuchung von HAAS (1992, S. 101). Diese wurden z. T. übernommen, umformuliert und um einige Aspekte erweitert.

Das methodische Vorgehen wurde im Rahmen einer knappen explorativen Vorstudie erprobt. Dies ermöglichte mir, mich selbst mit der Methode des Lauten Denkens und einer sinnvollen Art der Versuchsinstruktion vertraut zu machen, potentiellen, bisher noch nicht erörterten Problemen gegenüber nicht unvorbereitet zu sein und vermeidbare Fehler möglichst zu verhindern. An der Voruntersuchung nahmen eine Lehrerin mit 25 Jahren Berufserfahrung, die an der Hauptschule unterrichtet und eine Referendarin kurz nach ihrem 2. Staatsexamen teil. Von der einen wurde eine Deutschstunde, von der anderen eine Mathematikstunde in ihrem jeweiligen Arbeitszimmer vorbereitet. Diese Vorversuche ermöglichten mir, mein eigenes Verhalten bei der Durchführung der Untersuchung und bei der anschließenden Nachbesprechung zu überprüfen und zu verbessern. Zudem erleichterten die so gewonnenen Erfahrungen die Erklärung der Methode an sich und den Abbau von Unsicherheiten der untersuchten Lehrkräfte.

Da aus forschungsökonomischen Gründen nur eine kleine Stichprobe berücksichtigt werden konnte, die fächervergleichende Sichtweise aber beibehalten werden sollte, empfahl sich die Begrenzung auf eine Schulform. Dabei fiel aus zwei Gründen die Wahl auf das Gymnasium. Zum einen liegen Ergebnisse zur Unterrichtsplanung an dieser Schulform aus der eigenen Fragebogen- und Interviewstudie und aus weiteren deutschen Erhebungen zumindest für das Fach Mathematik vor. Dies ermöglicht das In-Beziehung-Setzen der gewonnen Daten. Zum anderen ist es vorteilhaft in eine Untersuchung mit der Methode des Lauten Denkens Lehrkräfte einzubeziehen, zu denen persönlicher Kontakt besteht. Dies hilft Vorbehalte bezüglich der Methode abzubauen, erhöht die Bereitschaft zur Mitarbeit und ermöglicht aufgrund des Vertrauensverhältnisses eine Verringerung der möglichen Fehlerquellen. Da mir aufgrund meiner Ausbildung vor allem Lehrkräfte, die am Gymnasium unterrichten bekannt sind, wurden diese in die Erhebung einbezogen. Die an dieser Untersuchung teilnehmenden Lehrkräfte gehören daher *nicht* zu der Stichprobe der vorangegangenen Forschungsschritte.

4 Fragestellung und methodisches Vorgehen

Bei der Untersuchung wurden insgesamt 15 Unterrichtsvorbereitungen, je fünf für Mathematik, Deutsch und Chemie aufgezeichnet, wobei in Mathematik und Chemie jeweils vier und in Deutsch drei Lehrkräfte ein- bzw. zweimal „laut denkend" planten.
An dieser Untersuchung nahmen insgesamt 11 Lehrkräfte (6 Lehrerinnen und 5 Lehrer) teil, die zwischen 31 und 49 Jahre ($\varnothing$ 40,1 Jahre) alt waren und eine Berufserfahrung zwischen 4 und 20 Jahren ($\varnothing$ 13,8 Jahre) hatten und somit als berufserfahren gelten können. Die Lehrkräfte unterrichten an zwei Gymnasien, in den Klassen 5 bis 13. Zwei Lehrerinnen hatte eine halbe Stelle, die anderen Untersuchungsteilnehmerinnen und -teilnehmer waren Vollzeit beschäftigt.

Die Untersuchung wurde Anfang des Jahres 1998 durchgeführt. Ihr ging ein erstes Vorgespräch voraus, in dem die Lehrkräfte grob über die Zielsetzung informiert und auf den mangelnden Kenntnisstand über die alltägliche Unterrichtsvorbereitung hingewiesen worden waren. Nachdem die Bereitschaft zur Mitarbeit signalisiert worden war, wurde teils sofort, teils telefonisch einige Wochen später ein Termin vereinbart. Da die Unterrichtsvorbereitung unter möglichst „natürlichen" Bedingungen erhoben werden sollte, bestimmten die Lehrkräfte die Zeit, das Thema und den Ort selber. - Bei der Untersuchung, die in allen Fällen im heimischen Arbeitszimmer der Lehrerin oder des Lehrers zu einer für sie oder ihn üblichen Zeit der Vorbereitung stattfand, wurde zunächst in einem ausführlichen Gespräch die Methode erläutert und versucht, im Sinne der oben dargelegten metakommunikativen Phase, „optimale" Bedingungen zu schaffen. Nachdem alle Fragen geklärt waren, wurde mit der Aufzeichnung der Unterrichtsvorbereitung begonnen. Während der Untersuchung wurde soweit wie möglich jegliche Kommunikation seitens der Untersucherin vermieden, es wurden aber Notizen über das verwendete Material angefertigt. Anschließend konnten sich die Lehrkräfte zunächst frei äußern (zweite metakommunikative Phase), danach wurden das Nachgespräch entsprechend dem Gesprächsleitfaden inhaltlich strukturiert und ebenfalls aufgezeichnet sowie die persönlichen Daten erhoben. Bei diesem Interview wurde allerdings nicht auf Vollständigkeit Wert gelegt, sondern auf die Erhaltung der Verbalisierungsmotivation (vgl. WAHL 1991, S. 79 f.). Welche Punkte angesprochen wurden, war vom Verlauf des Gespräches abhängig. Die Nachgespräche dauerten zwischen 20 und 90 Minuten und waren durch hohe Kommunikationsbereitschaft geprägt. Zum Schluß wurde mit den Lehrkräften - sofern dies möglich war - noch ein zweiter Termin vereinbart. Diese Sitzung lief entsprechend der ersten ab, wobei bei der Nachbesprechung auf noch nicht besprochene Punkte eingegangen wurde.

Insgesamt erwies es sich als überaus hilfreich, die Lehrkräfte länger zu kennen, sowohl was die Bereitschaft zur Mitarbeit angeht, die spontan und vorbehaltlos von allen angesprochenen Lehrkräften bekundet wurde, als auch bezüglich der Untersuchung, die dadurch in entspannter Atmosphäre durchgeführt werden konnte. Die Lehrkräfte erklärten im Nachgespräch, daß sie vom Tonband bzw. meiner Anwesenheit nicht oder kaum gestört wurden. Auch den Unterricht laut denkend zu planen, wurde nach einer kurzen Eingewöhnungsphase nicht als unangenehm oder behindernd empfunden. Dabei machte es auch keinen Unterschied, ob die Lehrkräfte ein- oder zweimal mit dieser Methode den Unterricht planten. Den Lehrerinnen und Lehrern fiel es (möglicherweise durch den hohen kommunikativen Anteil ihrer Tätigkeit) nach eigenen Aussagen auf Anhieb relativ leicht, fast alles zu verbalisieren, was ihnen durch den Kopf gegangen ist.

Auffallend war, daß es bei einigen Vorbereitungen zwei bis drei Phasen gab, in denen die Lehrkräfte schwiegen, teils beim Lesen, teils auch bei bestimmten Planungsüberlegungen. Nach diesen Unterbrechungen erläuterten bzw. sprachen die Lehrkräfte über die Kognitionen „ich habe gerade ...", und meist wurde ein Ergebnis (Produkt des Denkprozesses) formuliert. Diese Phasen waren offenbar äußerst „denkintensiv", und es erwies sich, wie die Vorstudie gezeigt hatte, als günstiger, sie nicht durch Intervention der Forscherin zu unterbrechen oder zu stören.

Viele Lehrkräfte verbalisierten fast ohne Unterbrechung, da die Struktur der Stunde bereits feststand, und sie empfanden die Aufforderung, laut denkend zu planen, nicht als Beeinträchtigung. Bei diesen Überlegungen fanden keine größeren Problemlösungsprozesse oder Entscheidungsprozesse statt. Insgesamt schien das Verbalisieren der Gedanken um so leichter zu fallen, je leichter die Vorbereitung der Stunde fiel, beispielsweise dadurch, daß sie bereits in ähnlicher Form schon einmal gehalten wurde und der Verlauf im großen und ganzen klar gewesen ist. Lehrkräfte, die eine für sie völlig neue Stunde, etwa in einer Jahrgangsstufe, in der noch nicht unterrichtet wurde, oder zu einem neuen Thema vorbereiteten, taten sich schwer, ihre Gedanken zu äußern, vor allem die Gedanken, die Entscheidungen oder das Abwägen von Alternativen betrafen.

Das Laute Denken kann daher vor allem dann als einschränkend empfunden werden, wenn sich Phasen von problemlösenden Prozessen häufen. Da das Laute Denken die Fähigkeit, Probleme zu lösen, beeinträchtigen kann (vgl. WEIDLE & WAGNER 1982, S. 99 f.), sollte der Untersucher diesen Prozeß nicht stören und immer erst anschließend intervenieren, mit „Stops" oder dem Stimulated Recall arbeiten.

Die beteiligten Lehrerinnen und Lehrer planten folgende Unterrichtsstunden:

Fach	**Jahrgang**	**Thema der Stunde/Einheit**
Deutsch	6. Klasse	„Subjekt und Prädikat"
	7. Klasse	„Der Zauberlehrling"
	7. Klasse	Unterrichtseinheit „Jugendbuch"
	8. Klasse	„Die Räuber"
	11 GK	„Literatur nach 45"
Mathematik	6. Klasse	„Multiplikation von Dezimalzahlen"
	7. Klasse	„Dreieckskonstruktionen"
	8. Klasse	Unterrichtseinheit „Lineare Gleichungssysteme"
	8. Klasse	Unterrichtseinheit „Geometrie"
	9. Klasse	„Satz des Pythagoras"
Chemie	8. Klasse	„Indikatoren"
	8. Klasse	„Das Periodensystem"
	8. Klasse	„Wasser als Lösungsmittel"
	9. Klasse	„Die Redoxreaktion und Oxidationszahl"
	9. Klasse	Unterrichtseinheit „Kohle, Erdöl, Erdgas"

4 Fragestellung und methodisches Vorgehen

Keine der Stunden wurde fachfremd unterrichtet. Bei den 15 Unterrichtsvorbereitungen wurden vier Einheiten und die jeweilige Einführungsstunde vorbereitet. Die übrigen zwölf Unterrichtsvorbereitungen bezogen sich auf eine Einzel- oder Doppelstunde, die am folgenden Tag gehalten wurde.

Für die inhaltsanalytische Auswertung der Daten wurde das gleiche Vorgehen wie bei der Auswertung der Interviewergebnisse (siehe 4.3.2) gewählt. Daher wird an dieser Stelle das Auswertungsverfahren für die in diesem Teil der Untersuchung erhobenen Daten nur knapp skizziert.

Die aufgezeichneten Unterrichtsvorbereitungen und anschließenden Nachgespräche wurden transkribiert und anonymisiert, so daß keine Identifizierung einzelner Personen möglich ist. Im *ersten Schritt* wurden die Daten themenbezogen ausgewertet. Dazu wurde anhand der Voruntersuchung und einiger Transkripte folgendes Kategoriesystem entwickelt, dem die entsprechenden Textpassagen zugeordnet wurden:

1. Ablauf und Inhalt der Planung
2. schriftliche Fixierung
3. verwendetes Material
4. Bedeutung der Unterrichtsplanung und Routine
5. handlungsleitende Ziele

Im *zweiten Schritt* wurde der Planungsprozeß nachgezeichnet und in Hinblick auf typische Handlungsabläufe oder Schemata untersucht, und im *dritten Schritt* ging es um die Identifizierung und Rekonstruktion „subjektiver Theorien" zur Planbarkeit, Bedeutung der Planung, Routinen usw. *Schließlich* wurden die Ergebnisse mit denen des vorangegangenen Kapitels in Beziehung gesetzt.

Für die Darstellung der Ergebnisse wird sowohl ein induktives, aus dem einzelnen Fall heraus entwickeltes Vorgehen, als auch ein deduktives, welches Gemeinsamkeiten oder Typen an einem Zitatbeispiel demonstriert, gewählt. Dazu gehört auch, daß unterschiedliches Vorgehen oder divergierende Auffassungen referiert werden und auch quantitative Aussagen gemacht werden, bei wie vielen bzw. wie wenigen Befragten bestimmte Ansichten geäußert wurden.

Auf die Beobachtung äußeren Verhaltens im Unterricht wird in dieser Arbeit verzichtet, da nicht wie bei ZAHORIK (1970) der Zusammenhang von Planung und Unterricht untersucht werden soll. Auch die schriftlichen Planungsnotizen werden nicht wie bei MORINE (1976) oder TROXLER u. a. (1979) analysiert.

Insgesamt habe ich mich somit aufgrund dieser methodischen und methodologischen Überlegungen für folgende Forschungsstrategie entschieden:

4 Fragestellung und methodisches Vorgehen

Abbildung 9: Übersicht über die Anlage der Untersuchung

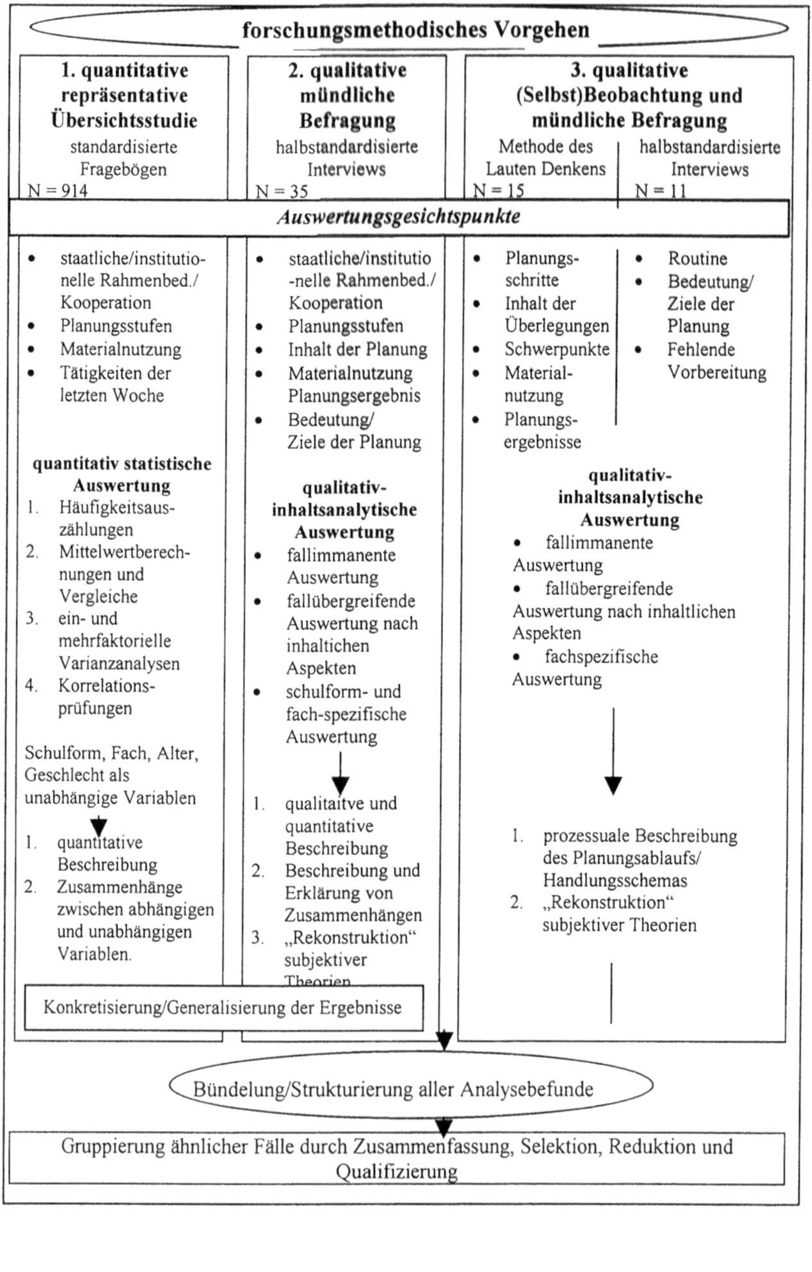

forschungsmethodisches Vorgehen

1. quantitative repräsentative Übersichtsstudie	2. qualitative mündliche Befragung	3. qualitative (Selbst)Beobachtung und mündliche Befragung	
standardisierte Fragebögen N = 914	halbstandardisierte Interviews N = 35	Methode des Lauten Denkens N = 15	halbstandardisierte Interviews N = 11

Auswertungsgesichtspunkte

• staatliche/institutionelle Rahmenbed./ Kooperation • Planungsstufen • Materialnutzung • Tätigkeiten der letzten Woche	• staatliche/institutio-nelle Rahmenbed./ Kooperation • Planungsstufen • Inhalt der Planung • Materialnutzung • Planungsergebnis • Bedeutung/ Ziele der Planung	• Planungs-schritte • Inhalt der Überlegungen • Schwerpunkte • Material-nutzung • Planungs-ergebnisse	• Routine • Bedeutung/ Ziele der Planung • Fehlende Vorbereitung

quantitativ statistische Auswertung
1. Häufigkeitsauszählungen
2. Mittelwertberechnungen und Vergleiche
3. ein- und mehrfaktorielle Varianzanalysen
4. Korrelationsprüfungen

Schulform, Fach, Alter, Geschlecht als unabhängige Variablen

1. quantitative Beschreibung
2. Zusammenhänge zwischen abhängigen und unabhängigen Variablen.

qualitativ-inhaltsanalytische Auswertung
- fallimmanente Auswertung
- fallübergreifende Auswertung nach inhaltichen Aspekten
- schulform- und fach-spezifische Auswertung

1. qualitaitve und quantitative Beschreibung
2. Beschreibung und Erklärung von Zusammenhängen
3. „Rekonstruktion" subjektiver Theorien

qualitativ-inhaltsanalytische Auswertung
- fallimmanente Auswertung
- fallübergreifende Auswertung nach inhaltlichen Aspekten
- fachspezifische Auswertung

1. prozessuale Beschreibung des Planungsablaufs/ Handlungsschemas
2. „Rekonstruktion" subjektiver Theorien

Konkretisierung/Generalisierung der Ergebnisse

(Bündelung/Strukturierung aller Analysebefunde)

Gruppierung ähnlicher Fälle durch Zusammenfassung, Selektion, Reduktion und Qualifizierung

5 Die Ergebnisse der Untersuchungen

5.1 Zur Darstellung der Ergebnisse

Die Ergebnisse aus den drei Erhebungen dieser Arbeit, der repräsentativen schriftlichen Befragung, der Interviewstudie und der Untersuchung mit der Methode des Lauten Denkens werden im folgenden thematisch gebündelt dargestellt. Die vorliegenden Daten wurden dazu in sieben Themenkomplexe unterteilt, die sich aus den Fragestellungen sowie dem vorliegenden Datenmaterial ergaben. Die Ergebnisse in den jeweiligen Abschnitten werden je nach Datenlage schulformspezifisch, fachspezifisch oder nach anderen inhaltlichen Gesichtspunkten gebündelt vorgestellt.

Die Daten aus der Fragebogenerhebung werden mittels Kreuztabellen oder Balkendiagrammen dargestellt. Die Zitate aus den 35 in Hessen durchgeführten Interviews sind im Text kursiv und mit einem Code, z. B. (I1-De-w), kenntlich gemacht. Dabei bezeichnet der erste Großbuchstabe die Schulform (G = Gymnasium; K = kooperative Gesamtschule; I = integrierte Gesamtschule). Die Zahl entspricht einer forschungsinternen Numerierung der Interviews. Danach folgt die Angabe des Faches (De = Deutsch; Ma = Mathematik; Ch = Chemie). Mit dem letzten Kleinbuchstaben läßt sich erkennen, ob eine Lehrerin (w) oder ein Lehrer (m) interviewt wurde.

Die mit der Methode des Lauten Denkens beobachteten Unterrichtsvorbereitungen wurden in ähnlicher Weise codiert, und die Zitate werden im Text ebenfalls kursiv hervorgehoben. Der hierbei verwendete Code, z. B. (1-De-w), besteht zunächst wiederum aus einer forschungsinternen Numerierung der Unterrichtsplanungen und anschließenden Nachgespräche. Die anschließenden Kürzel sind identisch mit denen aus der Interviewstudie.

5.2 Institutionelle und kollegiale Einbindung

Zunächst werden die Ergebnisse zu den Rahmenbedingungen der Unterrichtsplanung auf der Ebene der Einzelschule dargestellt, da sie, wie in den Interviews deutlich wurde, einen deutlichen Einfluß auf die Planungsentscheidungen der Lehrkräfte ausüben können. Bezüglich der institutionellen und kollegialen Einbindung wurde folgenden Fragestellungen nachgegangen: Welche Absprachen oder Kooperationsformen gibt es bei der Planung des Unterrichts im jeweiligen Fach und/oder fächerübergreifend? Was beinhalten diese Absprachen, und wie verbindlich sind sie? Welche Formen kooperativer Zusammenarbeit werden praktiziert? Wie häufig und intensiv ist dies der Fall? Zu diesem Themenkomplex liegen Ergebnisse aus der schriftlichen und mündlichen Erhebung vor, die im folgenden vorgestellt werden.

5.2.1 Verbindliche Absprachen und Kooperation landesweit betrachtet

Die Annahme, daß die schulinternen Stoffverteilungspläne oder Schulcurricula ein zentrales Element der schulinternen Koordination des Unterrichts darstellen, konnte in dieser Untersuchung bestätigt werden.

Tabelle 7: *Gibt es an Ihrer Schule Jahresarbeitspläne (schulische Stoffverteilungspläne)?* (Angabe in %)

	N	KGS	IGS	H+R	GYM	De	Ma	Ch
„ja" 89	774	94,2	98,4	85,6	86,7	85,5	88,9	93,4
„nein" 11	79	5,8	1,6	16,8	15,3	14,5	11,1	6,6
Total	853	204	116	166	367	234	325	347

Laut Aussage von knapp 90 % der befragten hessischen Lehrerinnen und Lehrer existieren Schulcurricula an der Schule, an der sie unterrichten. Diese Pläne unterscheiden sich aber, wie in den Interviews deutlich wurde (s. u.), in ihrer Entstehungsgeschichte, Bedeutung und Verbindlichkeit. Sie sind in der Regel das Ergebnis der gemeinsamen Interpretation der gültigen Lehrpläne durch die Fachkonferenz. In den Schulcurricula finden sich vor allem die thematischen Vorgaben der Lehrpläne wieder, die allerdings häufig gekürzt oder in der Reihenfolge und Gewichtung verändert werden, kurzum gemeinsam der schulischen Situation und den Vorstellungen der Lehrerinnen und Lehrer angepaßt werden.

Die schulinternen Pläne werden offenbar, einmal erstellt, äußerst selten überarbeitet. In über 50 % der Fälle werden sie in jedem Schuljahr übernommen und wenn, dann nur geringfügig präzisiert. Erhebliche Veränderungen oder komplette Neuerstellungen werden so gut wie nie oder höchstens gelegentlich vorgenommen.

Tabelle 8: *Falls ja, wie entstehen solche Pläne an Ihrer Schule?* (Angaben in %)

	regelmäßig	gelegentlich	nie	N
durch Übernahme vom vergangenen Schuljahr	54,5	39,1	6,4	763
durch geringfügige Veränderungen des Plans vom vergangenen Schuljahr	39,2	56,3	4,5	814
durch erhebliche Veränderungen des Plans vom vergangenen Schuljahr	3,7	63,0	33,3	625
durch Neuerstellung zu Beginn des Schuljahres	4,1	44,4	51,3	631

Die schulformspezifische Betrachtung der Antworten zeigte, daß vor allem an Gymnasien und Kooperativen Gesamtschulen die Pläne regelmäßig vom vergangenen Schuljahr übernommen werden ($\chi^2 = 49{,}6$; p = .00). An Integrierten Gesamtschulen, den Haupt- und Realschulen werden sie dagegen regelmäßig geringfügig präzisiert ($\chi^2 = 31{,}1$; p = .001). Bei den anderen Variablen und auch bei

5 Die Ergebnisse der Untersuchungen

der fachspezifischen Betrachtung ergaben sich keine signifikanten Zusammenhänge. Die einmal getroffenen Festlegungen bezüglich der zu behandelnden Inhalte in den einzelnen Jahrgängen werden damit äußerst selten revidiert, es sei denn, es erscheinen neue Lehrpläne, die die Neuerstellung oder gründliche Überarbeitung der Schulcurricula erforderlich machen, wie dies in Hessen kurz nach dieser Befragung der Fall war (siehe VOLLSTÄDT 1999).

Tabelle 9: *Wer erstellt bzw. verändert die Jahresarbeitspläne?* (Angaben in %)

	regelmäßig	gelegentlich	nie	N
alle Lehrkräfte gemeinsam	10,8	14,0	75,3	558
die Fachkonferenzen	65,8	31,0	3,3	902
die Fachleiter	9,7	30,1	60,2	565
die Schulleitung	1,1	3,1	95,6	540
informeller Zirkel	5,3	28,2	66,5	567

Auf die Frage, welche Personen an der Erstellung dieser Pläne beteiligt sind, antworteten über 60 % der Lehrkräfte, daß die Pläne gemeinsam in den jeweiligen Fachkonferenzen erarbeitet werden.
Die Fachkonferenzen spielen zudem bei der Kooperation und für die weiteren Koordinationsbemühungen im Rahmen der Unterrichtsplanung eine wichtige Rolle. So gaben knapp 50 % der befragten Lehrkräfte an, im Rahmen der Fachkonferenzen über Fragen des Unterrichts und seiner Planung zu diskutieren.

Tabelle 10: *In welcher Weise kooperieren Sie bei der Unterrichtsplanung mit Kolleginnen und Kollegen?* (Angaben in %)

	häufig	selten	nie	N
informelle Gespräche	75,7	23,2	1,0	907
kontinuierliche Zusammenarbeit einiger Kollegen	53,6	34,1	12,3	887
Absprache auf Jahrgangsebene	52,0	37,6	12,2	889
Diskussion in Fachkonferenzen	45,5	49,7	4,8	891
Austausch von Material und Plänen	40,8	52,0	6,7	890
Abstimmung von Unterrichtseinheiten	35,0	48,9	16,1	785
fächerübergreifende Planung/Projekte	5,0	58,3	37,7	772

Im Mittelpunkt bei der unterrichtlichen und planerischen Kooperation stehen allerdings die informellen Gespräche, die knapp 80 % der Lehrkräfte häufig mit ihren Kolleginnen und Kollegen führen. Insgesamt zeichnet sich der Trend ab, daß vor allem Kooperationsformen, die stärker auf informeller Ebene liegen und wenig verbindlich für die eigene Unterrichtsplanung sind, besonders häufig praktiziert werden, wohingegen verbindliche Absprachen, fächerübergreifendes Arbeiten oder Projektarbeit eine untergeordnete Rolle spielen.
Die fachspezifische Auswertung ergab, daß vor allem die Mathematiklehrkräfte besonders intensiv zusammenarbeiten. Bezüglich der Absprachen auf der Jahrgangsebene ($\chi^2 = 34,1$; p = .00), der kontinuierlichen Zusammenarbeit mit

einigen Kollegen (χ^2 = 21,7; p = .001) und der Abstimmung von Unterrichtseinheiten (χ^2 = 17,2; p = .008) ließen sich hier signifikante Unterschiede ermitteln. Fächerübergreifendes Planen und die Arbeit in Projekten werden dagegen besonders häufig von den Deutschlehrerinnen und -lehrern und auffallend selten von ihren Kolleginnen und Kollegen in Mathematik praktiziert (χ^2 =33,5; p= .00).
Bei der schulformspezifischen Auswertung wurden extreme Unterschiede zwischen den einzelnen Schulformen bezüglich der Intensität der Zusammenarbeit deutlich, wie die folgende Tabelle zeigt:

Tabelle 11: Kooperation nach Schulform (DF = 6; p ≤ .05; Angabe „häufig" in %)

	KGS	IGS	H+R	GYM	χ^2	p
informelle Gespräche	75,7	84,7	65,3	76,2	75,7	.000
kontinuierliche Zusammenarbeit einiger Kollegen	61,8	65,8	51,1	45,5	36,6	.000
Absprache auf Jahrgangsebene	55,8	86,1	48,6	35,9	116,5	.000
Diskussion in Fachkonferenzen	40,5	55,8	42,1	48,3	62,9	.000
Austausch von Material	42,2	58,5	39,0	31,1	43,2	.000
Abstimmung von Unterrichtseinheiten	34,3	71,2	29,3	23,9	105,6	.000
fächerübergreifende Planung/Projekte	4,4	8,7	3,6	2,6	28,1	.001

Insgesamt erscheinen somit die Lehrkräfte an den Integrierten Gesamtschulen in allen Bereichen besonders kooperationsfreudig, etwas schwächer auch die Lehrkräfte von Kooperativen Gesamtschulen und diejenigen an der Realschule, wogegen sich die Gymnasiallehrerinnen und -lehrer im wesentlichen mit den Absprachen in den Fachkonferenzen und informellen Gesprächen begnügen. Diese Differenzen sind bei allen Items signifikant und finden sich auch in den Interviewergebnissen wieder[23].

5.2.2 Unterrichtsplanung als Privatsache - ein Gymnasium

Verbindliche Absprachen in bezug auf die Unterrichtsplanung finden sich am untersuchten Gymnasium lediglich im Bereich der jeweiligen fachspezifischen Schulcurricula. Die zum Zeitpunkt der Untersuchung an der Schule existierenden schulinternen Pläne wurden vor ca. 7 bis 10 Jahren als fachspezifische Jahresstoffverteilungspläne erarbeitet, bei denen die verbindlich vorgeschriebenen Themen den einzelnen Jahrgängen zugeordnet und ihre Reihenfolge festgelegt wurden. Diese Minimalpläne, in denen die Vorgaben der Rahmenrichtlinien gekürzt,

---

[23] Eine ausführliche Darstellung und Interpretation der Interviewergebnisse zur Kooperation unter lehrplantheoretischer Fragestellung wurde an anderer Stelle bereits publiziert (vgl. TILLMANN 1996).

akzentuiert und unverzichtbare inhaltliche Schwerpunkte festgelegt wurden, sind seitdem nur geringfügig präzisiert worden (z. B. in Chemie aufgrund der veränderten Wochenstundenzahl). Sie dienen als Grundorientierung für die eigenen Planungstätigkeiten, sind aber so weitmaschig und mit geringer Verbindlichkeit formuliert, daß Raum für die Berücksichtigung eigener Auffassungen und konkreter Bedingungen der jeweiligen Unterrichtssituation bleibt. Die Lehrkräfte gehen daher recht freizügig und erfahrungsgesteuert mit diesen Vorgaben um.

„Es gibt zwar dieses schulinterne Curriculum und man wird auch mal den einen oder anderen darauf hinweisen, wenn man eine Klasse übernommen hat. Sie werden aber feststellen, zu 30 % hat man sich nicht daran gehalten, und es fehlt irgendwas." (G2-De-w)

Dennoch dienen die Schulcurricula der Legitimation des eigenen Unterrichts. Zudem wird eine Art inhaltlicher Koordination mit den Absprachen über die Bewertungskriterien und Anzahl von Klassenarbeiten versucht, die allerdings ebenfalls nur eine geringe Verbindlichkeit besitzen. Insgesamt wurde immer wieder auf die geringe Bereitschaft verwiesen, im Kollegium Absprachen vorzunehmen und auf Vorgaben für die Planung und Gestaltung des Unterrichts einzugehen. Dies wurde auch mit der Besonderheit der Schulform begründet.

„Verständigung über Unterricht und auch Absprachen im Vorfeld, also auf der Ebene der Planung, sind am Gymnasium sehr unüblich." (G4-De-w)

Trotz dieser Situation äußerten einzelne Lehrkräfte den Wunsch, die Fachkonferenz verstärkt zur curricularen Kooperation und zur inhaltlichen und methodischen Verständigung zu nutzen.

„Mir liegt schon was dran, daß dieses Problem diskutiert wird, daß Schüler kommen und sagen: 'Bei dem ist alles viel schwerer als beim anderen'. Das soll halt möglichst nicht sein. Da muß man sich absprechen." (G6-Ma-m)

Allerdings sollte diese Verständigung nicht zu größeren Verbindlichkeiten führen. Hierzu äußerten alle Gesprächspartner deutliche Vorbehalte und den Wunsch, daß ihr Entscheidungsspielraum für die Planung und Gestaltung des Unterrichts auf keinen Fall eingeengt werden sollte. Die persönliche „Planungshoheit" wurde mehrfach herausgehoben und mit zahlreichen Argumenten verteidigt.

„Unter dem Strich ist das, was im Unterricht passiert, was ich da vorhabe, meine Angelegenheit." (G8-Ma-w)

An dieser Schule findet die institutionalisierte Kooperation daher ausschließlich im Rahmen der Fachkonferenzen statt. In ihre Zuständigkeit gehören nach Aussage der befragten Lehrerinnen und Lehrer Fragen konkreter unterrichtlicher Zusammenarbeit, wenn man von vereinzelten Veranstaltungen wie „Pädagogische Tage" einmal absieht. Fachkonferenzen finden jedoch relativ selten statt, in der Regel einmal im Schulhalbjahr, mitunter sogar seltener. Auf der Tagesordnung stehen dann vorwiegend schulorganisatorische bzw. verwaltungstechnische

Aufgaben im Umfeld von Unterricht. Hier werden die im Schuljahr verbindlich zu behandelnden Inhalte festgelegt, und z. T. tauschen sich die Lehrkräfte in diesem Rahmen auch informell über die Unterrichtsarbeit aus.

„In den Fachkonferenzen geht es auch um inhaltliche und methodische Dinge. Dann trägt ein Kollege vor, wie er ein inhaltliches Problem methodisch gelöst hat, und was es für Materialien gibt. ... Die Absprachen sind offen genug, es wird nur der Gesamtinhalt für das Jahr abgesprochen, es wird nicht abgesprochen, in welcher Reihenfolge und schon gar nicht welche Methoden." (G10-Ma-m)

Darüber hinaus haben sich bis auf einige Ausnahmen, die von wenigen engagierten Lehrerinnen und Lehrern ausgehen, keine weiterreichenden Kooperationsformen entwickelt. Teamarbeit und fächerübergreifendes Unterrichten stecken immer noch in den Kinderschuhen. Sie finden nur dann statt, wenn persönliche Beziehungen zwischen den Lehrkräften und ähnliche Auffassungen zum schulischen Auftrag sowie zur Art und Weise der Unterrichtsgestaltung bestehen.

Die Verständigung über Unterrichtsfragen findet an dieser Schule daher insbesondere in zahlreichen informellen Gesprächen in den Pausen oder zwischen Tür und Angel, nach Unterrichtsschluß oder in Freistunden statt. Dabei geht es häufig um den Erfahrungsaustausch zu pädagogischen, fachdidaktischen und unterrichtsmethodischen Fragen. Dabei wird auch bewährtes Unterrichtsmaterial, wie Arbeitsblätter, Pläne von Unterrichtseinheiten usw. ausgetauscht. In Einzelfällen findet in diesem Rahmen auch die Absprachen über unterrichtliche Kooperationsmöglichkeiten statt. Solche Absprachen erfolgen dann vor allem zwischen parallel unterrichtenden Lehrerinnen und Lehrern auf einer Jahrgangsstufe. Sympathiebeziehungen sowie ein übereinstimmendes Erziehungsverständnis bzw. pädagogisches Ethos sind nach Aussagen der interviewten Lehrkräfte Voraussetzungen für solche informellen Kooperationsformen.

„Wichtig ist, daß man Kollegen hat, mit denen man sich gern unterhält oder was zusammen machen möchte. Es wird aber auch einige geben, mit denen werde ich darüber nie reden. Auch, wenn sie parallel unterrichten. Das ist abhängig von persönlichen Sympathien und von Einschätzungen überhaupt, was man im Unterricht machen sollte." (G2-De-w)

Unter den Deutschlehrerinnen und -lehrern scheint diese informelle Zusammenarbeit besonders gut ausgeprägt zu sein.

„Ich glaube, daß die Verständigung darüber, was man macht, also stofflich, relativ weit geht, daß wir doch relativ viel voneinander wissen: Die lesen das, und die lesen das usw. Daß auch durchaus weitgehend Einverständnis darüber besteht, ob man bestimmte Fertigkeiten übt und dergleichen." (G1-De-m)

In Mathematik ist die Zusammenarbeit vor allem über den Austausch von Material gesteuert, und häufig informieren sich die Lehrkräfte, die parallel in einer Jahrgangsstufe unterrichten, über den momentanen Unterrichtsstand.

In Chemie wird über fehlende Zeit für diesen Informationsaustausch geklagt. Hier beschränkt sich die Kooperation vor allem darauf, daß z. B. die Versuchsaufbauten für die anschließend unterrichtende Lehrkraft stehen gelassen werden.
Generell wird die Unterrichtsplanung daher weitgehend individuell gehandhabt, und nur wenige Lehrkräfte äußerten den Wunsch, zu Beginn des Schuljahres verbindliche Absprachen bezüglich der Themen und Inhalte zu treffen. Dabei geht es vor allem darum, die Schülerinnen und Schüler einheitlich zu qualifizieren. Dies sei sowohl im Hinblick auf das Abitur als auch auf die Kontinuität beim Fachlehrerwechsel nötig. Aber auch zur Bestätigung des eigenen unterrichtlichen Vorgehens. Um Anregungen für methodisches Vorgehen zu erhalten und um das soziale Klima zu verbessern, wünschen sich viele der befragten Lehrkräfte zusätzliche Kooperationsformen. Diese Versuche scheitern jedoch häufig an den Widerständen und Ängsten der Kollegen, die Unterrichtsplanung zur Privatsache erklären.

5.2.3 Zusammenarbeit in Ansätzen - eine kooperative Gesamtschule

Auch an der Kooperativen Gesamtschule konzentrieren sich die schulischen Absprachen und Verbindlichkeiten für die Planung und Gestaltung des Unterrichts im wesentlichen auf die Schulcurricula. In ihnen wurden entsprechend der Lehrplanvorgaben die inhaltlichen und thematischen Schwerpunkte den jeweiligen Jahrgangsstufen zugeordnet. Diese schulformspezifischen Stoffverteilungspläne wurden im Jahre 1986 gemeinsam erstellt und danach nur selten überarbeitet. Sie beziehen sich auf Schulzweig, Fach und Klassenstufe.

„In den schulinternen Plänen stehen die Themen in einer Reihenfolge, für jede Klassenstufe, für den Hauptschul-, Realschul- und Gymnasialbereich. Manchmal wird er einfach aus dem Vorjahr übernommen. Manchmal wird er entsprechend revidiert."
(K7-Ma-w)

Mehrfach wurde bestätigt, daß die schulinternen Pläne eine weitaus höhere Orientierungsfunktion für die individuelle Planungstätigkeit besitzen als die gültigen Lehrpläne. Diesen Absprachen fühlt man sich verpflichtet.
Ein Grund dafür ist sicherlich darin zu sehen, daß die schulinternen Pläne relativ weitmaschig formuliert wurden und den Lehrkräften einen großen Entscheidungsspielraum bei der Planung einräumen.
In Deutsch beziehen sich die inhaltlichen Absprachen in diesen Plänen auf jeweils zwei Jahrgangsstufen.

„Wir sind da flexibel. Wir sind nicht an eine zeitliche Vorgabe und an eine Reihenfolge gebunden. Es sind nur die Themen festgesetzt, aber die Reihenfolge ist jedem selbst überlassen." (K8-De-w)

Damit wäre für Deutsch schon die einzige verbindliche Absprache genannt. Der Zeitpunkt zur Behandlung des Themas im Schuljahr ist freigestellt. Ähnlich sieht es auch im Fach Chemie aus. Hier werden in der Fachkonferenz die zu behandelnden Inhalte für einzelnen Jahrgänge der Schulzweige gemeinsam festgelegt, indem von dem schulinternen Plan - als „Maximalplan" konzipiert - für die Schülerinnen und Schüler in den Haupt- und Realschulklassen Abstriche gemacht werden.

„Wir haben einen Rahmenplan, ... das ist ein Maximalplan, und da wird in den einzelnen Schulstufen einfach was weggelassen. ... Wir lassen in der Realschule was weg und in der Hauptschule wird das noch ein wenig minimiert." (K16-Ch-m)

Auch in Mathematik orientiert sich die eigene Planungstätigkeit - insbesondere zu Beginn des Schuljahres - an dem Schulcurriculum.

„Das Schulcurriculum ist sozusagen Vorgabe, in die man sich einmal zu Beginn des Jahres vertieft, damit man weiß, die und die Bereiche müssen drankommen. Und dann hat man also sozusagen den Ablaufplan vor sich." (K1-Ma-m)

Diese große Akzeptanz begründet sich auch darin, daß sich die Fachlogik im Schulcurriculum für Mathematik wiederfindet. In diesem Fach reichen die Absprachen weiter als in Deutsch und Chemie. Neben dem schulinternen Stoffplan sind in Mathematik die Klassenarbeiten ein wichtiges Koordinierungsinstrument. Da die Inhalte der jeweiligen Klassenarbeiten abgesprochen werden, ergeben sich auch Konsequenzen für die inhaltliche Abfolge im Unterricht.

„Zu Beginn des Schuljahres wird festgelegt: Das und das machen wir. Wir überfliegen dann auch die Reihenfolge. Das kann man ja manchmal ein bißchen variieren. Und dann sprechen wir uns vor jeder Arbeit ab, was wir machen wollen." (K6-Ma-w)

Diese Verbindlichkeit nimmt allerdings mit den höheren Jahrgangsstufen deutlich ab, da nur in der 5/6 die gleichen Arbeiten geschrieben werden, in der Klasse 7 nur noch die Themen vereinbart und in den Klassen 9 und 10 diese Absprache der Initiative den Lehrerinnen und Lehrern überlassen bleibt. Meist gibt es innerhalb des Schulzweiges, sofern Parallelklassen vorhanden sind, ein abgestimmtes Vorgehen in den Klassenarbeiten. Über die methodische Gestaltung existieren allerdings in Mathematik, wie in den übrigen Untersuchungsfächern auch, keine verbindlichen Festlegungen.

Insgesamt weist die Intensität der institutionalisierten Kooperation an der Kooperativen Gesamtschule deutliche jahrgangsspezifische Unterschiede aus. So hat die „Koordination" in der Förderstufe mit dem Fachleistungskurssystem in den Klassen 5/6 trotz der Streichung der Koordinationsstunden immer noch einen relativ großen Stellenwert. Denn hier geht es darum, die „Durchlässigkeit" der Bildungswege zu gewährleisten. In den zwei- bis dreimal pro Jahr stattfindenden Förderstufenkonferenzen tauschen die Lehrkräfte ihre Erfahrungen aus, wobei curriculare Absprachen nur eine untergeordnete Bedeutung besitzen, weil die Verständigung zu erzieherischen Problemen die meiste Zeit beansprucht.
Insgesamt hatte die Streichung aber zur Folge, daß von den institutionalisierten Formen der curricularen Kooperation nur noch die fortgesetzt werden, die selten stattfinden (Förderstufen-, Jahrgangs-, Fach- und Gesamtkonferenzen), nur geringen Einfluß auf Planung und Gestaltung des Unterrichts besitzen und lediglich eine grobe stoffliche Abstimmung vornehmen oder die Anzahl der Vergleichsarbeiten

festlegen. Hier finden allerdings auch Diskussionen zum Unterrichtsverständnis statt, wobei Gespräche über einzelne Unterrichtseinheiten und ihre methodische Gestaltung eine immer geringere Rolle spielen.
Nach Aussagen der befragten Lehrerinnen und Lehrer reichen die institutionalisierten Formen der Kooperation aus, lediglich die Einhaltung der Absprachen liegt zum Teil noch im argen.
Fächer- und schulformübergreifende Kooperation finden sich nur sehr sporadisch und in Ansätzen, da sie von gegenseitiger Sympathie und ähnlichen Auffassungen zur Gestaltung und Qualität von Unterricht abhängen. In erster Linie verständigt man sich im Fach, auf der Jahrgangstufenebene und innerhalb der jeweiligen Schulform.

Die verbreitetste Kooperationsform an dieser Schule sind ebenfalls informelle Absprachen zur Planung und Gestaltung von Unterricht. Dieser Austausch von Erfahrungen und methodischen Anregungen wird äußerst intensiv betrieben, ist aber deutlich von gegenseitigen Sympathiebeziehungen beeinflußt.
In allen drei untersuchten Fächern bestätigten die Lehrkräfte, daß die entscheidenden Impulse für die Planung und Gestaltung des Unterrichts in den Pausengesprächen gegeben werden. Hier geht es um den Austausch von Unterrichtsmaterial, ...

„Die Unterrichtsmaterialien, die stellt sich jeder für sich zusammen. Aber wir tauschen auch mal aus, so: Hast du das hier schon mal gesehen, willst du das vielleicht verwenden? Da läuft schon viel." (K1-Ch-w)

... die Verständigung zu Varianten der methodischen Gestaltung des Unterrichts und um Absprachen über Anforderungen in Klassenarbeiten. Diese Form der Kooperation wird von fast allen Lehrkräften praktiziert und mitunter in den Fachkonferenzen fortgeführt.
Abgesehen von den verhältnismäßig engen Absprachen in der Förderstufe und den inhaltlichen Festlegungen durch die Schulcurricula, ist die Unterrichtsplanung innerhalb dieses Rahmens auch an dieser Schule weitgehend eine Privatangelegenheit und wird im wesentlichen vom persönlichen Arbeitsstil geprägt.

5.2.4 Kooperation als Alltagspraxis - eine Integrierte Gesamtschule

An der untersuchten Integrierten Gesamtschule wird im Bereich der Unterrichtsplanung eine sehr enge Kooperation und Koordination gepflegt und zahlreiche verbindliche Absprachen getroffen. Dazu muß an dieser Stelle erwähnt werden, daß Lehrkräfte an Integrierten Gesamtschulen zwar - wie in der schriftlichen Erhebung deutlich wurde - insgesamt kooperationsfreudiger als ihre Kollegen an anderen Schulformen sind, die hier vorgefundene Situation stellt aber eindeutig einen Sonderfall dar.
Grundlage aller kooperativ oder individuell gefällten Planungsentscheidungen ist auch an dieser Schule zunächst das Schulcurriculum. Es wurde in den 80er Jahren auf der Basis der damals neu erschienenen Rahmenrichtlinien in den einzelnen Fachkonferenzen erarbeitet. Dabei erfolgte eine Zuordnung der einzelnen

Unterrichtseinheiten bzw. -themen zu den jeweiligen Jahrgängen (als Jahresstoff/Themenliste). Später wurden diese fachinternen Pläne immer wieder auf der Basis konkreter Unterrichtserfahrungen sowie schulischer Bedürfnisse modifiziert, ohne daß erneut eine unmittelbare Auseinandersetzung mit den gültigen Rahmenrichtlinien erfolgte.

Diese schulinternen Pläne besitzen eine hohe Autorität und Akzeptanz im Kollegium, so daß sie durchweg auch als verbindliche Grundlage der eigenen Unterrichtsplanung angesehen werden. Das Schulcurriculum dient dabei sowohl als Grundlage für die gemeinsame Grobplanung zu Beginn des Schuljahres als auch für die dann kooperativ erarbeiteten Unterrichtseinheiten, die im laufenden Schuljahr von den Lehrkräften an die konkreten Bedingungen der jeweiligen Klasse angepaßt und methodisch umgesetzt werden.

„Wir haben unsere Unterrichtseinheiten, die wir für den Jahrgang für sinnvoll empfinden. Dafür es gibt so etwas wie eine Grundstruktur, die sich aus den verschiedenen Rahmenplänen ergibt. Und dann suche ich mir das passende Lehrwerk dazu." (I12-De-m)

Eine Verpflichtung zur Einhaltung der schulinternen Pläne gibt es jedoch nicht. In den Gesprächen wurde stets die Möglichkeit des individuellen und freizügigen Umgangs mit diesen Vorgaben betont.

„Wir arbeiten alle in irgendeiner Form mit den Plänen. Aber, wenn jemand etwas ausprobieren will und die anderen sagen, das sei gut, und mitmachen, dann ist das in Ordnung. Wenn nicht, hat man halt die individuelle Freiheit, das alleine auszuprobieren." (I11-Ma-w)

Von dieser Möglichkeit wird aber offensichtlich nur geringfügig und partiell Gebrauch gemacht, da dies beispielsweise das üblicherweise gemeinsame Schreiben von Klassenarbeiten auf der Jahrgangsebene erschweren würde.

Ein anderer Grund für die starke Anlehnung an das Schulcurriculum ist aber auch auf der andern Seite, daß die Erfüllung der schulinternen Pläne nicht dem Selbstlauf überlassen wird und schon eine gewisse kollektive Kontrolle existiert.

Für curriculare Absprachen im jeweiligen Fach spielen darüber hinaus vor allem die Jahrgangskoordination sowie die Fachkonferenzen eine große Rolle. Dabei wird die Koordination in jedem Fach jahrgangsweise vorgenommen. Hier werden Unterrichtsthemen, Zeit und Umfang von Unterrichtseinheiten sowie das dazugehörige Unterrichtsmaterial zu Beginn des Schuljahres gemeinsam festgelegt. Dabei erfolgt ebenfalls die Verständigung zur stofflich-inhaltlichen Schwerpunktsetzung und zum didaktischen Hintergrund der im Jahr zu behandelnden Unterrichtseinheiten. Diese Absprachen reichen vor allem in Deutsch und Mathematik bis hin zur methodischen Aufbereitung einzelner Unterrichtseinheiten. Die Kooperation auf Jahrgangsebene wird durch den jeweiligen Koordinator oder die Koordinatorin organisiert. Diese Abstimmung erfolgt in allen Hauptfächern.

„Wir haben in Deutsch die Koordinationskonferenzen, wo die Ziele, der Verlauf, die Zeitplanung, die Arbeiten gemeinsam miteinander abgesprochen werden. Was ich dann

allein mache, ist die Umsetzung auf meine konkrete Klasse, was wir vorher allgemein erarbeitet haben." (11-De-w)

In Deutsch sind die Festlegungen weniger engmaschig als in Mathematik. Auch das Material ist weniger vorstrukturiert. Gründe hierfür liegen unter anderem in der Fachsystematik. In Mathematik einigt man sich darauf, ein bestimmtes Thema in einer bestimmten Zeit mit einem schon ausgearbeiteten Materialpaket, das in der eigenen Druckerei gedruckt und dann den Schülerinnen und Schülern ausgehändigt wird, zu unterrichten. Dieses Material ersetzt sogar teilweise das Lehrbuch. In Deutsch verständigt man sich auf ein Thema. Man geht jährlich das hierzu gehörende Materialpaket der vergangenen Jahre durch. Hinzu kommen Texte aus den Schulbüchern. Einige Texte werden dabei als verbindlich festgelegt, andere sind freiwillig. Zeitdauer, Termine und inhaltliche Schwerpunkte für die Klassenarbeiten werden - ebenso wie in Mathematik - festgelegt. Akzeptiert wird, daß im Rahmen dieser Vorgaben unterschiedlich vorgegangen werden kann. In Chemie gibt es kaum vorgedrucktes Material für die Hand der Schülerinnen und Schüler. Hier entscheiden die Lehrkräfte weitgehend individuell über die Materialauswahl und das unterrichtliche Vorgehen. Aber auch hier werden zu Beginn des Jahres die im Schuljahr zu behandelnden Themen gemeinsam festgelegt.

Ziel aller entsprechenden Bemühungen ist die Sicherung einer guten Unterrichtsqualität, und zugleich soll die einzelne Lehrerin, der einzelne Lehrer entlastet werden. Das außergewöhnlich hohe Niveau curricularer Fachkooperation ist sowohl im grundsätzlichen Selbstverständnis der Schulform „Integrierte Gesamtschule" als auch durch das spezielle Profil der Schule begründet. Die vielfältigen Kooperationsformen gehören zum professionellen Selbstverständnis des Kollegiums. So hat selbst die Reduzierung der Entlastungsstunden für die Koordination zu keiner Einschränkung der bewährten Kooperationsformen geführt. Dabei handelt es sich um die Gesamtkonferenz, Schulkonferenz, Pädagogische Tage, Jahrgangskoordination in der Fach- bzw. Stufenkonferenz, Klassenkonferenzen und die Fachkonferenzen.

„Obwohl wir heute keine Stundenentlastungen mehr dafür bekommen, werden die Koordinationen doch durchgeführt. Wenn da kein Bedarf bestünde, würde auch keiner kommen." (11-De-w)

Die Fachkonferenzen aller Fächer tagen einmal bis zweimal im Schuljahr. Dabei werden vor allem schulorganisatorische Fragen besprochen. In der Jahrgangskoordination werden dann die konkreten Abstimmungen bezüglich der Unterrichtseinheiten und des Materials vorgenommen (s. o.). Darüber hinaus sind auch an dieser Schule die informellen Absprachen, häufig in kurzen Gesprächen zwischen den Stunden und in den Pausen, eine weitere - nach Einschätzung der befragten Lehrkräfte - die häufigste Form der Kooperation. Dabei werden inhaltliche, methodische und didaktische Fragen thematisiert, über Erfahrungen und Unterrichtserlebnisse berichtet, Material und Arbeitsblätter ausgetauscht. Diese Form der Kooperation wird von allen Lehrkräften sehr geschätzt, vor allem, weil sie keine zusätzliche Zeit beansprucht.

„Die Kooperation an der Schule hier mit den Fachkolleginnen und -kollegen läuft sehr gut. ... Es wird viel zwischen Tür und Angel, in Freistunden oder wie auch immer besprochen, was inhaltliche Konzeption anbelangt oder Probleme, die angestanden haben, oder wie man im Unterricht gewisse Dinge umsetzen kann." (I16-Ch-w)

Obwohl sich an dieser Schule ein überaus hohes Maß an Kooperation findet, gibt es so gut wie keinen fächerübergreifenden Austausch, auch wenn versucht wird - insbesondere von der Schulleitung - mehr in dieser Richtung zu erreichen. Ähnlich wie an den beiden anderen Schulen verringern zeitliche Belastungen, Vorbehalte, Befürchtungen und Ängste des Kollegiums die Bereitschaft zur Realisierung dieser Ziele.

Insgesamt werden die Formen praktizierter fachinterner curricularer Kooperation, die - wie zuvor gezeigt - ausgesprochen differenziert und aufwendig sind, von allen Gesprächspartnern als ausgesprochen notwendig und entlastend empfunden. Auf diese Weise würden außerordentlich günstige Bedingungen für die individuelle Unterrichtstätigkeit geschaffen. Denn durch die dargestellten fachinternen curricularen Kooperationsformen entstehen zeitliche Freiräume, die zum Beispiel zur differenzierten Berücksichtigung konkreter Unterrichtsbedingungen und individueller Bedürfnisse von Schülerinnen und Schülern genutzt werden können.

„Jeder Kollege hat seine Anfangsphase gehabt, seine Bedenken, seine Kritik und hat irgendwo diese Schülermaterialien als Hauptinstrument des Unterrichts akzeptiert, und zwar nicht, weil er dazu per Mehrheitsbeschluß verdonnert worden ist, sondern weil es im Grunde genommen seine alltägliche Unterrichtserfahrung ist, daß dieses Instrument Freiräume schafft, um z. B. auch den Individualisierungsbedürfnissen nachgehen zu können." (I1-Ma-m)

Dabei fällt allerdings die methodische Gestaltung des Unterrichts aus den sehr weitgehenden Kooperationsbemühungen heraus. Unterricht bleibt diesbezüglich eine Tätigkeit, die letztlich zur Intimsphäre jeder Lehrerin und jedes Lehrers gehört. So gibt es nur selten Bemühungen, Unterrichtsergebnisse auszutauschen oder gar zu hospitieren. Auch über gehaltene Unterrichtsstunden wird nur diskutiert, wenn eine Lehrkraft bewußt das Gespräch hierüber sucht.

5.2.5 Zusammenfassung

Verbindliche Absprachen auf der Ebene der Einzelschule werden insbesondere in den Fachkonferenzen getroffen, in denen zudem nach Aussage von 45 % der hessischen Lehrkräfte regelmäßig über die Unterrichtsplanung und seine Durchführung diskutiert wird. In diesen Konferenzen werden auch die schulinternen Pläne verabschiedet, die laut Aussage von 90 % der 914 in der schriftlichen Erhebung befragten Lehrkräfte an der Schule, an der sie unterrichten, existieren. In den Schulcurricula finden sich vor allem die thematischen Vorgaben der Lehrpläne wieder, die allerdings häufig, der schulischen Situation entsprechend, gekürzt oder in der Reihenfolge und Gewichtung verändert werden. Die Verbindlichkeit dieser Absprachen variiert dabei von Schule zu Schule und scheint vom Schulformethos

mitbestimmt zu sein. So wurde in den Interviews deutlich, daß diese Absprachen am untersuchten Gymnasium bewußt sehr weitmaschig formuliert wurden, um die Planungsfreiheit des einzelnen so wenig wie möglich einzugrenzen. Ziel der Absprachen war dort lediglich, eine gewisse Vergleichbarkeit der Lerninhalte und die Kontinuität beim Lehrerwechsel zu gewährleisten. Da diese Vorgaben aber mitunter recht freizügig durch die einzelnen Lehrkräfte interpretiert werden, geht insgesamt nur eine geringe Steuerungswirkung von diesen Schulcurricula aus, so daß sich einige Lehrkräfte zusätzlich in den Lehrplänen informieren. Weitere verbindliche Absprachen zur Unterrichtsplanung wurden an dieser Schule nicht getroffen.
An der untersuchten Kooperativen Gesamtschule besitzen die ebenfalls weitmaschig formulierten Schulcurricula insgesamt eine größere Verbindlichkeit, insbesondere in der Förderstufe. Hier werden relativ verbindliche Absprachen bezüglich der Reihenfolge und Auswahl der Inhalte getroffen und damit die langfristigen Planungsüberlegungen stark vorstrukturiert. Neben den Stoffverteilungsplänen sind an dieser Schule in Mathematik zudem die Klassenarbeiten ein wichtiges Koordinierungsinstrument. Da die Inhalte der Klassenarbeiten abgesprochen werden, ergeben sich dadurch auch Konsequenzen für die inhaltlichen Planungen des Unterrichts. Die Verbindlichkeiten nehmen aber in allen Untersuchungsfächern in den höheren Jahrgangsstufen deutlich ab. Insgesamt wird auch an dieser Schule der persönlichen Planungshoheit der einzelnen Lehrkraft ein großer Rahmen eingeräumt.
Die Schulcurricula an der untersuchten Integrierten Gesamtschule dagegen sind über alle Jahrgangsstufen hinweg für alle Lehrkräfte verbindlich und besitzen eine deutliche Steuerungsfunktion der Unterrichtsplanung. Zudem finden sich in allen Hauptfächern, für diese Untersuchung speziell in Deutsch und Mathematik, zahlreiche weitere verbindliche Absprachen für die Unterrichtsplanung. Hier werden gemeinsam zu Beginn des Schuljahres aufgrund der Schulcurricula die Jahrespläne erstellt, dabei die Inhalte verbindlich ausgewählt und ihre Reihenfolge festgelegt. (Dies scheint eine weit verbreitete Praxis an Integrierten Gesamtschulen zu sein, wie in der schriftlichen Befragung deutlich wurde.) Zudem werden gemeinsam die Unterrichtseinheiten ausgearbeitet, das entsprechende Unterrichtsmaterial ausgewählt oder erstellt und im laufenden Schuljahr über die Klassenarbeiten ebenfalls eine enge Koordinierung vorgenommen. Diese intensive Zusammenarbeit, die von den Lehrkräften als Entlastung und nicht als Einengung erlebt wird, stellt aber einen Sonderfall dar und kann nicht als typisch für diese Schulform angesehen werden, obwohl die Lehrkräfte an Integrierten Gesamtschulen insgesamt enger zusammenarbeiten als an anderen Schulformen.

Bezüglich der Kooperation im Bereich der Unterrichtsplanung zeichnet sich insgesamt der Trend ab, daß vor allem Kooperationsformen, die stärker auf informeller Ebene liegen und weniger verbindlich für die eigene Unterrichtsplanung sind, besonders häufig praktiziert werden. So wird zunächst unabhängig von der Schulform und dem Unterrichtsfach der informelle Austausch von fast allen in ganz Hessen befragten Lehrkräften (76 %) äußerst intensiv betrieben. Man trifft sich im Lehrerzimmer in den Pausen oder Freistunden und unterhält sich. Vor allem auf der

Jahrgangsebene tauschen 52 % der Lehrkräfte regelmäßig ihre Erfahrungen aus. Sie berichten sich gegenseitig über den momentanen Stand des Unterrichts und informieren und besprechen sich (seltener) über das weitere Vorgehen. Für diesen Austausch sind vor allem Sympathie und eine ähnliche Auffassung von Unterricht Voraussetzung. Das gleiche gilt für den Austausch von Unterrichtsmaterial oder die Abstimmung von Unterrichtseinheiten, die von 41 % bzw. 35 % der Lehrkräfte regelmäßig praktiziert wird. Bei diesen Kooperationsformen wurden aber insbesondere schulformspezifische Unterschiede deutlich. Während dies an Integrierten und z. T. auch Kooperativen Gesamtschulen institutionalisiert ist und 68 % der Lehrkräfte an Integrierten Gesamtschulen über regelmäßige Teamarbeit berichten, beruhen diese Formen der Zusammenarbeit an Haupt- und Realschulen sowie Gymnasien eindeutig auf dem Freiwilligkeitsprinzip, werden aber ebenfalls häufig realisiert. Im Gegensatz dazu werden fächerübergreifende Planung, Hospitationen usw. nur von 5 % der Lehrkräfte regelmäßig praktiziert.
Bezüglich der Kooperation ließen sich keine signifikanten alters- oder geschlechtsspezifischen Zusammenhänge erkennen. Beim Vergleich der Unterrichtsfächer wurde aber deutlich, daß insbesondere die Mathematiklehrkräfte verbindlichere Absprachen über Kontrollarbeiten, die Abfolge und Schwerpunkte der zu behandelnden Themen usw. treffen und sich z. T. auch intensiver austauschen als ihre Kolleginnen und Kollegen in den beiden anderen Fächern.

Insgesamt ist somit die individuelle Vorbereitung des Unterrichts - nur durch einige Absprachen vorstrukturiert - die verbreitetste Art der Planung. Bis auf wenige Ausnahmen sind die meisten befragten Lehrerinnen und Lehrer mit diesem Zustand zufrieden und wünschen keine Intensivierung der Zusammenarbeit. Unterrichtsdurchführung und dessen Vorbereitung werden gemeinhin der Planungshoheit der einzelnen Lehrkraft unterstellt.

5.3 Stufen und Elemente der Unterrichtsplanung

Der zweite Fragenkomplex bezieht sich auf die unterschiedlichen Planungsstufen - von der langfristigen Planung zu Beginn des Schuljahres bis hin zur Planung der Einzelstunde (vgl. 1.3). Dabei ging es zum einen um die Frage, welche Formen von Unterrichtsvorbereitung und Plänen tatsächlich für die eigene Unterrichtsarbeit benötigt und auch erstellt werden, und zum anderen um die Bestandteile dieser Planungstätigkeiten.
Zu diesem Fragenkomplex liegen wiederum sowohl Daten aus der schriftlichen Erhebung als auch Aussagen der interviewten Lehrkräfte vor. Zunächst werden die Ergebnisse der Fragebogenerhebung präsentiert und anschließend die Interviewergebnisse aus den drei untersuchten Schulen dargestellt.

5.3.1. Stufen und Elemente der Unterrichtsplanung landesweit betrachtet

In der folgenden Graphik finden sich die Angaben der in ganz Hessen befragten Lehrkräfte zu den Unterrichtsplänen, die sie individuell erstellen.

Abbildung 10: *Welche Pläne erarbeiten Sie selbst für Ihren Unterricht?* (Angaben in %)

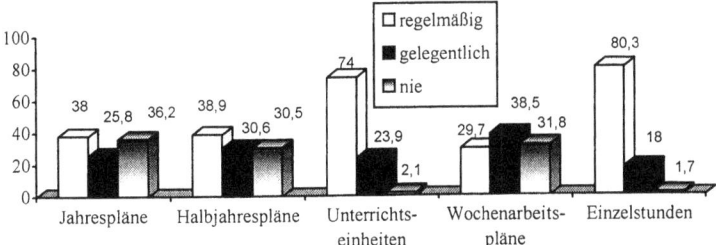

Hierbei wird deutlich, daß vor allem kurz- und mittelfristige Zeitabschnitte wie Unterrichtseinheiten und Einzelstunden besonders häufig vorbereitet werden. Von Woche zu Woche bereiten sich dagegen wenige Lehrkräfte vor, und auch zu Beginn des Schul- oder Halbjahres werden nur jeweils von 40 % Planungsüberlegungen angestellt. Eine konsequente Berücksichtigung aller Planungsstufen, wie sie in den didaktischen Modellen gefordert wird, läßt sich offensichtlich in der alltäglichen Vorbereitungspraxis nicht wiederfinden.

Um ein differenzierteres Bild zu erhalten, wurden auch diese Daten sowohl fach- als auch schulformspezifisch ausgewertet:

Tabelle 12: Planungsstufen nach Fach (DF = 6; $p \leq .05$ Angaben in %)

Vorbereit- ung von	Art der Angabe	De	Ma	Ch	Total	N	χ^2	p
Jahres- plänen	regelmäßig	41,9	31,1	38,5	38,0	253	16,38	0,01
	gelegentlich	22,8	25,2	28,3	25,8	173		
	nie	35,3	43,7	33,2	36,2	239		
		100	100	100	100			
Halbjahres- plänen	regelmäßig	49,7	26,3	40,3	38,9	212	36,97	0,00
	gelegentlich	26,6	31,7	32,1	30,6	164		
	nie	23,7	42,0	27,6	30,5	163		
		100	100	100	100			
Unterrichts -einheiten	regelmäßig	83,3	66,2	74,2	74,0	625	25,12	0,00
	gelegentlich	15,8	29,9	23,9	23,9	202		
	nie	0,9	3,9	1,9	..2,1	..17		
		100	100	100	100			
Wochen- arbeits- plänen	regelmäßig	37,4	26,7	24,2	29,7	194	29,25	0,00
	gelegentlich	42,5	41,7	33,5	38,5	252		
	nie	20,1	31,6	42,3	31,8	201		
		100	100	100	100			
Einzel- stunden	regelmäßig	83,3	76,8	82,0	80,3	681	11,09	0,08
	gelegentlich	16,7	21,6	16,2	18,0	154		
	nie	0,0	1,6	1,8	1,7	..15		
		100	100	100	100			

Die Daten zeigen wiederum zunächst, daß kurzfristige Formen der Unterrichtsplanung häufiger vorgenommen werden als langfristige: Etwa 80 % aller Lehrkräfte planen „regelmäßig" Einzelstunden, knapp 75 % Unterrichtseinheiten. Demgegenüber werden langfristige Formen der Unterrichtsplanung (Jahres- und Halbjahrespläne) weitaus seltener erstellt. Dies Muster gilt zunächst für alle Fächer, dennoch sind einige Fächerdifferenzen bemerkenswert: In Mathematik wird signifikant seltener als in den anderen Untersuchungsfächern eine lang- bzw. mittelfristige Planung vorgenommen, lediglich die Planung von Einzelstunden findet dort etwa genauso häufig statt wie in den anderen Fächern. Demgegenüber werden in Deutsch alle Planungsstufen häufiger vorbereitet als in den anderen Fächern. Diese Differenzen in den Planungsgewohnheiten lassen sich zum einen durch fachimmanente Unterschiede als auch durch die verschieden starke Lehrbuchorientierung erklären. So wird in Mathematik - im Gegensatz zum Deutschunterricht - die Reihenfolge der zu behandelnden Inhalte zum einen durch die Fachsystematik und zum anderen durch das Schulbuch weitgehend vorstrukturiert. Dies erübrigt mitunter die eigenen langfristigen Planungsüberlegungen, da das Schulbuch als Jahresplan fungiert (siehe 5.4).

Die Angaben zu den Planungsstufen differieren ebenfalls zwischen den untersuchten Schulformen. So zeigt sich in der nachfolgenden Abbildung, daß gut die Hälfte - und damit überdurchschnittlich viele - der Haupt- und Realschullehrkräfte angaben, „regelmäßig" zu Beginn jedes Schuljahres Pläne zu erstellen. Das gleiche gilt für die Lehrkräfte an Gymnasien, insbesondere Deutschlehrkräfte. Diese planen allerdings eher für das Halbjahr als für das gesamte Schuljahr.

Abbildung 11: Schulformspezifische Betrachtung der Planungsstufen (Nennung „regelmäßig" in %)

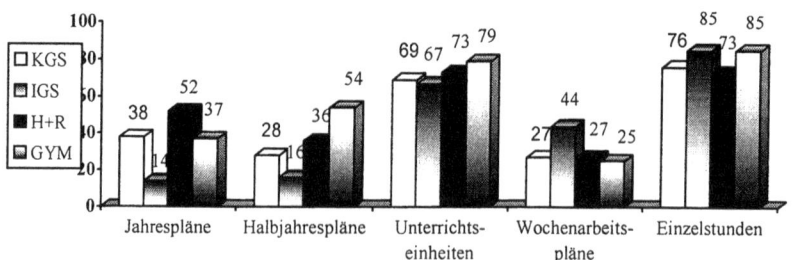

Die Lehrkräfte an den Integrierten und Kooperativen Gesamtschulen dagegen verzichten weitgehend auf langfristige Planungsüberlegungen. Besonders deutlich wurde dies bei der Zusammenfassung der Variablen zum Erstellen von Jahres- und Halbjahresplänen: Die Lehrkräfte an beiden Gesamtschulen erklärten auffallend häufig, „nie" diese Pläne zu erstellen (χ^2 = 59,53; p = .000). Eine Erklärung für dieses Ergebnis ist sicher in der großen Verbindlichkeit der inhaltlichen Absprachen

in den Schulcurricula zu sehen, die eigene Planungsüberlegungen an diesen Schulen zu Beginn des Schuljahres mitunter überflüssig machen (s. o.).
Die fachspezifische Betrachtung der Angaben der Lehrkräfte, die an den beiden Gesamtschultypen unterrichten, in der mehrfaktoriellen Analyse zeigte, daß an Integrierten Gesamtschulen sowohl Deutsch- als auch Chemielehrkräfte, wenn überhaupt, eher individuelle Halbjahrespläne, Mathematiklehrerinnen und -lehrer dagegen vorwiegend Jahrespläne erstellen. In diesem Sinne, insgesamt aber etwas schwächer, äußerten sich auch die Lehrkräfte der Kooperativen Gesamtschulen.
Bei den Haupt- und Realschulen lassen sich nur Tendenzen ausmachen. An diesen Schulen werden vergleichsweise regelmäßig zu Beginn des Schul- oder Halbjahres eigene Pläne erstellt, vor allem aber Pläne für das ganze Schuljahr. Die Mehrebenenuntersuchung nach Fächerunterschieden ergab aufgrund der jeweils kleinen Gesamtgröße kein klares Bild.

Bezüglich der mittelfristigen Unterrichtsplanung - der Vorbereitung von Unterrichtseinheiten oder dem Erstellen von Wochenarbeitsplänen - ließen sich bei der Zusammenfassung beider Variablen keine signifikanten Zusammenhänge ausmachen. Auch die gesonderte Betrachtung der Planung von Unterrichtseinheiten weist keine signifikanten schulformspezifischen Besonderheiten auf. Es läßt sich lediglich tendenziell feststellen, daß vor allem Gymnasiallehrerinnen und -lehrer regelmäßig Unterrichtseinheiten vorbereiten, dabei handelt es sich wiederum um die Deutschlehrkräfte. Im Gegensatz dazu fiel bei der schulform-spezifischen Auswertung der Angaben zur Vorbereitung von Wochenarbeitsplänen auf, daß an Integrierten Gesamtschulen jeweils ca. die Hälfte der Deutsch- und Mathematiklehrkräfte angab, regelmäßig diese Pläne anzufertigen, aber nur 23 % der Chemielehrerinnen und -lehrer. Zudem ist die Angabe, Einzelstunden regelmäßig vorzubereiten an, Gymnasien und Integrierten Gesamtschulen überrepräsentiert.
Weder die alters- noch die geschlechtsspezifische Auswertung ergab signifikante Zusammenhänge. Es ließ sich lediglich tendenziell feststellen, daß die Lehrerinnen insgesamt häufiger angaben, die unterschiedlichen Pläne zu erstellen als ihre männlichen Kollegen und die „jüngeren Lehrkräfte" (bis 40) häufiger Einzelstunden vorbereiten als die berufserfahrenen.

In diesem Zusammenhang werden nun auch die Angaben der Lehrkräfte zu den Tätigkeiten der letzten Woche dargestellt.[24]
Zu den häufigsten Tätigkeiten in einer Woche in bezug auf die Unterrichtsplanung zählen nach Angabe der befragten Lehrkräfte das Nachdenken über Inhalte/Themen von Einzelstunden (93 %) und das Festlegen der Ziele für die Einzelstunde (87 %). Intensiv werden ebenfalls die stoffliche Gliederung der Stunde durchdacht (86 %), Entscheidungen über Methoden und Medien getroffen (78 %) und die Schüleraktivitäten geplant (71 %). Zwei Drittel der Lehrkräfte erstellen neue

---

[24] Vorgegeben war eine fünfstufige Antwortskala (++ sehr intensiv, + intensiv, 0 weniger, - kaum, -- gar nicht). Bei der Auswertung wurden jeweils die positiven bzw. negativen Antwortalternativen zusammengefaßt, um deutlichere Ergebnisse zu erhalten.

Unterrichtseinheiten (64 %) bzw. präzisieren diese Planungsüberlegungen (53 %), und knapp die Hälfte bereitet Lernkontrollen wie Klassenarbeiten, Klausuren oder Tests vor. Auch das Zusammenstellen aktuellen Materials ist ein wichtiger Bestandteil der Vorbereitung, auch wenn sich hier deutliche Fachunterschiede feststellen ließen. So erklärten 58 % der Deutschlehrerinnen und -lehrer, sich damit intensiv beschäftigt zu haben. Im Gegensatz dazu suchten nur 36 % der Chemielehrkräfte und gerade einmal 14 % der Mathematiklehrkräfte aktuelle Unterlagen für den Unterricht (χ^2 = 35,2; p =.24). Mit dem Lesen fachwissenschaftlicher Literatur ebenso mit Gesprächen mit Kollegen oder Schülerinnen und Schülern über die Unterrichtsplanung war gut ein Drittel der befragten Lehrkräfte intensiv beschäftigt.

Im folgenden werden die Ergebnisse der Interviews vorgestellt. In den ersten beiden Abschnitten werden die Aussagen der Lehrkräfte des Gymnasiums und der Kooperativen Gesamtschule dargestellt, die ihren Unterricht - wie an fast allen Schulen gängige Praxis - individuell planen. Anschließend werden die teils kooperativ zu Beginn des jeweiligen Schuljahres, teils individuell im Laufe des Schuljahres durchgeführten Planungstätigkeiten an der Integrierten Gesamtschule vorgestellt.

5.3.2 Die individuelle Unterrichtsplanung von Lehrkräften an einem Gymnasium

Die in den Interviews befragten Gymnasiallehrkräfte erstellen etwas seltener als landesweit üblich eigene langfristige Pläne. Die Angaben bezüglich der mittel- und kurzfristigen Planung stimmen dagegen mit den Fragebogenergebnissen überein.
Von den elf befragten Lehrkräften legen nur vier zu Beginn des Schul- oder Halbjahres die Abfolge der zu behandelnden Themen und Unterrichtseinheiten schriftlich fest.

„In Mathe bereite ich mich also inhaltlich so vor, daß ich mir eine Liste mache am Anfang des Schuljahres auf einem Blatt als Stichpunkte. Da steht dann drauf Prozentrechnung, Zinsrechnung, Verschiebung. Und wenn ich was erledigt habe, dann ist es abgehakt." (G6-Ma-m)

Bei diesen Plänen handelt es sich entweder um eine kurze stichwortartige Liste mit inhaltlichen Schwerpunkten, eine grobe zeitliche und thematische Vorstrukturierung des Unterrichts oder detailliertere Ausführungen mit der Abfolge der einzelnen Unterrichtseinheiten, bei denen auch z. B. in Chemie vermerkt wird, an welcher Stelle ein Versuch sinnvoll wäre.
Dabei wird häufig auch die Entscheidung gefällt, welche Klassenarbeiten zu welchem Zeitpunkt geschrieben werden sollen. Deren Anzahl und thematische Schwerpunkte werden in den Fachkonferenzen vereinbart, ihr konkreter Inhalt gehört zum gestalterischen Freiraum jeder einzelnen Lehrerin und jedes einzelnen Lehrers. Dabei lassen sich die Lehrkräfte vor allem von ihren eigenen Erfahrungen leiten.

Bei der Abfolge der Themen und Inhalte für das Schul- oder Halbjahr orientieren sich die Deutschlehrerinnen und -lehrer an den schulinternen Stoffverteilungsplänen, die den Anforderungen der gültigen Rahmenrichtlinien sowie den über Jahre hinweg gesammelten Erfahrungen entsprechen. Diese werden dafür zu Beginn des Halbjahres auf ihre zeitliche Realisierbarkeit geprüft. D. h. es wird geprüft, welche Themen in der real zur Verfügung stehenden Zeit bearbeitet werden können, wo gestrichen bzw. gekürzt werden muß.

Durch die jahrelange Gültigkeit dieser Jahresstoffverteilungspläne sei es, laut Aussagen einiger befragter Lehrerinnen und Lehrer, nicht mehr erforderlich, diese Pläne in die Hand zu nehmen. Man habe sie verinnerlicht und bereits mehrfach realisiert, so daß im Prinzip klar sei, was im jeweiligen Schuljahr behandelt werden soll.

„Da haben sich natürlich, sagen wir mal, je nach Altersstufe, auch bestimmte Dinge rauskristallisiert. Dadurch, daß in Klasse 5 und 6 der Schwerpunkt bei der Rechtschreibung liegen soll, ist ganz klar; daß man bei sechs Arbeiten mindestens zwei reine Diktate schreibt oder ein bißchen was mit Grammatik verknüpft, daß man auf jeden Fall mindestens eine Grammatikarbeit dabei hat, oft auch zwei und der Rest sind eben Aufsätze."(G2-De-w)

Für drei der fünf befragten Deutschlehrkräfte reicht daher das Schulcurriculum als Stoffverteilungsplan aus, so daß keine eigenen Planungstätigkeiten zu Beginn des Schuljahres nötig sind.

Ähnlich äußerten sich auch zwei Chemielehrkräfte. Der dritte Chemielehrer erstellt aufgrund des gemeinsamen Minimalplans und unter Verwendung des Lehrplans jeweils zu Beginn des Halbjahres eigene Pläne, wobei er die Möglichkeit nutzt, die Reihenfolge der Themen den individuellen Vorstellungen entsprechend zu verändern.

„ Und dann überlege ich mir so ganz grob, welchen zeitlichen Rahmen ich zur Verfügung habe, wo ich z. B. ein bißchen weniger mache, wo ich mehr mache. Beim Aufschreiben der Themenliste kommt einem ja auch oft die Idee, daß man da austauscht, weil das eleganter ineinander übergeht usw." (G11-Ch-m)

Auch zwei der drei Mathematiklehrkräfte verzichten auf eigene Planungsüberlegungen zu Beginn des Schuljahres, da die Reihenfolge der Themen durch den gültigen Lehrplan bzw. das Schulcurriculum, die Logik des Faches und das jeweilige Schulbuch ausreichend vorstrukturiert sei.

„Jahresplan habe ich nicht, nein. Die sachliche Planung ist zum Teil einfach durch unsere Absprachen oder das Lehrbuch und vor allem die Mathematik vorgegeben. Und die zeitliche Einteilung wird durch die Arbeiten vorgegeben, weil man etwa gleiche Abstände und Zeit braucht zum Einführen und Üben." (G5-Ma-w)

Der dritte Mathematiklehrer erstellt einen eigenen Jahresplan, wobei auch er sich an diesen Faktoren orientiert.

Während über die Hälfte der befragten Lehrkräfte am Gymnasium auf langfristige Planungsüberlegungen verzichtet, sind mittel- und kurzfristige Überlegungen fester Bestandteil der individuellen Planungstätigkeiten im laufenden Schuljahr. Hierbei prägen Erfahrungen und Individualität der jeweiligen Lehrerin und des jeweiligen Lehrers sowohl die Entscheidung, ob und in welchem Umfang diese Unterrichtsplanung erfolgt, als auch die Art und Weise der schriftlichen Aufzeichnung (s. u.).

Ausgangspunkt der Überlegungen bei der Planung von Unterrichtseinheiten sind in Deutsch vorwiegend der zu vermittelnde Unterrichtsstoff, die zentralen Fragestellungen bzw. das vorhandene Unterrichtsmaterial. Anschließend wird eine grobe Gliederung der Einheit vorgenommen.

„Wenn es heißt in 12/1 oder 12/2, dramatische Literatur wird gelesen, dann ist es eigentlich nur die Frage: Was lese ich? Und wenn ich das festgelegt habe, dann ist es nur die Frage, ob ich mit theoretischen Texten anfange oder ob ich gleich praktisch beginne, wann diese Lesephase ist, wann die Erörterungsphase, ob die dann nachbereitet oder als zweites draufgelegt wird. Damit habe ich formal die Gesamtstruktur. Die jeweiligen Probleme ergeben sich aus der Arbeit im Unterricht." (G1-De-m)

Dabei wird weitgehend auf eine didaktisch-methodische Feinstrukturierung der Unterrichtseinheiten, aber auch der Unterrichtsstunden verzichtet, weil dies zahlreiche Möglichkeiten eröffne, auf konkrete Unterrichtsbedingungen, Wünsche der Lernenden, Kenntnislücken, unzureichendes Können u. a. m. flexibel zu reagieren.

Da der Unterricht weitgehend über die thematischen Pläne zu den einzelnen Unterrichtseinheiten gesteuert wird, in denen nicht immer Vorgaben für jede einzelne Stunde fixiert werden, erfolgt dann meist auch eine Vorbereitung der Einzelstunde in einer Art „gleitender Projektierung" (von Stunde zu Stunde).

„Ich plane zwar für die Unterrichtseinheit allgemein den Stoff und das Ziel, was ich damit erreichen will, die eigentliche Planung ist aber für die konkrete Stunde. Dann setze ich mich abends hin und überlege mir ganz konkret die wichtigsten Impulse für die Stunde und halte die fest." (G4-De-w)

Bei allen Planungsüberlegungen ist stets die Lerngruppe im Hinterkopf, auf die die Einheit oder Unterrichtsstunde zugeschnitten wird.

„Die thematische Festlegung, die geschieht dann angesichts der Schüler. Also, was das für eine Gruppe ist, was da so läuft, ist mir unglaublich wichtig, daß die Schüler sich angesprochen fühlen." (G4-De-w)

Auch in Mathematik werden die Unterrichtseinheiten nur ein Stück weit vorbereitet, das heißt, die Lehrkräfte verschaffen sich anhand des Schulbuches eine grobe Übersicht über die Einheit, legen die Reihenfolge der Inhalte fest und suchen nach geeigneten Einführungs- und Übungsaufgaben für die ersten drei bis vier Stunden, der weitere Verlauf der Einheit bleibt dabei zunächst offen. Stimmt das vorgegebene Vorgehen im Schulbuch nicht mit den Vorstellungen der Lehrkraft überein, werden weitere Bücher oder andere Vorlagen wie die eigene Materialsammlung usw. gesichtet und eigene Arbeitsblätter erstellt.

„Die Feinplanung findet von Tag zu Tag, vielleicht auch mal für mehrere, für drei, vier Unterrichtsstunden statt. Da benutze ich das Buch natürlich. Ich gucke, läßt sich das Buch verwenden, läßt es sich nicht verwenden. Wenn es sich nicht verwenden läßt, muß ich Arbeitsblätter kopieren." (G10-Ma-m)

Das Vorgehen bei der Vorbereitung der Einzelstunde ist in Mathematik außerordentlich vielfältig und bezieht sich vor allem auf die inhaltlichen, sachlogischen Zusammenhänge. Bestandteil dieser Planungstätigkeiten sind zunächst das Brainstorming, dann die Suche nach geeigneten Einführungs- oder Übungsaufgaben, teilweise auch methodische Überlegungen, und anschließend wird der konkrete Ablauf der Stunde festgelegt, wobei das Stundenende häufig offen gelassen wird. Aufgabenstellungen und ihre Lösungen, Hausaufgaben und Übungsphasen gehören z. T. ebenfalls dazu, werden aber auch häufig erst in der Stunde „geboren". Methodische Überlegungen beziehen sich häufig auf den Medieneinsatz, die grundlegenden Unterrichtsformen und die eigene Tätigkeit im Unterricht.

„Die zweite Überlegung ist die Frage der Methodik, dazu auch welche Medien, beispielsweise wo setze ich sinnvollerweise einen Overheadprojektor ein. Und die Frage was soll, was muß an der Tafel stehen oder was kann im Unterrichtsgespräch einfach geklärt werden, wo muß ich eventuell noch was diktieren? Und welche Inhalte sind für alle da, oder wo kann man eine Erweiterung machen, die nur einige bearbeiten, während die anderen einige Punkte vertiefen?"(G7-Ma-m)

Dabei verwenden die befragten Lehrkräfte viel Zeit mit den Überlegungen, den Stoff so aufzubereiten, daß die Schülerinnen und Schüler möglichst selbständig auf die Lösungen kommen.

„Es ist immer die Frage: Wie baue ich den Unterricht so logisch auf, daß den Schülern diese Einsichten, die ich vermitteln will, auch unmittelbar klar werden, ohne daß ich sie erzählen muß? Wunderschön wäre es eben, wenn die Schüler ganz allein auf solche Erkenntnisse kämen. Jedenfalls in Teilen, soweit das möglich ist. Und da muß ich eben sehen, daß ich sie dahin führen kann." (G8-Ma-m)

Ein Lehrer sucht dabei auch nach Möglichkeiten, Bezüge zum Alltag herzustellen. Dabei hängt die Intensität der Vorbereitung der Einzelstunde in Mathematik vor allem von der Art der Stunde ab. So werden insbesondere Einführungsstunden zu Beginn einer neuen Einheit sehr gründlich vorbereitet ...

„Vor allem bei Einführungsstunden. ... Das überlege ich mir schon und bereite das in der Regel schon ein bißchen mehr vor." (G8-Ma-m)

... aber auch die Stunden kurz vor der nächsten Klassenarbeit, in der die wesentlichen Inhalte noch einmal wiederholt werden.

„Sehr genau bereite ich die letzten vier Stunden vor der Arbeit vor, wo ich dann eben noch einmal genau festlege, das und das wird wiederholt." (G5-Ma-w)

Die wesentlichen Unterschiede zwischen den Planungsüberlegungen in Deutsch und Mathematik finden sich in den Aussagen einer Lehrerin, die beide Fächer unterrichtet:

„In Mathematik überlege ich mir, so und so willst du vorgehen, das war's. Und dann überlege ich eigentlich für jede Stunde höchstens noch, daß ich mir noch mal so die Aufgaben anschaue, welche möchte ich auf jeden Fall machen, welche können Hausaufgaben sein. Ansonsten nichts. Den Rest laß ich auf mich zukommen, was die Kinder fragen. Methodisch überlege ich da fast nichts. Ganz selten mal.
In Deutsch ist es natürlich eher umgekehrt. Da sag ich, ja, du willst Erörterung machen, da guck' ich als nächstes, was ist im Moment ein aktuelles Thema. Dann suche ich Material. Das ist das, was in Deutsch am meisten Zeit kostet, die Materialsucherei, weil man das nicht so einfach hat, man kann nicht irgendeine Aufgabe raussuchen, sondern man möchte ja auch aktuell sein, dann wühlt man ganz furchtbar. Dann überlege ich mir da schon die Methode. Wie'rum fängst du jetzt an? Läßt du sie erst diskutieren, läßt du die in Einzelarbeit erst ein Konzept machen? Da überlege ich mir methodisch was. Von daher ist es ein großer Unterschied. Entsprechend auch, wenn ich vor der Klasse stehe."
(G2-De-w)

Die Chemielehrkräfte konzentrieren sich vor allem auf die Vorbereitung der einzelnen Unterrichtseinheiten. Dabei wird nur selten detailliert bis zur einzelnen Unterrichtsstunde geplant, sondern vor allem über die inhaltlich-logische Struktur und den zeitlichen Umfang der Einheit nachgedacht.

„Ich finde es für mich persönlich sinnvoller, eine ganze Einheit thematisch zu planen. Und es ist mir dann relativ egal, wieweit ich dann in der ersten Stunde komme. Dann weiß ich aber schon, was ich in der nächsten und übernächsten Stunde mache. Also praktisch so ein Block, wie beispielsweise mit dem Erhitzen dieses Kupferbriefs, also das Verhalten von Metallen in der Flamme." (G11-Ch-m)

Bei der Vorbereitung der Einzelstunde werden dann neben den Überlegungen über die inhaltliche Vorstrukturierung und der Suche nach geeignetem Material verstärkt methodische Überlegungen angestellt.

„Während ich früher stärker über die Strukturierung des Unterrichtsstoffes nachgedacht habe, lege ich jetzt mehr Augenmerk auf Fragen des ‚Wie'? Methodische Umsetzung beispielsweise. Also z. B. kürze ich gnadenlos, wenn ich denke, das ist überflüssig, und dafür mache ich lieber eine Stunde lang Gruppenarbeit." (G11-Ch-m)

In diesem Fach stellen sich zudem Fragen danach, wie man den fachwissenschaftlichen Anspruch mit der Forderung nach Umwelt- und Alltagsbezügen des Chemieunterrichts in Einklang bringt. Je nach individuellen Vorstellungen der einzelnen Lehrkraft werden entweder die eine oder die andere Seite in den Vordergrund gestellt und der Unterricht entsprechend ausgerichtet.

5 Die Ergebnisse der Untersuchungen

„Es ist ja alles um uns 'rum Chemie, daher ist es ja auch ganz einfach, die Alltagsbezüge herzustellen. Aber zuerst müssen die fachlichen Grundlagen geschaffen werden, um dann zum Alltagsbezug zu gelangen. Im Moment erscheint mir das irgendwo so zwanghaft da reingebracht. Den stärkeren Schülerbezug schaffen sie nicht, wenn sie dauernd von Umwelt und Abfall reden; dann sagen die: 'Das wollen wir nicht mehr hören, haben wir gerade in Religion schon gemacht'." (G9-Ch-w)

Zudem überlegen die Lehrerinnen und Lehrer, an welcher Stelle ein Versuch sinnvoll wäre.

„Wenn die 3-4 Stunden überhaupt nichts mehr gemacht haben, dann sage ich auch mal, die müssen jetzt auch mal wieder einen Versuch machen. Natürlich: je besser er inhaltlich hereinpaßt, um so besser; aber ich denke, das gehört einfach dazu." (G11-Ch-m)

Auch die Chemielehrkräfte schneiden die Unterrichtseinheiten und -stunden bei der Planung auf die konkrete Lerngruppe zu. Dabei werden die eigenen Unterrichtspläne möglichst offen gehalten, um auf Schülerwünsche flexibel reagieren zu können.

„Es kann sich auch manchmal aus den Äußerungen der Schüler was völlig anderes ergeben als das, was ich sonst gemacht habe, und dann stoße ich das auch um und versuch' nur im Endeffekt, so irgendwann meine Ziele zu erreichen... Wenn von den Klassen eben etwas kommt, dann greif' ich das auf." (G9-Ch-w)

Insgesamt beschränken sich die Planungstätigkeiten an diesem Gymnasium im laufenden Schuljahr auf die Vorbereitung von Unterrichtseinheiten und/oder Einzelstunden. Nur einzelne besonders engagierte Lehrerinnen und Lehrer denken auch über Projektunterricht nach und versuchen, dies in kleinem Rahmen zu verwirklichen.

„Ich versuche zunehmend, in gewissen Abständen auch ein Projekt durchzuführen, wo die Schüler selber mitentscheiden, was sie machen. ... Beispielsweise diese Geschichte im Schulgarten und daß die dann selber kompostiert haben. Da kommt man dann sehr schnell zu Themen wie Düngen und Abfall. Dieser Projektaspekt, der ist mir zunehmend wichtig, aber nicht nach dem Motto: 'Müssen wir schon wieder das machen, was wir wollen?'" (G11-Ch-m)

Als Hemmnisse werden allerdings von einigen Lehrkräften die zeitlichen Belastungen und die zu geringen Möglichkeiten im eigenen Fach gesehen.

„Ich würde gerne viel mehr Projektarbeit machen. In größeren Einheiten, größeren Schüben, größeren Zusammenhängen mal wirklich an einem Thema so dranbleiben. Jetzt hier so mit diesen fünf Stunden, das geht ja noch. Aber in der Klasse 10 habe ich drei Stunden. Das ist so unbefriedigend. Dann bin ich auch noch Klassenlehrer." (G3-De-m)

5.3.3 Die individuelle Unterrichtsplanung von Lehrkräften an einer kooperativen Gesamtschule

Verglichen mit den Nennungen in der Fragebogenerhebung erstellen die Lehrkräfte an der untersuchten KGS ungewöhnlich häufig eigene Unterrichtspläne. Von den zwölf befragten Lehrkräften der Kooperativen Gesamtschule halten sechs ihre Planungsüberlegungen zu Beginn des Schuljahres schriftlich fest, drei lassen sich die Reihenfolge der Themen lediglich durch den Kopf gehen, und drei Lehrkräfte verzichten auf diese Planungstätigkeiten. Grundlage der langfristigen Unterrichtsplanung sind in allen drei Fächern die von den Fachkonferenzen ausgearbeiteten Stoffverteilungspläne.

„Ich überlege mir schon noch zu Beginn des Schuljahres, welche Themen ich bearbeiten will, dabei orientiere ich mich natürlich an unserem Schulcurriculum. ... Wenn ich diesen eigenen Rahmenplan habe, dann habe ich weniger Arbeit bei der Vorbereitung der einzelnen Stunden." (K5-Ma-m)

Mittlerweile sind diese Pläne so verinnerlicht, so daß sie kaum noch zur Hand genommen werden. Trotzdem wurde bestätigt, daß von diesen schulinternen Plänen eine Orientierungswirkung ausgeht, die die individuelle Vorbereitung erleichtert, so daß lediglich die spezifischen Lernbedingungen und -ziele der jeweiligen Klasse zu Beginn des Schuljahres bedacht werden.

„Wir haben einen Grobplan, in dem die Arbeitsbereiche vorgegeben sind, daran orientiere ich mich. Dann überlege ich mir, was ich in diesem Schuljahr in dieser Klasse machen will, das hat ja auch was mit der Klasse zu tun." (K10-De-w)

Alle fünf befragten Deutschlehrkräfte denken zu Beginn des Schuljahres - bzw. eine Lehrerin jeweils für ein Halbjahr - über die Reihenfolge der zu behandelnden Themen nach. Dabei legen sie aufgrund des entsprechenden Schulcurriculums die Lernziele, die Abfolge der Unterrichtseinheiten oder Arbeitsbereiche schriftlich fest.

„Ich habe mir Jahresarbeitspläne für die 5 und 6 gemacht, wo ich Monat für Monat genau hineinschreibe, was ich so im Groben mache, eben auf der Grundlage der Pläne, die bereits früher hier an der Schule erarbeitet worden sind." (K11-De-w)

Von den fünf Mathematiklehrkräften bereiten nur zwei ihren Unterricht langfristig vor. Grundlage ist auch hier das Schulcurriculum; dabei haben aber auch das Schulbuch und die Fachlogik eine wichtige Orientierungsfunktion.

„Ich mache eigentlich jedes Jahr einen Plan. Da stehen die Themen drin als wochenmäßige Präzisierung des Stoffplans, den es für die Schule gibt. Dabei orientiere ich mich aber auch am Schulbuch." (K3-Ma-m)

Daher erklärten die drei anderen Mathematiklehrkräfte, daß das Erstellen eigener Jahrespläne überflüssig sei, da die Auswahl und Reihenfolge der zu behandelnden Inhalte bereits durch die genannten Faktoren festgelegt sei.

5 Die Ergebnisse der Untersuchungen 115

Die zwei befragten Chemielehrkräfte durchdenken jeweils zu Beginn des Jahres, in welcher Reihenfolge sie die Themen behandeln wollen, halten diese Überlegungen aber nicht schriftlich fest. Grundlage ist auch hier der schulinterne Stoffverteilungsplan.

„Ich überlege halt, in welcher Reihenfolge ich die Themen behandeln will. ... Da ich früher sehr viel mit diesen Stoffverteilungsplänen gearbeitet habe, sind die mittlerweile bei mir in Fleisch und Blut übergegangen." (K14-Ch-m)

Der hauptsächliche individuelle Planungsaufwand an dieser Schule bezieht sich aber auf die einzelnen Unterrichtsstunden. Dabei wird die Groborientierung der schulinternen Jahresstoffverteilungspläne, zumindest in Mathematik und Chemie, bei der Vorbereitung der Einzelstunden aufgegriffen, stofflich präzisiert und methodisch konkretisiert. Dies geschieht fast immer von Stunde zu Stunde bzw. von Woche zu Woche. Einige Lehrkräfte, vor allem bei den Planungen des Deutschunterrichts, schieben zwischen die Grobplanung und die Einzelstunde zudem noch Überlegungen zur Unterrichtseinheit ein.

Ausgehend von den schulinternen Plänen oder den in Anlehnung an die Schulcurricula erstellten eigenen langfristigen Plänen, verschaffen sich vier der fünf befragten Lehrkräfte in Deutsch zunächst einen Überblick über die ganze Einheit, um dann diese Überlegungen von Stunde zu Stunde zu konkretisieren. Zu den zentralen Tätigkeiten zählen dabei die Suche nach Unterrichtsmaterial, Texten und Arbeitsblättern und Überlegungen, wie man die Inhalte der konkreten Lerngruppe möglichst adäquat nahebringen kann.

„Vor allem die Suche nach geeigneten Texten braucht viel Zeit, die such' ich mir immer wieder neu aus und bereite den Unterricht immer wieder neu vor auf die Klasse bezogen." (K8-De-w)

Alle befragten Deutschlehrerinnen erläuterten, daß sie Überlegungen zu den Lernzielen für besonders wichtig erachten und deshalb damit in ihre eigene Planungstätigkeit einsteigen. Die Entscheidungen zu den Lernzielen führt dann zwangsläufig zur inhaltlichen Schwerpunktsetzung und zur Sichtung bzw. Aufbereitung des bereits vorliegenden Unterrichtsmaterials.

„Wenn ich die Einheit plane, dann schreib' ich mir auch genau meine Lernziele raus, was ich so mit dieser ganzen Sache verbinden will, wo ich Schwerpunkte setze, und versuche das dann in den Stunden umzusetzen." (K11-De-w)

Es scheint selbstverständlich zu sein, daß hierbei das Leistungsniveau und bisherige Lernschwierigkeiten der Schülerinnen und Schüler bedacht werden, damit realistische Lernziele fixiert werden können und ein entsprechender methodischer Zuschnitt des Unterrichts erfolgen kann.

„Ich denke über die Aufbereitung des Materials und über Lernziele nach. Man nimmt sich die Medien zu Hilfe. Dann ist das Leistungsniveau in meiner Klasse sehr unterschiedlich. Und da ist immer die Schwierigkeit, wie gleich' ich das aus." (K11-De-w)

Erst danach erfolgt die eigentliche Vorbereitung der Unterrichtsstunde, bei der vor allem Leitfragen, die stofflich-didaktische Gliederung, Aufgabenstellungen für die Lernenden, Hausaufgaben und das Tafelbild überlegt werden.

„Es ist so, daß ich schon eigentlich jede Stunde vorbereite. D. h., natürlich gucke ich mir die Texte an. Dann überlege ich mir normalerweise auch ein Tafelbild, schreibe mir die Leitfragen auf, die ich habe. Die Grobrichtung soll mir also immer klar sein. Leitfragen, dann auch die Aufgabenstellung für die Schüler, dann die Hausaufgabe usw." (K10-De-w)

Dazu zählt auch bei manchen Themen das Erstellen von Arbeitsblättern und das Nachdenken darüber, wie man die Unterrichtssituationen mit dem Alltag der Lernenden verbinden kann.

„Ich verknüpfe das Inhaltliche mit der aktuellen Situation. Das mach' ich schon durchgängig so, weil ich gemerkt habe, wie anschaulich, je konkreter was ist, um so besser für die Kinder. Die freuen sich über jeden Reiz, der von außen kommt und auch was mit ihrem konkreten Leben zu tun hat." (K12-De-w)

Methodische Überlegungen oder zur Motivation der Lerngruppe spielen eine deutlich untergeordnete Rolle. Obwohl auch der Standpunkt vertreten wurde, daß inhaltliche Planungsentscheidungen untrennbar mit methodischen verbunden sind.

„Inhaltliches und Methodisches kann ich gar nicht so genau trennen." (K8-De-w)

Die befragten Lehrerinnen scheinen davon auszugehen, daß die Texte oder anderes Unterrichtsmaterial von sich aus motivierend genug sind und man die Planungen möglichst offen halten sollte, um flexibel auf die jeweilige Unterrichtssituation reagieren zu können.

In Mathematik beziehen sich die Vorbereitungstätigkeiten im wesentlichen auf die Einzelstunde, nur ein Lehrer erzählte, daß er von Woche zu Woche plane.
Zu Beginn eines neuen Themas werden, von der Grobplanung ausgehend, vor allem die Einführungsstunde intensiv vorbereitet und z. T. der grobe Ablauf der folgenden Stunden festgelegt. Die Planungsüberlegungen für die anschließenden Stunden beginnen in der Regel mit einem kurzen Brainstorming. Dies scheint ein wichtiger Bestandteil jeder Vorbereitung, selbst von ganz kurzen Planungsüberlegungen zu sein.

„Ja, erstmal der Rahmenplan, dann kommen die eigentlichen Teilpläne. Da muß man sich erst mal überlegen: Wie gehst du vor nach der Einführung? Und dann kommt erst der Plan pro Unterrichtsstunde. Das ist eine kurze Vorüberlegung: Wie weit bin ich in der letzten Stunde gekommen? Wo gab's Schwierigkeiten? Ich mache mir auch in der Stunde kleine Notizen, wenn mir was auffällt, was in der nächsten Stunde korrigiert werden muß." (K5-Ma-m)

Daran schließt sich die Suche nach geeigneten Aufgaben an. Dabei hat das eingeführte Schulbuch einen hohen Stellenwert bei den eigenen Planungsentscheidungen. Es werden nach dem vorhandenen Aufgabenangebot geschaut, eine Auswahl getroffen und damit der Unterricht inhaltlich und methodisch strukturiert. Nur wenn die Vorgaben des Buches nicht mit den Vorstellungen der Lehrkraft übereinstimmen, werden weitere Bücher gesichtet oder anderes Material durchsucht.

„Ich gucke mir an, was das Buch vorstellt. Und überlege mir, welche Dinge kann ich aufgreifen, welche will ich aufgreifen, womit will ich beginnen, mit welcher Einstiegsaufgabe, wo kann ich dann auf das Buch zurückgreifen? Wenn man merkt, das Material ist zu gering, greift man auf andere Schulbücher zurück." (K1-Ma-m)

Zwei der befragten Mathematiklehrkräfte greifen zudem auf ihre „Konserven" zurück. Diese vor einigen Jahren erstellten Unterrichtseinheiten werden dann auf die konkrete Lerngruppe zugeschnitten.

„Ich habe in den letzten Jahren viel eigene Materialien gesammelt und erstellt, da sind Einstiegsbeispiele, Aufgaben zum Üben und, vor allem auch differenziert nach Schwierigkeit. Da suche ich mir dann die Sachen raus für die Klasse." (K6-Ma-m)

Auf diese Weise bleibt es häufig bei einer situativen Steuerung von Stunde zu Stunde, bei der man sich anregen läßt von dem, was man in den vorangegangenen Schuljahren erfolgreich getan hat.

Da die befragten Lehrkräfte nach eigenen Aussagen über ein großes Maß an Berufserfahrung verfügen, bezieht sich die individuelle Unterrichtsplanung in Mathematik - insbesondere bei den unteren Jahrgängen - vorwiegend auf die methodische Gestaltung, weil die Inhalte klar sind.

„In den unteren Jahrgängen sind die fachlichen Überlegungen relativ gering, weil ich den Stoff beherrsche. Aber ich muß mir überlegen: Wie bring' ich das den Kindern bei? Welchen Rhythmus mache ich, wie wechsele ich die Methoden? Und ich überlege mir, wie ich die immer wieder motivieren kann." (K6-Ma-w)

Nur in den höheren Jahrgängen werden teilweise die Aufgaben vorher durchgerechnet, um mögliche Schwierigkeiten zu erkennen.

„Der Inhalt stellt bis zur Klasse 9 keine Anforderungen an mich. In der Klasse 10 setze ich mich schon vorher hin und rechne sämtliche Aufgaben durch, wo ich meine, da könnten sie Schwierigkeiten haben." (K7-Ma-m)

Bei der geschilderten Vorgehensweise in Mathematik wurde bereits eine Stoffzentriertheit dieser Unterrichtsplanung sichtbar. Dennoch betonten alle befragten Lehrkräfte, daß die konkrete Lerngruppe einen entscheidenden Einfluß auf die Planungsüberlegungen hat. Dabei geht es zum einen um die Berücksichtigung des unterschiedlichen Lerntempos und Übungsbedarfs, ...

„Die Lerngruppe ist schon ein zentraler Faktor. Vor allem bei der Suche und Auswahl der Aufgaben. Ich habe meistens Aufgaben dabei für Schnelle. Außerdem suche ich viele ähnliche Aufgaben zusammen, damit das auch alle ausreichend üben können. Oder wenn es Schwierigkeiten und Probleme gegeben hat, daß man versucht, sich noch mal einen variierten Einstieg zu verschaffen. D. h. ein anderes Vorgehen zu suchen, mit dem man das Ziel auf andere Art und Weise erreicht."(K1-Ma-m)

... und der unterschiedlichen Lernbereitschaft sowie den Leistungsvoraussetzungen.

„In den letzten beiden Jahren waren die Schüler wesentlich lahmer, langsamer, begriffsstutziger und auch unwilliger als die, mit denen ich jetzt arbeite. Da konnte man kaum etwas schaffen. Die ich jetzt hab', mit denen kann ich ordentlich arbeiten; die sind willig, aber es fehlt halt oft doch Substanz, die Auffassung, die Konzentration und was alles dazugehört. Arbeitstempo auch." (K5-Ma-m)

Insgesamt kann von einer hohen Sensibilität der befragten Lehrkräfte gegenüber zu erwartenden und bereits aufgetretenen Lernschwierigkeiten ihrer Schülerinnen und Schüler gesprochen werden. Dabei wird das eigene Vorgehen über die Rückmeldungen aus dem Unterricht permanent kontrolliert. Es bleibt aber meist der Versuch, über methodischen Aufwand, differenzierte Aufgabenstellungen, zusätzliches Material, interessante Aufgaben, erhöhte eigene Anstrengungen usw. das vorher fixierte inhaltliche Ziel doch noch zu erreichen bzw. den ausgewählten Unterrichtsstoff doch noch „an die Schülerin, den Schüler zu bringen".

Mit Einschränkungen gilt dieses Vorgehen auch in Chemie. Ausgangspunkt der Überlegungen sind hier die zu vermittelnden Inhalte. Dabei strukturieren zwei der drei befragten Lehrkräfte die Themen zunächst als Einheit vor, daran schließen sich dann die Planungen der Einzelstunden an. Diese Unterrichtsvorbereitungen werden vor allem deswegen angefertigt, weil darüber die Unterrichtstätigkeit gesteuert werden soll, was mit langfristigen Plänen nicht so direkt möglich sei. Dabei wird neben dem Tafelanschrieb und den Versuchen auch die Gliederung der Stunde festgelegt.

„Ich brauche für jede Stunde so eine Minivorbereitung, das ist über ein langfristiges Konzept nicht möglich. Ich mache mir daher jede Stunde Stichworte zu den Themen, Tafelanschrieb, bei umfangreichen Experimenten eine Liste der Gerätschaften, der Chemikalien und der Sicherheitshinweise." (K14-Ch-m)

Wesentlicher Bestandteil der Planungstätigkeiten sind die Materialsuche und das Erstellen von Arbeitsblättern.

„Ich suche mir zu den Unterrichtsbereichen, die ich bearbeiten möchte, das Material zusammen aus verschiedenen Büchern oder Broschüren, die ich z. T. zu Hause habe und z. T. hier in der Schule vorhanden sind. Manchmal ergibt sich auch aus aktuellem Anlaß mal etwas, was ich einfügen möchte. ... Die Materialsuche macht den Löwenanteil an Vorbereitung aus und eben auch das Erstellen von Arbeitsblättern." (K15-Ch-w)

5 Die Ergebnisse der Untersuchungen

Dabei greifen die Lehrkräfte auf die eigene große Materialsammlung zurück, die stetig ergänzt wird.

Hierbei werden auch die individuellen Unterschiede bei den Planungsgewohnheiten deutlich. Während einige Lehrkräfte auf ihre fortlaufenden Manuskripte zurückgreifen und diese an die konkrete Lerngruppe anpassen, planen andere immer wieder neue Unterrichtsstunden und Einheiten.

„Den größten Teil meiner Vorbereitungszeit stecke ich wirklich in die Stunde-für-Stunde-Vorbereitung. Ich habe auch keine Mappe, wo ich die einfach rausziehe. Manche Kollegen machen das. Ich weiß gar nicht, wie das funktioniert... Im nächsten Jahr habe ich eine anders zusammengesetzte Gruppe, wo es aus irgendwelchen Gründen nicht paßt." (K14-Ch-m)

In Chemie wird außerdem häufig von den Experimenten ausgegangen, der dazu erforderliche Erkenntnisgang konzipiert, dann über Gestaltungsmöglichkeiten nachgedacht und Überlegungen zu einem möglichen Alltagsbezug angestellt.

„Die hauptsächlichen Überlegungen beziehen sich darauf, den Erkenntnisgang so transparent wie möglich zu machen. ... In den Mittelpunkt des Unterrichts versuch' ich immer wieder ein Experiment zu stellen und mit Alltagserscheinungen zu verbinden, daß sich die Schüler dann auch selber die Probleme erarbeiten können." (K 14-Ch-m)

Bei diesen Planungsüberlegungen werden die Lernvoraussetzungen der Schülerinnen und Schüler mitbedacht und darauf geachtet, die Planung möglichst offenzuhalten, um auf situative Probleme reagieren zu können.

„Den Schüler treff' ich ja auch nicht immer im gleichen Status an. Manchmal ist er gut drauf und manchmal nicht. ... Darauf muß man spontan reagieren. Anders ist es bei wirklich schwierigen Klassen, da muß ich mir dann wirklich genau überlegen, was ich sage." (K15-Ch-w)

Dennoch ist hier wie in Mathematik eine deutliche Stofforientierung bei der Unterrichtsplanung feststellbar. So wurde trotz der Stundenkürzungen in Chemie überlegt, wie die Inhalte doch noch zu schaffen seien, und wenn es auf Kosten der Schülerübungen sein muß.

„Was auf jeden Fall weggefallen ist, das sind die Schülerübungen eigentlich in allen Sek.-I-Klassen. Da mache ich gar keine mehr. Dazu hat man einfach nicht mehr die Zeit, weil ich die Pflicht habe, so ein Grundprogramm durchzuziehen. Das, was man im bayrischen Sprachraum als 'Schmankerln' bezeichnet, das fällt alles weg." (K14-Ch-m)

Die Planungstätigkeiten im laufenden Schuljahr beziehen sich somit auch an dieser Schule fast ausschließlich auf die individuelle Vorbereitung von Unterrichtseinheiten und Einzelstunden. Alternative Möglichkeiten der Unterrichtsplanung wie die Formen projektorientierten Planens und Unterrichtens oder fächerübergreifende Planungen werden zwar als zeitgemäßer angesehen und gewünscht, treten aber in der individuellen Unterrichtstätigkeit höchst selten auf. Ursachen hierfür sind nach Aussagen der befragten Lehrkräfte insbesondere die zeitlichen Belastungen.

"Fächerübergreifende Zusammenarbeit läuft gar nicht, es passiert selten, daß man sagt, man macht ein Projekt oder so. Das scheitert schon oft an dem Gedanken: Oh verflixt, du mußt ja noch dies und jenes und alles mögliche machen. Projekte sind einfach eine sehr zeitaufwendige Sache, mal abgesehen von den Verabredungen, die man jetzt treffen müßte mit dem oder dem Kollegen zusammen." (K10-De-w)

Ausnahmen sind hierbei die Projektwochen, die alle 2 Jahre von der Schulleitung organisiert werden.

"Projekttage sind eine feste Institution bei uns. Wir machen das jedes zweite Jahr. ... Daß die jetzt so unglücklich am Ende des Schuljahres liegen, hängt von der langen Vorbereitungsphase ab, weil sie klassen- und zweigübergreifend organisiert werden sollen." (K9-De-w)

5.3.4 Die kooperative Unterrichtsplanung von Lehrkräften an einer Integrierten Gesamtschule

An der untersuchten Integrierten Gesamtschule erfolgen die meisten Planungstätigkeiten gemeinsam zu Beginn des Schuljahres. Nur in Chemie, wo die Koordination noch nicht so intensiv betrieben wird, planen die Lehrkräfte im laufenden Schuljahr weitgehend individuell.

In Deutsch und Mathematik werden die Jahrespläne jahrgangsweise gemeinsam auf der Basis der Schulcurricula erarbeitet. Dabei gibt es für jedes Fach eine (jährlich neu gewählte) Koordinatorin oder einen Koordinator, die oder der die Arbeit in den Jahrgangsteams organisiert und die Grobplanung entwirft. In den Jahrgangsteams werden dann gemeinsam die Unterrichtsthemen, Zeit und Umfang von Unterrichtseinheiten sowie das dazugehörige Unterrichtsmaterial festgelegt, ebenso die Termine für die Klassenarbeiten. Für die Zusammenstellung bzw. Prüfung des Unterrichtsmaterials, der Arbeitsblätter, Klassenarbeiten und einzelnen Unterrichtseinheiten sind jeweils dafür ausgewählte Fachlehrerinnen oder -lehrer zuständig. Diese Abstimmung erfolgt in allen Hauptfächern.

"Bei uns ist viel oder fast alles im Team organisiert. Einer ist dann Koordinator, d. h. er ist für die Jahresplanung zuständig. Er macht am Jahresanfang einen Grobplan mit einer Zeiteinteilung und auch mit den entsprechenden Unterrichtseinheiten, wo wir mittlerweile einen Riesenfundus haben. In der Konferenz schieben wir noch hin und her aufgrund unserer Erfahrungen und legen dann den Jahresplan fest und die Unterrichtseinheiten, die Themen, die Arbeitsblätter und die Arbeit mit dem Buch. Das ist die Vorarbeit zu Beginn des Schuljahres. Dann hat jeder Kollege die Aufgabe, eine Unterrichtseinheit im Vorfeld neu zu erstellen oder zu überarbeiten, also im Rückgriff auf ältere Unterrichtseinheiten. Die wird vorgestellt, besprochen, dann in Druck gegeben und dann durchgeführt. Zwischenzeitlich laufen interne Absprachen in den Pausen, Kleinkonferenzen, weil wir alle auf einer Ebene unterrichten." (I9-Ma-m)

Auch die Unterrichtseinheiten werden, wie in dem Zitat angesprochen, bereits zu Beginn des Schuljahres durch Lehrkräfte, die hierfür von den Fachleitern in der

5 Die Ergebnisse der Untersuchungen

Jahrgangskoordination beauftragt werden, ausgearbeitet. Da dieses Verfahren Tradition hat und in den ersten Jahren nach Gründung dieser Schule sehr viel Zeit und Energie auf das Erstellen und Besprechen von Unterrichtseinheiten verwendet wurde, liegt fast immer schon Material vor. Es geht dann bei der erneuten Bearbeitung vor allem um eine kritische Prüfung des vorliegenden Materials, um die Aktualisierung, die Anpassung an konkrete Unterrichtsbedingungen, die Erweiterung oder Reduzierung. Auch die Tauglichkeit und Angemessenheit in Hinblick auf die Leistungsmöglichkeiten der Schülerinnen und Schüler sind hier wesentliche Maßstäbe. Dabei wird das Unterrichtsmaterial vor allem dann überprüft, wenn die Unterrichtseinheiten bei den Schülerinnen und Schülern nicht mehr „ankommen".

„Ein Jahrgang gibt seine Materialien an den nächstfolgenden weiter. Es wird den Bedürfnissen des Jahrgangs angepaßt und nach den jeweiligen Vorstellungen der Kollegen überarbeitet, neu durchdacht, zum Teil auch wirklich was rausgeschmissen und was Neues reingesetzt." (I10-Ma-m)

In der Fachkoordination im jeweiligen Jahrgang werden anschließend die ausgearbeiteten Unterrichtsvorschläge diskutiert und gegebenenfalls verändert. Dabei werden neben den Inhalten und dem Material auch der zeitliche Umfang der Einheit und die Themen für die Klassenarbeit festgelegt. Ausgenommen bei diesen Absprachen sind jedoch methodische Festlegungen.
Zusätzlich wird auch Material für die Schülerinnen und Schüler erstellt, bei denen z. B. in Mathematik auch Wochenarbeitspläne für die unteren Klassenstufen und Unterrichtseinheiten für die höheren Klassenstufen enthalten sind.

„Aufgaben für die Schüler werden in den unteren Klassenstufen eher für eine Woche geplant, während die Pläne für die Schüler in den höheren Klassenstufen auf das Thema bzw. auf die ganze Unterrichtseinheit bezogen werden." (I11-Ma-w)

Diese Pläne werden auch den Schülerinnen und Schülern an die Hand gegeben, so daß diese die zu behandelnden Inhalte überblicken können.
Eine Lehrkraft problematisierte allerdings den enormen Umfang des Arbeitsmaterials, so daß über effektivere Arbeitsweisen mit diesem Material nachgedacht wird.

„Ein Problem dabei ist: Wie schaffe ich es, daß die Schüler nicht das Gefühl haben, daß der Stoff sie erschlägt, wenn so ein Reader, der eigentlich ein Angebot sein soll, 30 bis 40 Seiten hat? So bekommen sie parallel das Geschichtsbuch und gehen in die Bibliothek. Da steht ein Handapparat, der ist zwei Meter lang. Ja, wenn ich jetzt Schüler wäre, würde ich den größten Frust kriegen." (I12-De-m)

Nach der Diskussion und Verabschiedung der Einheiten oder Wochenarbeitspläne in der Jahrgangskoordination besitzen diese Absprachen bezüglich der Reihenfolge, Inhalte und des zu verwendenden Materials eine recht große Verbindlichkeit. Vor allem, da auch im laufenden Schuljahr über das Vorgehen diskutiert wird und am Ende der Einheit die Klassenarbeiten gemeinsam geschrieben werden.

„Am Ende einer Einheit treffen wir uns und die Kollegin, die die (Klassen-)Arbeit zu machen hat, die hat für alle Kopien dabei. Dann gehen wir die Aufgaben durch und besprechen, ob die Arbeit laufen kann oder ob etwas gestrichen wird oder ob etwas dazu kommt." (I11-Ma-w)

Dennoch sind inhaltliche Abweichungen durch einzelne Lehrkräfte möglich und werden akzeptiert. Sie müssen aber in der Koordination diskutiert werden. Die befragten Lehrkräfte betonten, daß diese gemeinsamen Absprachen nicht die pädagogische Freiheit des einzelnen einschränken, vor allem, da in methodischen Details bei der Umsetzung Freiräume bei der individuellen Planung bestehen.

„(Das ist weder) Beschneidung, noch eine Pädagogik im Gleichschritt. - Es ist immer noch der persönliche Entscheidungsrahmen. Da lasse ich mir von niemandem reinreden. ... Ich habe natürlich auch gemeinsame Beschlüsse einzuhalten. Ich muß versuchen, diese Lernziele in einer gewissen Zeit zu erreichen. Aber das methodische Vorgehen, das entscheide ich selber." (I10-Ma-m)

Die gemeinsamen Bemühungen bei der Unterrichtsvorbereitung wurden daher mehrfach als sehr positiv und entlastend hervorgehoben. Da die Unterrichtseinheiten und das Material bereits zu Beginn des Schuljahres vorliegen, brauchen die Lehrkräfte hierfür im laufenden Schuljahr keine Zeit zu investieren und können statt dessen bei der individuellen Planung verstärkt über die stoffliche und didaktisch-methodische Gliederung nachdenken. Zudem besteht so eher die Möglichkeit, zusätzliches Material zu erstellen oder herauszusuchen, um den Unterricht abwechslungsreicher zu gestalten.

„Ich überlege schon bei jeder Unterrichtseinheit, was jetzt fachlich und sachlich dasein muß, die stofflichen Schwerpunkte. Und ansonsten auch ein paar Arbeitsblätter, die Spaß machen, daß da was dabei ist zum Basteln, zum Handeln, das Schulgebäude mit einbeziehen. Man versucht schon, ein bißchen praxisorientierten Mathematikunterricht da reinzubringen." (I11-Ma-w)

Auch können sich die Lehrkräfte insgesamt verstärkt auf die Interessen, Lernvoraussetzungen und Schwierigkeiten der konkreten Lerngruppe einstellen, nicht zuletzt, da in den gemeinsam erstellten Einheiten und dem Material z. T. die innere Differenzierung bereits eingeplant wurde.

„(Die Vorbereitung erfolgt) individuell auf die Lerngruppe bezogen, weil jeder Lehrer ja den Gesamtplan hat bzw. alle Arbeitsblätter; die auch differenziert sind nach Wahl und Pflicht oder Schwierigkeitsgrad und Sternchenaufgaben. Ich gucke jetzt individuell, wo muß ich nachhaken, wo muß ich noch was reingeben - als Ergänzung, als Erweiterung, auch weil's Spaß machte oder aber wenn irgendwelche Lücken da sind." (I9-Ma-m)

In dem Bereich bleiben aber auch noch Wünsche offen, denn es fehlt Material, das auf die Bedürfnisse der zunehmenden Anzahl von Ausländerkindern, die meist die deutsche Sprache nur unzulänglich beherrschen, zugeschnitten ist.

„Das Problem mit der stärkeren Differenzierung ist für uns neu, weil wir früher nicht so viele Ausländerkinder oder Asylbewerberkinder hatten. Je älter die Schüler werden, desto

weniger Material gibt es bzw. haben wir darüber nachgedacht. Das ist ein echtes Problem." (I1-De-w)

Die individuellen Planungstätigkeiten für eine Einzelstunde in Deutsch und Mathematik beschränken sich daher im wesentlichen auf die didaktisch-methodische Konkretisierung dieser bereits vorliegenden Unterrichtspläne, die Präzisierung der Inhalte, ...

"Wenn ich merke, da habe ich für den Grundkurs viel zu viel geplant, da habe ich die überfordert, da muß ich das überdenken, muß vielleicht noch mal andere Erklärungsmuster anbieten oder mit ihnen das noch mal anders machen." (I11-Ma-w)

... die Bearbeitung des vorliegenden Unterrichtsmaterials, um mögliche Schwierigkeiten zu erkennen ...

"Ich rechne oder zeichne meistens alles noch mal durch, so daß ich die Schwierigkeiten erkenne." (I13-Ma-m)

... und gegebenenfalls die Ergänzung des Materials, wenn Verständnisprobleme auftauchen.
Hinzu kommen Überlegungen zu einer effektiven, methodisch vielfältigen, die Schülerinnen und Schüler aktivierenden Unterrichtsgestaltung.

"Mit Sicherheit methodische Überlegungen. Dann, wo ich Sachen abkürzen kann, weil ich schon einen Lehrervortrag einfüge, wo ich 'ne Gruppenarbeit für unabdingbar halte, weil es um 'ne ganz wichtige Erarbeitung geht, die die Kinder selber leisten müssen." (I12-De-m)

Bei diesen Überlegungen spielen die bisherigen Lernergebnisse ebenso wie die konkreten Lernbedingungen der Schülerinnen und Schüler aus unterschiedlicher Sicht eine wichtige Rolle. Zum einen versuchen die Lehrkräfte, aufgetretene Lernschwierigkeiten zu berücksichtigen, zum anderen spielt auch der beabsichtigte Schulabschluß eine wichtige Rolle.

"Lerngruppe ist ein ganz wichtiger Punkt; Schwierigkeiten, die ich in der Lerngruppe gesehen habe. Zeit ist ein ganz wichtiger Faktor. Lernziele natürlich, klar. Zweitens die Frage, habe ich es mit Schülern zu tun, die jetzt nach der Schule zum großen Teil in einen Beruf wechseln, nämlich die B-Kurs-Schüler; oder sind es die Schüler; die zum Großteil in die gymnasiale Oberstufe wechseln. Die sind im A-Kurs. Da mache ich natürlich andere Schwerpunkte." (I3-De-w)

Die Fragen der Motivation werden hingegen nur von einigen Lehrkräften berücksichtigt, ...

"Wir denken schon noch über Motivation nach und versuchen auch immer zu begründen, warum wir die Unterrichtseinheiten machen. Darüber (über Ziele und Absichten) reden wir dann auch mit den Schülern." (I1-De-w)

... während andere die Leistungsbereitschaft voraussetzen, oder einfach auf die Stimulierungswirkung des Unterrichtsstoffes hoffen.

"Über Motivation brauche ich bei denen nicht nachzudenken, es ist eine lebendige Klasse, die wollen arbeiten. Natürlich überlege ich mir auch, daß die Sachen die Schüler ansprechen, aber im wesentlichen läuft das auch so." (I10-Ma-m)

In Chemie existieren bislang weniger verbindliche Absprachen und keine so intensiv betriebenen Kooperation bei der Unterrichtsplanung wie in Deutsch und Mathematik. Mit der gemeinsamen Materialerarbeitung wurde gerade begonnen.

"Im Chemieunterricht haben wir so etwas (ausgearbeitete Unterrichtseinheiten) noch nicht. Wir sind jetzt erst dabei. Das wäre so ein Paket von sechs bis acht Stunden, z. B. zu 'Säuren', auf das dann jeder zurückgreifen kann." (I7-Ch-m)

Daher ähneln die Planungstätigkeiten der Chemielehrkräfte denen ihrer Kolleginnen und Kollegen am Gymnasium oder der Kooperativen Gesamtschule. Ein wesentlicher Unterschied ist aber darin zu sehen, daß hier die Lehrkräfte zu Beginn des Schuljahres auf der Grundlage des Schulcurriculums, das in diesem Zuge auch häufig aktualisiert wird, verbindliche Absprachen über die Auswahl und Reihenfolge der Unterrichtseinheiten treffen. Diese gemeinsamen langfristigen Planungsüberlegungen ersetzen dann weitgehend das individuelle Erstellen eines Jahresplans. Nur ein Lehrer erstellt darüber hinaus auch einen eigenen Jahresplan, nach dem sich dann die Unterrichtsplanung im laufenden Schuljahr richtet.

Die Planung der Einheiten und Einzelstunden orientiert sich zwar an den gemeinsamen Festlegungen bei der Jahresplanung, wird aber von den Lehrkräften individuell ausgestaltet und ist daher deutlicher als in Mathematik und Deutsch durch den persönlichen Arbeitsstil geprägt.

"Meine eigene Planung, von den Inhalten her gesehen, wird ganz klar orientiert an den schulinternen Stoffplänen und an den übergeordneten Rahmenrichtlinien. Methodische Sachen sind eine andere Geschichte. Dabei orientiere ich mich auch an der Fachsystematik." (I6-Ch-m)

Neben den verbindlichen Absprachen werden die Planungsüberlegungen auch, wie in diesem Zitat deutlich wurde, durch die Fachlogik vorstrukturiert. Die drei befragten Chemielehrkräfte erklärten, daß sie bei ihren Planungsüberlegungen, die sich vor allem auf die Planung von Unterrichtseinheiten beziehen, von der Wissenschaftslogik ausgehen, um dann über eine Verbindung mit Anwendungsbeispielen zum Alltagsbezug zu gelangen. Hinzu kommen die Suche nach geeignetem Unterrichtsmaterial, das Erstellen von Arbeitsblättern und vor allem die Überlegungen zu den Experimenten.

"Ich mache nicht für jede Stunde eine Einzelvorbereitung, sondern ich sage: Hier habe ich ein Thema innerhalb dieser Unterrichtseinheit. Das und das will ich machen, wozu man sich halt noch Material 'raussucht, vor allen Dingen aktuelle Sachen aus Zeitschriften und Tagespresse. Das sind die Hauptaufgaben, die bei uns die einzelnen

Kollegen machen. Oder mal Versuche 'raussuchen, die man noch nicht gemacht hat, in irgendwelchen Schulbüchern, die wir haben." (I8-Ch-w)

Insgesamt fällt dabei eine deutliche Stoffzentrierung und Wissenschaftsorientierung bei den Planungsüberlegungen der befragten Chemielehrkräfte auf. Daran richten sich auch die methodischen Überlegungen und der Zuschnitt der Einheit oder Einzelstunde auf die konkrete Lerngruppe aus.

„Wie mache ich's, wann mache ich was, in welcher Strukturierung baue ich's auf? Welche Dinge bieten sich an, was ist machbar in der Schule, wie sind die Voraussetzungen, und wie kriege ich das einigermaßen so strukturiert, daß ich das Fach Chemie nicht nur von der reinen Fachwissenschaft her betreibe, sondern auch die aktuellen Themenbezüge herstelle? Trotzdem will ich dabei nicht vergessen, daß es sich um eine Wissenschaft handelt." (I6-Ch-m)

Ähnlich wie in Deutsch und Mathematik spielen Überlegungen zur Motivation eher eine untergeordnete Rolle. Es wird davon ausgegangen, daß die Themen oder Experimente an sich ausreichend motivierend sind.

Auch an dieser Schule konzentrieren sich die Planungsüberlegungen damit weitgehend auf die Vorbereitung bzw. Konkretisierung von Unterrichtseinheiten und Einzelstunden, aber auch über projektorientiertes Arbeiten wurde berichtet, fächerübergreifende Planungen finden dagegen so gut wie nie statt. Grund sei auch hier die ohnehin schon hohe Arbeitsleistung.

„Fächerübergreifende Projekte bedeuten natürlich einen großen Aufwand, daß ist so einfach nicht mehr noch zusätzlich zu leisten." (I10-Ma-m)

Dennoch wird im Kollegium verstärkt darüber diskutiert, wie man auch in diesem Bereich noch mehr erreichen kann.

5.3.5 Zusammenfassung

Sowohl in der Fragebogenerhebung als auch in den Interviews wurde deutlich, daß nur knapp die Hälfte der Lehrkräfte tatsächlich alle Planungsstufen bei ihren eigenen Überlegungen berücksichtigt. In der schriftlichen Befragung zeigte sich, daß, unabhängig von der Schulform, vor allem kurz- und mittelfristige Zeitabschnitte wie Unterrichtseinheiten (74 %) und Einzelstunden (80 %) besonders häufig vorbereitet werden. Jahrespläne bzw. Halbjahrespläne werden dagegen nur von 38 % bzw. 39 % der Lehrkräfte regelmäßig erstellt. Diese Pläne fertigen vor allem Lehrkräfte an Haupt- und Realschulen an. An Gymnasien beziehen sich diese Überlegungen dabei insbesondere auf ein Halbjahr. Im Gegensatz dazu erstellen Gesamtschullehrkräfte, hier vor allem die, die an Integrierten Gesamtschulen unterrichten, kaum individuelle langfristige Pläne, da diese Planungsüberlegungen zumeist kooperativ durchgeführt werden. An diesen Schulen werden allerdings vergleichsweise häufig Wochenarbeitspläne angefertigt, obwohl dies insgesamt betrachtet eher unüblich ist. So gaben nur 29 % aller hessischen Lehrkräfte an, diese regelmäßig zu erarbeiten.

Bei der alters- oder geschlechtsspezifischen Auswertung konnten keine signifikanten Unterschiede ausgemacht werden, aber die fachspezifische Untersuchung zeigte, daß Mathematiklehrkräfte vergleichsweise selten die unterschiedlichen Unterrichtspläne ausarbeiten. Ein Grund dafür ist sowohl in der starken Lehrbuchorientierung als auch der Strukturierung der Inhalte durch die Fachsystematik zu sehen, die die eigenen Planungsüberlegungen spürbar reduzieren. Da diese Faktoren keinen so deutlichen Einfluß auf die Planung des Deutschunterrichts ausüben, erstellen im Gegensatz dazu sehr viele Deutschlehrkräfte Pläne für die unterschiedlichen Planungsstufen.

Diese Ergebnisse fanden sich auch in den Interviews wieder. So beziehen sich die *individuellen* Planungstätigkeiten von den befragten Lehrkräften an der Kooperativen Gesamtschule und am Gymnasium im wesentlichen auf die inhaltliche Vorstrukturierung der Unterrichtseinheiten und die Bereitstellung des benötigten Unterrichtsmaterials und/oder auf die Planung von Einzelstunden.
Langfristige Planungsüberlegungen wurden auch hier nur von knapp der Hälfte der Lehrkräfte erstellt, da viele das Schulcurriculum als ausreichende Strukturierung der Inhalte ansehen und die Berufserfahrung diesen Planungsschritt überflüssig mache. In Mathematik ersetzen oder reduzieren zudem die Stofflogik und Schulbücher weitgehend die eigenen Planungsüberlegungen.
Zu den langfristigen Planungstätigkeiten zählt vor allem die Auswahl der zu unterrichtenden Themen oder Unterrichtseinheiten. Dabei wird von fast allen befragten Lehrkräften die gewählte Reihenfolge stichwortartig festgehalten, seltener auch eine genaue Zeiteinteilung vorgenommen und gegebenenfalls Termine wie Ferien berücksichtigt und die Zeitpunkte der Arbeiten festgelegt. Einige Lehrkräfte halten diese Überlegungen nicht schriftlich fest, sie entwerfen statt dessen ein rein gedankliches Konzept.

Zu den zentralen Planungstätigkeiten zählen die Vorbereitung von Einheiten und/oder Einzelstunden. Während über die Hälfte der befragten Lehrkräften zunächst grob die Unterrichtseinheiten plant und anschließend die Einzelstunden vorbereitet, planen die anderen Lehrkräfte von Stunde zu Stunde, wobei bei dem Einstieg in ein neues Thema meist auch der grobe weitere Verlauf der Einheit angedacht wird. Dabei strukturieren die meisten der befragten Deutschlehrkräfte zunächst die Einheit, Mathematiklehrkräfte dagegen bereiten sich größtenteils von Stunde zu Stunde vor und nutzen das Inhaltsverzeichnis des Schulbuchs als Vorstrukturierung der Einheit. Bei den Chemielehrkräften sind beide Vorgehensweisen gebräuchlich. In diesem Punkt ließen sich keine Unterschiede zwischen den beiden Schulen feststellen.

Bei den mittel- und kurzfristigen Planungstätigkeiten werden vor allem Überlegungen zu den Inhalten angestellt und nach passendem Material gesucht. Bei all diesen Überlegungen ist stets die Lerngruppe im Hinterkopf der Lehrkraft, auf die diese Planungstätigkeiten zugeschnitten werden.
Bei den inhaltlichen Überlegungen in Mathematik geht man in erster Linie von der unerschütterlichen Fachlogik aus, die den Unterricht weitgehend vorstrukturiert. Bei

der Vorbereitung konzentrieren sich die Bemühungen vor allem darauf, geeignete Einstiegs- und Übungsaufgaben zu finden. In der Regel wird dabei auf das Schulbuch zurückgegriffen. Finden sich dort keine geeigneten Aufgaben, erstellen viele Lehrkräfte eigene Arbeitsblätter oder Folien für die Lerngruppe. Für den Deutschunterricht werden vor allem Lernziele für die Schülerinnen und Schüler formuliert und dann nach passenden Texten gesucht. Auch hier werden, wenn das Schulbuch als ungeeignet erscheint, Arbeitsblätter erstellt. Einige Lehrkräfte bemühen sich dabei auch, den Unterrichtsstoff möglichst aktuell zu gestalten. Die Planungstätigkeiten in Chemie gehen im wesentlichen von drei Überlegungen aus: Zum einen erscheint es den Lehrerinnen und Lehrern wichtig, Fachwissen zu vermitteln, zum andern bemühen sie sich den Bezug zur Umwelt oder dem Alltag der Lerngruppe herzustellen und darüber hinaus spielen Überlegungen, an welcher Stelle und wie häufig Experimente sinnvoll wären, eine Rolle.

Die Feinplanung erfolgt in der Regel von Stunde zu Stunde. Dabei bemühen sich fast alle befragten Lehrkräfte, ihren Unterricht offen zu planen, um auf Schülerwünsche oder Einwände im Unterricht möglichst flexibel reagieren zu können. Dabei wird allerdings das Ziel der Unterrichtseinheit nicht aus den Augen verloren. Die Vorbereitung der einzelnen Stunde startet in der Regel mit einem kurzen Brainstorming: Wie weit ist man das letzte Mal gekommen und wo gab es Schwierigkeiten, brauche ich zusätzliche Aufgaben oder Material und was kommt als nächstes? Daran schließen sich Überlegungen zum Unterrichtsstoff und die Materialsuche an. Teilweise werden der Ablauf der Stunde festgelegt, ein Arbeitsblatt erstellt, Merksätze und das Tafelbild ausgearbeitet usw. Sind die Inhalte im wesentlichen explizit oder im Hinterkopf vorstrukturiert und das geeignete Material gefunden, werden methodische Überlegungen angestellt. Dabei streichen oder kürzen einige Lehrerinnen und Lehrer auch Inhalte zugunsten des Schülerverständnisses: „Besser wenig richtig verstanden als alles nur halb." Der größte Teil versucht aber, die Inhalte in jedem Fall unterzubringen. Dabei spielt wiederum die Berücksichtigung der Lernvoraussetzungen der Schülerinnen und Schüler eine wichtige Rolle. Überlegungen zur Motivation der Lerngruppe werden dagegen nur selten angestellt. Häufig geht man davon aus, daß die Inhalte oder das Material schon an sich motivierend sind und zusätzliche Überlegungen nicht mehr notwendig seien.

Diese deutliche Akzentuierung der Planungsüberlegungen auf die Inhalte fanden sich auch in den Fragebogenergebnissen zu den „Tätigkeiten der letzten Woche". Die befragten Lehrkräfte gaben ebenfalls an, besonders intensiv über die Inhalte oder Themen von Einzelstunden nachgedacht, aber auch Ziele für die Einzelstunde festgelegt zu haben. Intensiv würde ebenfalls die stoffliche Gliederung der Stunde durchdacht. - In beiden Erhebungen wurde deutlich, daß das Nachdenken über Methoden und Medien und die Planung der Schüleraktivitäten eine untergeordnete Rolle einnehmen.
Die Unterrichtsplanung an der untersuchten Integrierten Gesamtschule findet im Gegensatz dazu weitgehend *kooperativ* statt. Sowohl die langfristigen Unterrichtsplanungen als auch die Unterrichtseinheiten werden hier in Deutsch und

Mathematik gemeinsam zu Beginn des Schuljahres ausgearbeitet und damit alle Planungsstufen berücksichtigt. Auch in Chemie erfolgt eine gemeinsame Auswahl der Unterrichtsinhalte zu Beginn des Schuljahres. Unterrichtseinheiten und Einzelstunden werden hier aber individuell vorbereitet.

5.4 Materialnutzung

Im folgenden werden die Aussagen der Lehrkräfte zu den „Hilfsmitteln", die sie bei der Unterrichtsplanung verwenden, dargestellt. Damit sind alle Informationsquellen gemeint, die Lehrerinnen und Lehrer nutzen: von Schulbüchern angefangen, über die eigenen Materialsammlungen, die von vielen Lehrkräften über Jahre angelegt und ausgebaut wurden, bis zu typischen Hilfsmitteln wie methodischer und didaktischer Literatur oder zusätzlichen Quellen wie Zeitschriften, Nachschlagewerken usw., aber auch zur Nutzung von Lehrplänen oder den Schulcurricula. Dabei ging es zum einen um die Frage, welches Unterrichtsmaterial eine besondere oder eher untergeordnete Rolle bei der Unterrichtsplanung spielt, und zum anderen darum, wozu das jeweilige Material verwendet wird. Hierbei werden wiederum die Daten aus den Fragebögen sowie die Aussagen der Lehrkräfte aus der Interviewstudie vorgestellt.

5.4.1 Allgemeine Trends und fachspezifische Unterschiede

In den Fragebögen wurde den Lehrkräften eine Anzahl unterschiedlichen Unterrichtsmaterials vorgegeben, bei dem sie jeweils angeben konnten, ob sie dies „häufig", „selten" oder „nie" verwenden. Dabei ergab sich folgendes Bild:

Tabelle 13: Reihenfolge des für die Unterrichtsplanung genutzten Materials

	Welches Material benutzen Sie für die eigene Unterrichtsplanung?	häufig %	selten %	nie %	N
1	eigenes Unterrichtsmaterial	76	21	3	908
2	das in der Klasse eingeführte Schulbuch	75	23	2	910
3	weitere Schulbücher	67	31	2	907
4	sonstiges Unterrichtsmaterial von Vorlagen	50	44	6	889
5	fachwissenschaftliche Bücher/Zeitschriften	38	55	6	989
6	Nachschlagewerke	37	57	6	883
7	den gültigen Lehrplan	34	53	13	864
8	fachdidaktische Bücher/Zeitschriften	30	60	10	855
9	Tagespresse/Wochenzeitschriften	29	56	15	865
10	populärwissenschaftliche Publikationen	19	60	21	826
11	das auf das Schulbuch bezogene Lehrerhandbuch	19	47	34	828
12	„graues Material" (kopierte Unterrichtseinheiten)	14	46	40	823
13	Unterrichtspläne von Kollegen/-innen	6	55	39	822

Das vorgegebene Material wurde in dieser Tabelle entsprechend den Angaben zur Häufigkeit der jeweiligen Nutzung sortiert. Dabei fällt auf, daß vor allem das eigene Material, Schulbücher oder Unterrichtsmaterial von Verlagen besonders häufig genutzt werden. Im Mittelfeld finden sich insbesondere zusätzliche Informationsquellen wie fachwissenschaftliche Bücher oder Zeitschriften, Nachschlagewerke und aktuelles Material wie die Tagespresse, Wochenzeitschriften oder populärwissenschaftliche Publikationen. Aber auch der Lehrplan wird von 34 % der Lehrkräfte häufig genutzt. Didaktisch aufgearbeitete Vorlagen wie die Lehrerbegleithandbücher zu dem jeweils eingeführten Schulbuch, fertige Unterrichtseinheiten (hier „graues Material" genannt) sowie fertige Unterrichtspläne von Kollegen dagegen rangieren eher auf den unteren Plätzen.

Die differenzierte Betrachtung dieser Ergebnisse, zunächst unter schulformvergleichender Perspektive, ergab bezüglich der Materialnutzung keine signifikanten Zusammenhänge. Auffällig war nur, daß vor allem an Integrierten Gesamtschulen „graues Material" und ausgearbeitete Unterrichtseinheiten von Kollegen verhältnismäßig häufig und an Gymnasien besonders selten genutzt werden (χ^2 = 22,77; p = .01). Dieses Ergebnis läßt sich durch die unterschiedlichen Kooperationsstrukturen erklären. Auch die differenzierte Betrachtung nach Geschlecht oder Alter zeigte keine deutlichen Zusammenhänge. Erwartungsgemäß fanden sich dagegen deutliche Unterschiede bei der fachspezifischen Untersuchung der Antworten.

Tabelle 14: Fachspezifische Auswertung der Angaben „häufig" zur Materialnutzung in Prozent (DF = 6; p ≤ .05)

	De	Ma	Ch	N	χ^2	p
eigenes Unterrichtsmaterial	89,8	72,2	84,4	908	24,61	.01
Schulbuch	65,8	95,4	60,3	910	134,01	.00
weitere Schulbücher	69,6	69,4	65,9	907	9,58	.14
sonstiges Material von Verlagen	72,9	34,0	44,6	889	99,82	.00
fachwissenschaftliche Bücher/Zeitschriften	38	18,6	52,1	989	100,21	.00
Nachschlagewerke	55,9	14,1	37,2	883	148,67	.00
Lehrplan	30	29,8	43,3	864	27,43	.00
fachdidaktische Bücher/Zeitschriften	41,4	17,4	29,6	855	51,43	.00
Tagespresse/Wochenzeitschriften	41,7	10,5	27,7	865	205,42	.00
populärwissenschaftliche Publikationen	24,2	24,2	26,3	826	56,77	.00
Lehrerhandbuch	18,6	18,0	17,6	828	11,57	.07
„graues Material"	23,6	11,7	6,0	823	54,34	.00
Unterrichtspläne von Kollegen	7,3	6,4	4,4	822	16,46	.05

Während in Deutsch und Chemie vor allem das selbst erstellte oder gesammelte Unterrichtsmaterial und eigene Schulbücher verwendet werden und das in der Klasse eingeführte Schulbuch erst an vierter bzw. dritter Stelle steht, nimmt es in Mathematik den ersten Platz bei den genutzten Hilfsmitteln ein. Hier schließen sich das eigene Unterrichtsmaterial und weitere Schulbücher bzw. sonstiges Material von Verlagen an. In Deutsch werden zudem Nachschlagewerke und aktuelles Material wie Tagespresse und Wochenzeitschriften zu Rate gezogen, dies gilt, wenn auch seltener, für Chemie. In Mathematik dagegen spielt dieses Material so gut wie keine Rolle.

Zur Verdeutlichung dient folgende Tabelle, in der das Unterrichtsmaterial für das jeweilige Untersuchungsfach in der Reihenfolge ihrer Nutzung aufgeführt wird.

Tabelle 15: Fachspezifische Reihenfolge des für die Unterrichtsplanung genutzten Materials (Angabe „häufig" in Prozent)

	Deutsch		Mathematik		Chemie	
1	eigenes Unterrichtsmaterial	89,8	Schulbuch	95,4	eigenes Unterrichtsmaterial	84,4
2	sonstiges Material von Verlagen	72,9	eigenes Unterrichtsmaterial	72,2	weitere Schulbücher	65,9
3	weitere Schulbücher	69,6	weitere Schulbücher	69,4	Schulbuch	60,3
4	Schulbuch	65,8	sonstiges Material von Verlagen	34,0	fachwissenschaftl. Bücher/Zeitschriften	52,1
5	Nachschlagewerke	55,9	Lehrplan	29,8	sonstiges Material von Verlagen	44,6
6	Tagespresse/ Wochenzeitschriften	41,7	populärwissenschaftliche Publikationen	24,2	Lehrplan	43,3
7	fachdidaktische Bücher/Zeitschriften	41,4	fachwissenschaftl. Bücher/Zeitschriften	18,6	Nachschlagewerke	37,2
8	fachwissenschaftl. Bücher/Zeitschrift.	38,0	Lehrerhandbuch	18,0	fachdidaktische Bücher/Zeitschriften	29,6
9	Lehrplan	30,0	fachdidaktische Bücher/Zeitschriften	17,4	Tagespresse/ Wochenzeitschriften	27,7
10	populärwissenschaftliche Publikationen	24,2	Nachschlagewerke	14,1	populärwissenschaftliche Publikationen	26,3
11	„graues Material"	23,6	„graues Material"	11,7	Lehrerhandbuch	17,6
12	Lehrerhandbuch	18,6	Tagespresse/ Wochenzeitschriften	10,5	„graues Material"	6,0
13	Unterrichtspläne von Kollegen	7,3	Unterrichtspläne von Kollegen	6,4	Unterrichtspläne von Kollegen	4,4

Detailliertere Informationen zur Bedeutung und dem Einsatz des jeweiligen Unterrichtsmaterials sowie einige Gründe für diese fachspezifischen Unterschiede finden sich wiederum in den Aussagen der interviewten Lehrkräfte. Dabei ist aber zunächst zu berücksichtigen, daß an der untersuchten Integrierten Gesamtschule in Deutsch und Mathematik das an der Schule über Jahre gesammelte, gemeinsam erstellte Unterrichtsmaterial das zentrale Hilfsmittel für die Unterrichtsvorbereitung darstellt. Dies besonders umfangreiche und detaillierte Unterrichtsmaterial wird von Zeit zu Zeit von den Lehrerinnen und Lehrern reihum überarbeitet.

Übereinstimmend begrüßen die Lehrkräfte die Existenz und Verwendung dieses durch die Fachkoordination des jeweiligen Jahrgangs überarbeiteten und bestätigten Unterrichts- und Arbeitsmaterials, weil es damit u. a. möglich wird, den eigenen Planungsaufwand deutlich zu reduzieren.

„In der Regel genügt das, was in der Fachkoordinierung an Materialien gemeinsam entwickelt und vorbereitet wurde." (I1-De-w)

Dabei fällt die Auswahl aus dieser Fülle von Material, das sowohl durch Jahrgangskoordinatoren als auch durch Mitarbeiterinnen und -mitarbeiter in der Bibliothek und die Lehrkräfte selber zusammengetragen wird, schwer.

„In den letzten Jahren ist für die Förderstufe sehr viel Material entstanden. Nicht nur innerhalb der Schule, sondern auch bei den Verlagen mittlerweile. Ob das Karteikarten sind oder zusätzliche Arbeitsblätter, Kopiervorlagen, auch Sachen zum Basteln oder zum Spielen. Da weiß ich gar nicht, was ich jetzt nehmen soll." (I1-Ma-w)

Neben diesen Unterrichtsvorlagen wird sowohl in Deutsch als auch in Mathematik gemeinsam erstelltes umfangreiches Arbeitsmaterial für die Lernenden gedruckt und ausgegeben. Es handelt sich hierbei um eine (meist nach der Stofflogik geordnete) Sammlung von Arbeitsblättern mit vielfältigen Übungsaufgaben, Übersichten, Merksätzen, Beispielen u. ä.

„Die Kinder haben ihre Wochenarbeitspläne. Da steht es genau drin: Wir fangen heute mit der Bruchrechnung an. Da gibt es 12 Arbeitsblätter. Das können die sich ganz individuell erarbeiten, weil es kleinschrittig aufgebaut ist, was mit einem Buch nie geht." (I9-Ma-m)

Zudem verfügen die Deutsch- und Mathematiklehrkräfte über private Materialsammlungen zu Hause, die zur Ergänzung des gemeinsam erstellten Materials verwendet werden, z. B. wenn an einigen Stellen bei Schülerinnen und Schülern Probleme auftauchen. In Chemie ist dieser Bearbeitungsstand noch nicht erreicht, aber auch hier versuchen die Lehrkräfte, solches Unterrichtsmaterial zu entwickeln. Bisher arbeiten sie aber noch mit den individuellen Materialsammlungen. Die Aussagen aller IGS-Lehrkräfte zu diesen *individuellen* Materialsammlungen und ihrem Einsatz werden im folgenden zusammen mit den Äußerungen der Lehrkräfte des Gymnasiums und der kooperativen Gesamtschule thematisch sortiert dargestellt.

5.4.2 Schulbücher - Grundlage der Unterrichtsvorbereitung

Schulbücher haben, wie in der schriftlichen Befragung deutlich wurde, die zentrale Bedeutung für die Unterrichtsplanung - und zwar nicht allein das derzeit eingeführte Schulbuch, sondern daneben auch andere in größerer Zahl. Fast alle Lehrerinnen und Lehrer berichten, daß sie eine ganze Sammlung von Lehrbüchern besitzen und (wenn auch in unterschiedlichen Maße) benutzen. Dabei handelt es sich um mehrere Schulbuchgenerationen unterschiedlicher Verlage, aus denen Lehrkräfte Anregungen für die Gestaltung des eigenen Unterrichts entnehmen.

„Ich hab' eine Palette von Schulbüchern zu Hause. Klar gibt es drei, vier, mit denen man gerne arbeitet. Wenn ich ein Thema habe, dann guck' ich ganz gezielt nach." (K12-De-w)

In der Regel sind auch die neuesten Ausgaben dabei. Dies erweist sich als vorteilhaft, da die Schülerinnen und Schüler aus finanziellen Gründen häufig noch mit alten Auflagen arbeiten müssen. So wurden z. B. im Mathematikunterricht des untersuchten Gymnasiums Schulbücher aus dem Jahre 1979 bzw. aus den 80er Jahren verwendet. Auch an der Kooperativen Gesamtschule wurde beklagt, daß keine ausreichenden Mittel zur Verfügung stehen, um häufiger neue, moderne Lehrbücher zu kaufen.

„Im Prinzip muß man damit rechnen, daß mindestens fünf Schülergenerationen, eher mehr, mit diesem Lehrbuch arbeiten müssen." (K7-Ma-m)

Bei den meisten Lehrkräften stapeln sich daher mehrere Generationen Schulbücher aus denen dann geeignete Darstellungen, Aufgaben oder Texte entnommen und über Arbeitsblätter im Unterricht eingesetzt werden, um im Bedarfsfall den „Modernitätsverlust" der eingeführten Schulbücher auszugleichen.

Bei der Verwendung von Schulbüchern finden sich deutliche fachspezifische Unterschiede: Vor allem im Fach Mathematik hat das Schulbuch eine zentrale Bedeutung bei der Unterrichtsvorbereitung. Alle elf befragten Mathematiklehrerinnen und -lehrer gaben an, das eingeführte Schulbuch für die Unterrichtsplanung zu verwenden. Dies gilt für die Vorbereitung von Unterrichtseinheiten, Einzelstunden aber auch für die langfristige Planung. Das eingeführte Schulbuch wird, je nach der individuellen Beurteilung, als didaktische Vorlage oder eher als Anregung aufgefaßt. Obwohl die an die Schülerinnen und Schüler ausgegebenen Mathematikbücher in der Regel schon älter sind, werden sie von allen befragten Lehrkräften zumindest als Aufgabensammlung eingesetzt und stellen das Hauptarbeitsmittel für die Lernenden dar.

„Hauptgrundlage muß in erster Linie unser Lehrbuch sein, weil das ja auch für die Hand der Schüler ist." (K7-Ma-w)

Zwei Lehrer übernehmen sogar alle Vorgaben des Schulbuches für den Unterricht, um ihren Schülerinnen und Schülern so die Möglichkeit zu geben, mit Hilfe des Buches - wenn nötig - selber Themen und Inhalte zu wiederholen.

5 Die Ergebnisse der Untersuchungen

„Es gibt häufiges Fehlen. Dann ist es günstig, wenn die Schüler sich am Buch orientieren können. Ich wähle auch ganz bewußt die Schreibweise, die das Buch vorgibt, ... damit der Schüler nicht umlernen muß." (K1-Ma-m)

Für den Umgang mit dem in der Klasse eingeführten Schulbuch ist aber vor allem entscheidend, ob die vorgegebenen didaktischen Konzeptionen, Einführungsbeispiele, Aufgaben usw. mit den Vorstellungen der Lehrerin oder des Lehrers übereinstimmen. Weichen die Vorgaben von den Auffassungen der Lehrkräfte ab, oder erscheinen sie als nicht angemessen für die jeweilige Lerngruppe, werden weitere Lehrbücher gesichtet. Gegebenenfalls wird auch eigenes Material wie Arbeitsblätter und Folien verwertet oder entwickelt.

„Ich nutze das Buch insofern, daß ich gucke, ist da was Brauchbares drin. Und dann nehme ich das Buch, soweit ich kann und gebe Arbeitsblätter hinein, wo ich es gerne anders hätte." (G8-Ma-w)

Neben dem eingeführten Schulbuch werden daher von acht der elf befragten Lehrkräfte auch weitere Schulbücher für die Unterrichtsplanung genutzt. Insgesamt übernehmen Schulbücher für die Planung des Mathematikunterrichts zentrale Funktionen. Sie dienen

- für die Grobplanung zu Beginn des Schuljahres, aber auch im laufenden Schuljahr als Darstellung des Curriculums und der Fachsystematik für die Lehrkraft,

„Das Inhaltsverzeichnis der Bücher, des Mathematikbuches jeweils, ist für mich mehr oder weniger Richtlinie für meine Planung. Die Buchautoren haben als Grundlage die Lehrpläne. Und wir als Lehrer sollen das Ganze umsetzen und nehmen daher mehr oder weniger das Inhaltsverzeichnis des Buches als unsere Richtschnur." (K4-Ma-m)

- als Hilfsmittel für die Vorbereitung von Unterrichtseinheiten und Einführungsstunden

„Alle gängigen Lehrwerke habe ich eigentlich zu Hause stehen für die Mittelstufe, also die weit verbreitet sind. Daraus suche ich mir das zusammen, was ich grade für die einzelnen Unterrichtseinheiten am besten finde." (G7-Ma-m)

- und/oder als Aufgabensammlung für die Vorbereitung von Übungsstunden.

„Ich habe zu Hause praktisch von allen Verlagen zu jeder Jahrgangsstufe die Bände stehen. Da guckt man mal hinein. Wie wird das eigentlich da gemacht? Gibt's da schönere, schwerere, leichtere, passendere Aufgaben? Und verwendet man dann." (G6-Ma-m)

Letztendlich orientierten sich alle Mathematiklehrkräfte am Schulbuch, dabei wird oft eine akzeptable Vorgehensweise des Buches übernommen und nicht nach anderen Wegen gesucht. Dieses Vorgehen dient einmal der Arbeitsersparnis, und zudem wird dies auch, wie die Lehrkräfte ausführten, mit Rücksicht auf die Schülerinnen und Schüler getan, die durch das übereinstimmende Vorgehen in Unterricht und Lehrbuch den Stoff zu Hause leichter nacharbeiten könnten. Wählt die Lehrerin oder der Lehrer dagegen ein anders Vorgehen, wird häufig viel Text für die Schülerhefte oder Arbeitsblätter erstellt, damit die Kinder anhand dieser Unterlagen den Stoff nachvollziehen können. In diesem Fall dient das Schulbuch nur als Aufgabensammlung.

„Das Mathematikbuch ist für mich eigentlich eine Aufgabensammlung. Die Einführung mach' ich so, wie ich es denke, nicht unbedingt nach dem vorgegebenen Buch. Das richtet sich danach, was für Schüler ich vor mir sitzen habe." (K3-Ma-m)

Während über die Schulbücher der Mathematikunterricht bereits weitgehend inhaltlich und fachdidaktisch vorstrukturiert wird, übernehmen sie bei der Planung des Deutschunterrichts weniger tragende Funktionen. Das eingeführte Schulbuch und weitere Lesebücher werden hier vor allem als Textsammlungen verwertet.

„In Deutsch wird von jedem Buch ein Viertel bis ein Achtel genutzt. Und der Rest nicht. Der Rest ist immer wieder eigenes Material suchen, weil man nie mit dem zufrieden ist, was da drin ist." (G2-De-w)

Für die Unterrichtsplanung werden dann häufig weitere Schulbücher gesichtet und nach geeigneten Texten oder Aufgaben durchsucht, die das Thema treffender darstellen oder für die jeweilige Lerngruppe ansprechender erscheinen.

„Bei Texten ist es so, habe ich das Gefühl, daß ich zwei, drei Texte aus dem Buch nehmen kann. Da merke ich, es ist ein Interesse dafür Abenteuergeschichten, dann denk ich, da kannst du ruhig noch zwei, drei weitere bringen. Dann fange ich an zu wühlen und gucke mir sämtliche Schulbücher, die greifbar sind, an, um zu sehen, was da zu dem Thema angeboten wird." (G2-De-w)

Für die Planung des Chemieunterrichts verwenden die Lehrkräfte nach eigenen Aussagen vor allem eigenes Material und/oder private aktuelle Schulbücher. Die in den Klassen eingeführten Schulbücher werden dagegen von den Lehrkräften an allen drei Schulen weitgehend als unbrauchbar eingestuft, da sie überaltert sind und nur von einer Lehrerin und einem Lehrer ab und zu eingesetzt.

„Da kann man nicht mit arbeiten. Keines dieser Schulbücher; die wir hier haben, können Sie konform oder parallel mit dem Unterricht benutzen. Wir haben Schulbücher, die sind z. T. von 1970." (G10-Ch-w)

Unabhängig vom Unterrichtsfach wurde in den Interviews deutlich, daß die Lehrkräfte zwar häufig die eingeführten Schulbücher aus unterschiedlichen Gründen nicht nutzen können oder wollen, es aber am liebsten täten, da diese Vorlagen, wenn sie mit den Vorstellungen der Lehrerin oder des Lehrers übereinstimmen, prinzipiell für die Planung eine erhebliche Erleichterung darstellen, wie auch weiter unten in dieser Arbeit bei den Aussagen zu gewünschten Planungsunterlagen deutlich wird.

5.4.3 Eigene Materialsammlungen

Neben den Schulbüchern entnehmen die Lehrerinnen und Lehrer die meisten Anregungen für ihren Unterricht dem eigenen Archiv, dem über viele Jahre gesammelten Material wie selbst erarbeiteten, fertigen Unterrichtseinheiten, Folien, Filmen, Texten, Arbeitsblättern, Bildern, Karteien usw. Je nach den individuellen Vorlieben und Bedürfnissen sind diese Materialsammlungen z. T. sehr ordentlich nach Jahrgängen, Unterrichtseinheiten oder Themen sortiert und in Ordnern, Kisten oder im PC archiviert. Andere Lehrkräfte verzichten auf eine detaillierte Strukturierung des eigenen Materials. Dabei ist die Form der Aufbewahrung unabhängig vom Fach, Alter, der Schulform und anderen Rahmenbedingungen, sondern allein eine „Typfrage".

„Manchmal habe ich noch ein Arbeitsblatt aus vorangegangenen Vorbereitungen. So hab' ich die Ablagen dann auch nach Jahrgängen. Es ist nicht so sehr systematisch. Es gibt Kollegen, die das mehr nach Inhalten ordnen und so, die können da natürlich noch schneller abrufen." (K12-De-w)

Um eine kontinuierliche Aktualisierung der eigenen Materialsammlung sind vor allem die Chemie- und Deutschlehrkräfte bemüht (drei von acht bzw. vier von zehn; die sechs Deutschlehrkräfte an der IGS aktualisieren gemeinsam ihr Material), um damit stets neues, die Lerngruppe ansprechendes Material für den Unterricht verwenden zu können. Dazu werden Artikel aus Zeitschriften, der Tagespresse usw. ausgeschnitten, oder Info-Broschüren von Firmen und Konzernen angefordert. Mathematiklehrkräfte dagegen bemühen sich seltener um die Aktualisierung des zu vermittelnden Stoffes. Nur einer der elf befragten Mathematiklehrerinnen und -lehrer sucht kontinuierlich nach aktuellem Material, um den Alltagsbezug herzustellen. (Er verwendete z. B. einen Artikel über die Landtagswahl als Aufhänger für die Prozentrechnung.)

Neben dem eingeführten Schulbuch nutzen neun der elf befragten Lehrkräfte für die Planung des Mathematikunterrichts zusätzlich selber erstellte, von Verlagen oder Kollegen übernommene Arbeitsblätter.

„Wenn ich also die Reihenfolge festlegen sollte, womit am meisten gearbeitet wird, dann ist das in erster Linie das Lehrbuch. Dann kommen parallel dazu, bei mir jetzt selbstgefertigte Arbeitsblätter, und ich habe da auch eine Menge Folien gesammelt." (K5-Ma-m)

Die zentrale Bedeutung des Schulbuchs für die Unterrichtsplanung in Mathematik übernimmt in Deutsch in den unteren Jahrgängen die eigene Materialsammlung, die vor allem Texte, Zeitungsausschnitte, Bilder, Arbeitsblätter und fertige Unterrichtseinheiten beinhaltet. Auf diesen Fundus wird insbesondere dann zurückgegriffen, wenn in den Schulbüchern keine geeignet erscheinenden Vorlagen zu finden sind. Dies gilt speziell für den Grammatikunterricht in der 5. und 6. Klasse.

„Mir gefällt z. B. der Grammatikaufbau in keinem der Sprachbücher, die wir haben. Ich mache immer dafür meinen eigenen Arbeitsblätter." (G2-De-w)

Alle vier Lehrkräfte, die in diesen Jahrgängen unterrichten, verwenden zur Vermittlung der Grammatik oder Rechtschreibung selber erstellte oder von Vorlagen oder Kollegen übernommene Arbeitsblätter.
Für die Vorbereitung von Themenschwerpunkten oder Unterrichtseinheiten, wie „Gedichte", „Erörterung" usw., nutzen die fünf befragten Lehrkräfte am Gymnasium vor allem aktuelle Schulbücher und Zeitschriften, aber auch andere Texte und Unterlagen aus der eigenen Materialsammlung.

„Wo ich eine ganze Menge selber gemacht habe, das war - auch Arbeitsblätter - als ich das Thema Aufsatz gemacht habe, das waren Bildergeschichten. Da hab' ich nichts gefunden, was mir gefallen hätte." (G5-De-w)

Die fünf Lehrkräfte an der untersuchten Kooperativen Gesamtschule dagegen bereiten ihren Unterricht vor allem mit Texten und Arbeitsblättern aus den eigenen Materialsammlungen vor, zwei sichten zusätzlich die gesammelten Schulbücher.

„Mittlerweile habe ich schon einen Fundus von Arbeitsmaterialien. ... Früher hab' ich viel mehr Arbeitsblätter selber hergestellt. Die reichten nie an die Qualität heran, die jetzt so angeboten wird. Ich mach' das heute noch so, daß ich viele Übungsmaterialien einsetze, die schon vorgegeben sind." (K12-De-w)

Eine Lehrerin arbeitet vor allem mit erprobten, selbst erstellten fertigen Unterrichtseinheiten.

Die sechs Deutschlehrkräfte an der Integrierten Gesamtschule nutzen wie erwähnt vor allem das gemeinsam erarbeitete oder in der Schule vorhandene Material.

Für die Chemielehrerinnen und -lehrer stellen die eigenen Materialsammlungen das zentrale Hilfsmittel bei der Vorbereitung dar. Alle acht befragten Lehrkräfte besitzen eine eigene, z. T. sehr umfängliche Materialsammlung, die zusammen mit aktuellen Schulbüchern für die Unterrichtsvorbereitung herangezogen wird. Zusätzlich sucht und sammelt die Hälfte der befragten Chemielehrkräfte kontinuierlich Zeitungsartikel, Material von der chemischen Industrie, Produktinformationen, fertige Foliensammlungen von Industrieverbänden, Filmmaterial usw., um den Unterricht aktuell und alltagsorientiert gestalten zu können.

„Ich habe eine Sammlung, wo alles mögliche drin ist: Folien, Arbeitsblätter, Zeitungsartikel. Ich habe z. B. einen Ordner, da steht drauf 'Lebensmittelchemie', so eine Pappkiste, da ist alles mögliche drin. ... Da kann ich rausziehen, was ich gerade so brauche. Ist zwar mühsam, aber ich kenne kein besseres System für mich." (K14-Ch-m)

5.4.4 Weiteres für die Vorbereitung genutztes Material

Neben den eigenen Materialsammlungen, dem Schulbuch und weiteren Schulbüchern werden für die tägliche Unterrichtsvorbereitung z. T. auch

Fachzeitschriften, Lexika, die Tagespresse usw. herangezogen. Dieses Material spielt allerdings eine stark untergeordnete Rolle. Chemielehrkräfte arbeiten außerdem mit Videos und Bildern z. B. aus Schulfunk, Schulfernsehen und dem Telekolleg inklusive dem dazugehörigen Material, aber auch Uni-Lehrbücher werden von einer Lehrerin des Gymnasiums verwendet. Auch in Deutsch werden Filme und Kassetten, ebenso aktuelle Jugendliteratur bei der Planung berücksichtigt. Zur Veranschaulichung werden in Mathematik teilweise Modelle von Körpern aller Art mitgebracht.

In den Interviews wurden lediglich von zwei Deutsch-, einer Mathematik- und drei Chemielehrkräften die entsprechenden Fachzeitschriften als Vorbereitungshilfe erwähnt. Aus diesen werden vor allem neue und aktuelle Texte oder Anregungen entnommen.

„Ich arbeite recht wenig mit dem Schulbuch. Mehr mit Zeitschriften wie 'Natur' und 'Bild der Wissenschaft'. Aus den verschiedenen Texten wird dann einer gemacht, so daß es ein Arbeitsblatt wird mit entsprechenden Fragestellungen dazu. Das kriegen dann die Kinder." (I8-Ch-w)

Andere Lehrerinnen und Lehrer stuften die Fachzeitschriften dagegen als weitgehend unbrauchbar für die Unterrichtsvorbereitung ein:

„Fachzeitschriften? Sind in Mathematik keine Hilfe gewesen. Ja, es gibt so ein blaues Heft, das habe ich in Serie gehabt. Das war mir dann zu abgehoben, und da hab' ich es dann irgendwann abbestellt." (G8-Ma-w)

Zwei Deutsch- und eine Chemielehrerin sichten regelmäßig die Tagespresse auf der Suche nach aktuellen Vorlagen.

„Die Tageszeitung wird regelmäßig durchgeblättert, ob irgendein Artikel drin ist, den man gebrauchen kann. Da hat man also fast jeden Tag irgendwo was, das man rausnimmt. Dann wird das halt z. T. umgearbeitet, zusammengeschnitten und aus verschiedenen Texten einer gemacht." (I8-Ch-w)

Nur ein Mathematiklehrer nutzt zusätzlich die Lehrerhandbücher zum Schulbuch, weil sie methodische Anregungen und effektive Kontrollmöglichkeiten anbieten.

„Ich habe die Lehrerbände zu den jeweiligen Schülerbänden. Da sind ja auch die entsprechenden Kapitel noch mal beschrieben. Und es wird auf Schwerpunkte hingewiesen. Gleichzeitig sind diese Hefte sehr schön, weil sie die Ergebnisse für die Übungsaufgaben liefern. Es ist also für mich möglich, schnell viele Schüler zu kontrollieren, zu sehen, was sie machen." (K11-Ma-m)

Ein anderer Mathematiklehrer dagegen empfindet diese Begleitbücher für erfahrene Lehrkräfte als überflüssig.

„Was ich nicht verwende, sind irgendwelche didaktischen Hilfsmittel. Z. B. gibt es zu jedem Schulbuch einen Lehrerband, in dem noch solche Hilfestellungen didaktischer Art

gegeben werden oder methodischer Art. Ich glaube, irgendwann braucht man das nicht mehr." (G6-Ma-m)

Außerdem wurde in den Interviews noch fertiges Unterrichtsmaterial wie Folien, Filmmaterial, Rechtschreibekarteien, Veröffentlichungen von Fachverbänden usw. genannt.

„Ich gucke mir neue Dinge an. Was gibt's an neuen Arbeitsblättern, was bieten Lehrmittel- und Schulbuchverlage, was bietet vielleicht noch die Chemieindustrie an?" (I1-Ch-m)

Dieses zusätzlich Material wird vor allem zur Aktualisierung des Unterrichts verwendet, oder wenn weder in den gesammelten Schulbüchern noch in den eigenen Materialsammlungen ansprechende oder schülergemäße Vorlagen gefunden werden. In diesem Bereich sind auch noch Wünsche an Unterrichtsmaterial offen. Zwar gäbe es ein sehr umfangreiches, teils unüberschaubares Angebot an Unterrichtsmaterial, ...

„Materialien, denk ich, gibt es ansonsten sehr viele. Eigentlich schon zu viele. Man kann sie gar nicht alle überblicken." (G7-Ma-m)

... einige Lehrkräfte, vor allem fachfremd unterrichtende, aber auch andere, die lange im Beruf stehen, wünschen sich dennoch zusätzliche oder neue Anregungen für die konkrete Gestaltung des Unterrichts.

„Was mir eine Hilfe für Matheunterricht wäre, das wäre, wenn es dann z. B. unterschiedliche Einstiegsmöglichkeiten gäbe, die erläutern: Was führt zu welchem Ziel? Ich glaube, so etwas wäre für mich am meisten eine Hilfe." (G8-Ma-w)

So fehlten realistische Vorschläge und Anregungen in den bereits existierenden Fachzeitschriften; fachdidaktische und fachmethodische Handreichungen, die verschiedene Unterrichtsvarianten interpretieren und insbesondere interessante, die Schülerinnen und Schüler anregende Unterrichtseinstiege zu konkreten Themen. Ausführlich ausgearbeitete Stundenabläufe bzw. detaillierte Beschreibungen von Unterrichtseinheiten dagegen erscheinen als zu einengend und stehen nicht auf der Wunschliste.

„Einzelne wirklich ausgearbeitete Stundenabläufe oder Einheiten halte ich für mich nicht für so interessant. Weil da ganz schnell Enge entsteht. Man merkt das selbst. Ich hab ja selbst bestimmt Dinge auch mal produziert. Ich möchte gern verstehen: Was steckt dahinter, was ist damit gemeint?" (G1-De-m)

Vor allem die Chemielehrerinnen und -lehrer beklagten den Mangel an brauchbaren Unterrichtsvorlagen und wünschen sich bessere und aktuellere Schulbücher.

„Richtig gute Bücher sind ein unheimlicher Mangel. ... Ich fänd's gut, wenn wir ein wirklich gutes Buch hätten, das auch aktuelle Beispiele hat." (G3-Ch-w)

Zu diesen Schulbüchern sollte es Ergänzungsmaterial, aufbereitete Unterrichtseinheiten, Kopiervorlagen usw. geben.

„Ideal sind immer diese Bücher, da sind so kleine Unterrichtseinheiten abgedruckt mit Arbeitsblättern. Die sind gut, die kann man auch kopieren und verwenden."
(I7-Ch-m)

Außerdem brauchte man aktuellere Filme oder Videos, da die offiziellen Unterrichtsmittel häufig überaltert seien.

„Es sind relativ alte Tabellen oder Graphiken. Auch die Filme von der Bildstelle sind teilweise eine Katastrophe. Es müßte ein bißchen aktueller sein. Wir machen uns jetzt schon Videoaufzeichnungen von Sendungen im Fernsehen, die man eigentlich nicht im Unterricht zeigen darf." (I10-Ch-w)

5.4.5 Lehrpläne und Schulcurriculum - Orientierung für die langfristige Planung

Im Gegensatz zu den Lehrbüchern und dem eigenen oder gemeinsam erstellten Material spielen Lehrpläne in der täglichen Unterrichtsvorbereitung nur eine unbedeutende Rolle. Nach Aussagen der Lehrerinnen und Lehrer in den Interviews haben die Lehrpläne vor allem eine Legitimationsfunktion gegenüber Eltern, der Öffentlichkeit, dem Kultusministerium oder vielleicht auch gegenüber Kolleginnen und Kollegen. Eine weitere wichtige Funktion sei die Sicherstellung der einheitlichen Qualifizierung der Schülerinnen und Schülern, was vor allem bei Übergängen jeglicher Art (von Schulstufe zu Schulstufe, innerhalb der Schulen und beim Schulwechsel) oder Abschlüssen wichtig sei. Für die persönliche Unterrichtsvorbereitung spielen sie hingegen eine deutlich untergeordnete Rolle. Sie üben dort nur indirekten Einfluß über die Schulcurricula oder Schulbücher aus, denen sie als Basis für die Themenauswahl dienen.

Wie im Abschnitt 5.3 deutlich wurde, werden die Schulcurricula, seltener die Lehrpläne, von den einzelnen Lehrkräften für die langfristige Planung zu Beginn des Schul- oder Halbjahres herangezogen. Mehrfach wurde bestätigt, daß die schulinternen Pläne eine weitaus höhere Autorität und Akzeptanz für die individuelle Planungstätigkeit besitzen als die gültigen Lehrpläne. Dabei orientieren sich die Lehrerinnen und Lehrer zwar häufig an der vorgegeben Reihenfolge, aber auch an ihren über Jahren hinweg gesammelten Erfahrungen und versuchen dann, die Unterrichtsplanung - individuell oder wie an der IGS kooperativ - auf die konkreten Unterrichtsbedingungen möglichst „maßgerecht" zuzuschneiden. Der Bezug zum Schulcurriculum erübrigt nach Meinung fast aller Befragten eine Vergewisserung in den Rahmenrichtlinien. Auf diesen Zusammenhang von Schulcurriculum und Rahmenrichtlinien könne man sich verlassen.

„Meine Sicherheit, daß ich nicht gegen die Rahmenrichtlinien verstoße, rührt daher, daß ich der Meinung bin, daß das Schulcurriculum auf den Rahmenrichtlinien basiert. Ich vertraue darauf und gucke, wenn überhaupt, dann nur noch ins Schulcurriculum."
(G3-De-m)

Die Lehrkräfte an der Kooperativen Gesamtschule und dem Gymnasium betonen aber auch, daß es durch die jahrelange Gültigkeit dieser Jahresstoffverteilungspläne nicht mehr erforderlich sei, die Pläne in die Hand zu nehmen. Man habe sie verinnerlicht und bereits mehrfach realisiert, so daß im Prinzip klar sei, was im jeweiligen Schuljahr behandelt werden soll. Insgesamt liegt ein großzügiger, meist erfahrungsgesteuerter Umgang mit diesen schulinternen Plänen vor.

„Eigentlich richte ich mich schon nach den schulinternen Plänen. Deshalb haben wir sie ja aufgestellt. Es hat jeder diese Pläne bekommen und müßte sie auch haben. Sie sind ein bißchen darauf abgestimmt auf das, was wir so aus Erfahrung meinen, das müßte eigentlich gemacht werden. Sie stimmen im großen und ganzen auch mit den alten Rahmenrichtlinien überein. Sie sind allerdings auch nur Stoffangaben." (K3-Ma-m)

Für die tägliche Unterrichtsvorbereitung werden Lehrpläne und Schulcurricula so gut wie nie verwendet. Dabei ist die Bedeutung der schulischen Stoffverteilungspläne am Gymnasium besonders gering. Hier wird fast alles individuell entschieden und bedarf kaum einer Rechtfertigung im Kollegium. Daher orientieren sich drei der elf befragten Lehrerinnen und Lehrer an dieser Schule zur Absicherung am gültigen Lehrplan. Auch an der Kooperativen Gesamtschule gibt es im Grunde keine starke Verbindlichkeit des Schulplans, weil das Kollegium sehr vehement auf die schwache Leistungsfähigkeit der Kinder verweist. Unterrichtsplanung orientiere sich daher eher an dem geringen Niveau der Schülerinnen und Schüler als an Vorgaben aus Lehrplänen oder den schulinternen Curricula. Nur wenige Lehrkräfte (drei von 35) vergleichen im laufenden Schuljahr ihr Vorgehen oder die Reihenfolge der Inhalte und Themen mit diesen Vorgaben, ...

„Ich benutze die Rahmenrichtlinien dann auch, indem ich ab und zu mal reingucke und gucke, was ich eigentlich alles gemacht habe, was jetzt so dran ist, oder ob ich etwas vergessen habe in der Eile." (G8-Ma-m)

... oder nehmen die Schulcurricula bei der Planung von Unterrichtseinheiten zur Hand.

„Ich gucke auch erst in unser schulinternes Curriculum, strukturiere mir das ein bißchen. Und dann gucke ich: Wo steht das eigentlich im Lehrbuch, kann ich das so verwenden, oder finde ich vielleicht selber noch eine sinnvollere Verbindung. Und danach gehe ich eigentlich vor?" (K7-Ma-m)

5.4.6 Zusammenfassung

Für die alltägliche Unterrichtsvorbereitung greifen die befragten Lehrerinnen und Lehrer vor allem auf das eigene Material (76 %), das eingeführte Schulbuch (75 %), weitere Schulbücher (67 %) oder Unterrichtsmaterial von Verlagen zurück (50 %). Dabei erfüllen die Schulbücher - sowohl das derzeit eingeführte als auch weitere Schulbücher - bei der Unterrichtsplanung vielfältige Funktionen. Sie dienen als Hilfsmittel für die Vorbereitung von Unterrichtseinheiten und Einführungsstunden, als methodischer Leitfaden, als Arbeitsmittel für die Unterrichtsstunde, zur Einführung in einen neuen Sachverhalt, als Grundlage für selbständiges Erarbeiten, als Aufgabensammlung, Nachschlagewerk für die Schülerinnen und Schüler u. v. m. Daher verfügen alle befragten Lehrkräfte über einen mehr oder weniger geordneten Fundus an Schulbüchern mehrerer Generationen; darüber hinaus häufig auch über zahlreiche Aufgabenblätter, fertige Unterrichtseinheiten u. ä. Dieses Archiv, die eigene Materialsammlung, wird vor allem dann genutzt, wenn die Vorgaben im eingeführten Schulbuch nicht mit den Vorstellungen der Lehrerin, des Lehrers übereinstimmen, da das Buch zu alt ist oder sich darin keine geeignet erscheinenden Texte, Aufgaben usw. finden lassen. Dieser Mangel wird dann mit selbst erstellten Arbeitsblättern oder selber formuliertem Text für die Schülerhefte behoben. Zusätzliche Anregungen für die Unterrichtsplanung entnehmen die Lehrkräfte teilweise auch fachwissenschaftlichen Büchern oder Zeitschriften (38 %), Nachschlagewerken (37 %), oder aktuellem Material wie der Tagespresse und Wochenzeitschriften (29 %). Didaktische Literatur lesen nach eigenen Angaben knapp 30 % der schriftlich befragten Lehrkräfte häufig - im Gegensatz dazu wird dieses Material von keiner Lehrkraft in den Interviews erwähnt. - Ausgearbeitete Vorlagen wie die Lehrerbegleithandbücher (19 %) zu dem jeweils eingeführten Schulbuch und fertige Unterrichtseinheiten (14 %) dagegen rangieren eher auf den unteren Plätzen.

Immerhin 34 % der in der schriftlichen Erhebung befragten Lehrkräfte gaben an, Lehrpläne häufig bei der Unterrichtsplanung zu nutzen. Im Gegensatz dazu werden die gültigen Lehrpläne an den drei untersuchten Schulen, wenn überhaupt, nur bei der individuellen Vorbereitung zu Beginn des Schuljahres verwendet. An ihre Stelle treten die schulinternen Stoffverteilungspläne, die als adäquater und schul- bzw. klassenangemessener „Extrakt" der Lehrpläne betrachtet werden. Ihre wesentliche Funktion bei der Unterrichtsplanung ist die der Festlegung bzw. Auswahl des Stoffpensums für einen Zeitabschnitt, meist für ein Schuljahr, im Falle des Gymnasiums auch für das Halbjahr. Hierbei besitzt das Schulcurriculum unbestritten das Primat gegenüber dem Schulbuch, obwohl letzteres in Mathematik oder Chemie zusammen mit der fachinternen Logik bei diesem Planungsschritt ebenfalls einen wichtigen Orientierungsfaktor darstellt.

Bezüglich der Materialnutzung ließen sich weder schulform- noch alters- oder geschlechtsspezifische Besonderheiten ausmachen. Es gibt aber deutliche Unterschiede zwischen den einzelnen Untersuchungsfächern: Während in Deutsch und Chemie vor allem das eigene Unterrichtsmaterial und weitere Schulbücher verwendet werden und das Schulbuch erst an vierter bzw. dritter Stelle steht, nimmt es in Mathematik den ersten Platz bei den genutzten Hilfsmitteln ein. Hier schließen sich das eigene Unterrichtsmaterial und weitere Schulbücher bzw. sonstiges Material von Verlagen an. In Deutsch werden zudem Nachschlagewerke und aktuelles Material wie die Tagespresse und Wochenzeitschriften zu Rate gezogen, dies gilt auch, wenn auch seltener, für Chemie. In Mathematik dagegen spielt dieses Material so gut wie keine Rolle.

5.5 Das Planungsergebnis

Wie in den vorangegangenen Kapiteln deutlich wurde, vergegenwärtigt sich die Lehrkraft bei der Planung in Form einer kurzen Rekapitulation die Abfolge und Phasen der Unterrichtsstunde. Je nach Ausführlichkeit der Planung gruppieren sich darum Überlegungen zu Sozialformen, zur Darstellung usw. Das Planungsprodukt kann ein schriftliches Konzept, eine andere Form schriftlicher Vorbereitung, z. B. das Erstellen von Arbeitsblättern und Material, oder die rein gedankliche Vorstellung von der Stunde ohne schriftliches Konzept sein.
Im folgenden werden die Interviewzitate angeführt, die sich auf die schriftliche Unterrichtsplanung beziehen. Da keine schulformspezifischen Unterschiede festzustellen waren, bezieht dieser Punkt der Auswertung die Antworten aller Interviewpartner (N = 35), auch der IGS-Lehrkräfte, mit ein. Insgesamt äußerten sich 32 Lehrkräfte zu diesem Punkt.

5.5.1 Schriftliche oder gedankliche Konzepte

Weit über die Hälfte der befragten Lehrkräfte hält die Planungsergebnisse schriftlich fest, nur wenige verzichten völlig darauf. Dabei erfüllen die schriftlichen Planungsnotizen unterschiedliche Funktionen, angefangen von der eigenen Beruhigung, ausreichend vorbereitet zu sein ...

„Ich schreibe mir immer etwas auf. Ich kann dann einfach besser einschlafen, wenn ich das Papier in der Tasche habe. Daß ich mich im Unterricht nicht immer daran halte, ist ja kein Widerspruch." (G4-De-w)

... über die Strukturierung des Planungsprozesses an sich, bis hin zur konkreten Handlungsanweisung für den Unterricht. Die Planungsnotizen dienen in dem Fall quasi als Gedächtnisstütze, die während der Stunde verwendet wird.

„Ich notiere mir etwas, weil sonst durch die Ereignisse im Unterricht, durch die ich mich ganz gerne ablenken lasse, die Stunde zerfleddert wird. Ich versuche dann immer wieder, indem ich in dieses Konzept 'reinschaue - so fünf bis sechs Stichworte sind das maximal - auf den rechten Weg zurückzukommen, weil von den Schülern eine Menge Anregungen kommt, weil mir oft spontane Ideen kommen. Und da halte ich mich dann an diesem Konzept fest." (K14-Ch-m)

Andere fertigen schriftliche Planungsnotizen an, um sich einen Überblick zu verschaffen, strukturiert zu planen oder als arbeitstechnische Erleichterung für den Vorbereitungsprozeß.

„Bestimmte Arbeitsvorgänge überlege ich mir schon noch und schreibe die dann auch auf. Als erstes mal so den Ablauf, daß ich so ungefähr weiß, welcher Schritt auf den nächsten folgen muß. Das hat sich für meine Arbeit als gut erwiesen, weil es mich so zu einer Sammlung zwingt." (K12-D-w)

5 Die Ergebnisse der Untersuchungen 143

Wieder andere erarbeiten schriftliche Unterrichtsvorbereitungen, um Merksätze präzise zu formulieren, strukturierte Tafelbilder oder die Lösungen von Aufgaben parat zu haben.

„Ich schreibe mir für jede Stunde normalerweise was auf, einfach auch, um halt korrekte Ausdrücke zu haben, einfach auch korrekte Aufgabenstellungen zu kriegen." (K10-De-w)

Dies hinge aber z. T. auch von der jeweiligen Jahrgangsstufe ab.

„In den 5., 6. Klassen schreibe ich mir sogar sämtliche Tafeltexte fast wörtlich auf, denn es soll richtig, relativ kurz gefaßt sein und nicht zu große Lücken aufweisen. Das kriege ich so nicht hin. ... Bei den Größeren wird das aus dem entwickelt, was gemacht wird. Da notiere ich im wesentlichen die Arbeitsaufträge und Versuchsanordnungen." (I8-Ch-w)

Diese Aufschriebe sind dann durch Ergänzung entsprechender Notizen im Unterricht, indem sie mit Kommentaren versehen werden, abgehakt wird, was geschafft wurde u. ä., auch für die Nachbereitung der Stunde ein wichtiges Hilfsmittel.

„Ich mache mir auch Notizen am Rande der Unterrichtseinheit, was wie war, was nicht so gut gelaufen ist, und das berücksichtige ich dann in der nächsten Stunde oder beim nächsten Durchgang." (I12-D-m)

Die Planungsprodukte werden von einigen Lehrkräften regelmäßig, von anderen nur ab und zu angefertigt. So hält ein Drittel der Lehrkräfte nach eigenen Angaben die Planungsergebnisse für jede Stunde fest.
Dabei erstellen einige Lehrkräfte auch ein fortlaufendes Manuskript, das zusammen mit Arbeitsblättern, Texten oder Aufgaben in Ordnern gesammelt wird.

„Ich habe für jedes Fach einen Ordner, wo die Unterrichtsinhalte und -materialien drin sind und die exakten Fragestellungen zu einem Text oder inhaltliche Strukturelemente." (I3-De-w)

Die anderen Lehrkräfte notieren nur bei besonders wichtigen Stunden, Einführungsstunden, in bestimmten Jahrgängen oder bei völlig neuen Themen die beabsichtigte Unterrichtsfolge. Sonst verzichten sie auf die Schriftform.

„Das mache' ich dann, wenn eine ganz bestimmte Abfolge unabdingbar ist und ich keine Stufe überspringen darf, weil es sonst etwas unverständlich wird. Dann schreibe ich mir die Abfolge noch mal genau auf, vor allem, wenn ich eine neue Konzeption entwickle. Dann brauche ich eine Weile, bis ich das intus habe. Bei Sachen, die ich schon ein paar Jahre mache, da hab' ich das im Kopf. Da kann ich auch die Tafelanschriebe alle auswendig." (K10-Ch-w)

Im wesentlichen wurden zwei Gründe genannt, warum auf ein schriftliches Konzept verzichtet wird. Das ist zum einen die Berufserfahrung, die eine schriftliche Vorbereitung unnötig mache, da man die wesentlichen Dinge auswendig weiß, oder es handelt sich zum anderen um Stunden, die auch so „laufen". Damit sind vor allem Stunden in der Unterstufe oder reine Übungs- und Wiederholungsstunden gemeint.

„Für die 10. Klasse schreibe ich meine Lösungsgänge auf. In der 5. und 6. mache ich das nicht. Da muß ich nichts mehr aufschreiben." (K6-Ma-w)

Hauptsächlich werden bei der Unterrichtsvorbereitung somit folgende Überlegungen schriftlich festgehalten:

- das Thema der Stunde, inhaltliche Schwerpunkte, der Gang der Stunde (stofflich bzw. als Aufgabenfolge), der Tafelanschrieb,

„Ich mache mir für jede Stunde ein kleines Raster von einer oder einer halben Seite, wo ich das Thema und so die wichtigsten Begriffe drauf habe, die ich behandeln möchte und die dann an der Tafel auch wieder auftauchen sollten. Ich schreibe mir auch stichwortartig den Gang der Stunde auf und was die Schüler ins Heft zu schreiben haben." (G10-Ch-w)

- grundlegende Begriffe und Merksätze,

„Vor allem bei den Kleinen ist es wichtig, daß Formulierungen exakt sind, da die alles eins zu eins von der Tafel übernehmen. Daher schreibe ich mir schon vorher die wichtigen Texte oder Merksätze aus den Büchern ab oder formuliere die selber, damit ich das dann parat habe und keine Fehler auftauchen." (G3-Ma-w)

- wichtige Fragestellungen und die erwarteten Ergebnisse,

„Es ist schon so, daß ich vor meinem inneren Auge so die ganze Stunde laufen lasse und so die wichtigsten Fragen, die ich zu stellen habe, und auch dann teilweise, was ich erwarte, was da kommt. Und das halte ich dann fest, stichwortartig." (G5-De-w)

- Aufgaben und Hausaufgaben für die Schülerinnen und Schüler, teilweise inklusive Lösung,

„In der Vorbereitung stehen die Aufgaben. Manche sind durchgerechnet, manche nicht. Merksätze sind ausformuliert, auch Graphen angefertigt, die in der Stunde entwickelt werden sollen, mit Wertetabellen und Aufgaben für die selbständige Arbeit der Schüler." (K3-Ma-m)

- und die Versuchsanordnungen (in Chemie).

„Was ich mir auf jeden Fall aufschreibe, das sind die Experimente, und das ist der Rezepturansatz für die Experimente, damit es auch gelingt." (I7-Ch-m)

Einige Lehrkräfte schreiben teilweise auch auf, welche Schülerinnen oder Schüler sie aufrufen möchten.

„Manchmal schreibe ich mir auch auf, wenn's geht, wen ich unbedingt z. B. zur Wiederholung mal dran haben möchte, weil wir noch Noten brauchen." (G10-Ch-w)

Mitunter werden auch Maßnahmen zur organisatorischen und materiell-technischen Vorbereitung des Unterrichts notiert, die man auf keinen Fall vergessen will.

„*Oftmals ist es auch viel technischer Kram, den ich mir für den nächsten Tag aufschreiben muß: Was fehlt noch?, da und da muß ich was kopieren, von dem habe ich die Mappe durchgeguckt, dem muß ich unbedingt seinen Text zurückgeben, weil der uns das am besten morgen mal vorlesen kann und solche Dinge." (112-De-m)*

Für Übungsstunden in Mathematik werden allerdings in der Regel lediglich die Aufgaben im Buch angekreuzt, die in der Stunde gerechnet werden sollen.

„*Dann mache ich mir im Buch ein kleines Kreuzchen hin, die und die Aufgaben nimmst du. Und danach geht's dann." (K5-Ma-m)*

Hierbei wurde schon deutlich, daß sich diese schriftlichen Fixierungen deutlich in der Ausführlichkeit und im Umfang unterscheiden: Im Schnitt finden die Planungsnotizen auf einer halben Din-A4-Seite Platz und beinhalten nur wenige Stichworte. Ein Viertel der befragten Lehrkräfte erklärte aber auch, sehr ausführliche Aufschriebe anzufertigen, d. h. nicht nur in Stichworten, sondern z. T. die Planungsergebnisse in ausformulierten Sätzen aufzuschreiben. Diese Notizen umfassen dann nach Aussage der Lehrkräfte meist eine ganze Din-A4-Seite, in seltenen Fällen auch mehr.

Ob und wie detailliert diese schriftliche Unterrichtsvorbereitung gemacht wird, hängt somit letztlich vor allem von den Wünschen, Vorstellungen und Bedürfnissen der einzelnen Lehrerin, des einzelnen Lehrers ab. Dabei spielt es offenbar keine Rolle, welches Fach oder an welcher Schulform er oder sie unterrichtet.

5.5.2 Arbeitsblätter oder anderes Unterrichtsmaterial

Eine andere Form der schriftlichen Vorbereitung ist das Anfertigen von Arbeitsblättern bzw. von Material wie Folien, Modellen (z. B. ein Würfel in Mathematik), Spielen (z. B. ein Würfelspiel zum Kopfrechnen) u. ä. Vorwiegend werden allerdings Arbeitsblätter aus den eigenen Material- bzw. Büchersammlungen erstellt.

„*Ich mache mir selten Notizen, häufig reicht es, wenn ich ein Arbeitsblatt erstelle, da ist dann auch schon das meiste mit drauf. Also Versuchsanordnung, Merksätze und solche Sachen." (G9-Ch-w)*

Dieses eigene Unterrichtsmaterial wird vor allem dann angefertigt, wenn das Lehrbuch als unzureichend und überaltert eingestuft wird und nicht mit dem eigenen Konzept übereinstimmt. Diese individuell erstellten Arbeitsblätter enthalten dann vor allem Aufgaben oder Übersichten aus moderneren Schulbüchern aus den Privatbeständen der Lehrkräfte.

„*Ich habe viele Schulbücher zu Hause und auch andere Materialien, und das kopier' ich, stell' das zusammen. Manche Sachen kommen natürlich auch immer wieder; und ich kann das Material wiederverwenden. Aber damit es mir auch nicht langweilig wird, ergänze ich das halt oder mach' mal was Neues. Manchmal ergibt sich auch aus aktuellem Anlaß mal etwas, was ich einfüge."* (K1-Ch-w)

Aber nicht nur zur Aktualisierung des Unterrichtsstoffes werden Arbeitsblätter angefertigt, auch methodische Überlegungen spielen eine Rolle. So erscheinen Arbeitsblätter besonders geeignet, leistungsdifferenziert unterrichten zu können. Daher entwickeln z. B. die Mathematiklehrerinnen und -lehrer an der Kooperativen Gesamtschule Aufgabenblätter mit unterschiedlichem Schwierigkeitsgrad für die leistungsheterogenen Lerngruppen.

„Ich fertige viele Arbeitsblätter an, denn da kann man die differenzieren nach Schwierigkeit, daß man sagt, versucht mal bis dahin zu kommen, und wer das schafft, der kann ja noch ein Stückchen weiter. Denn gerade in dieser Hauptschulklasse ist das Arbeitstempo sehr, sehr unterschiedlich." (K6-Ma-m)

Auch an der Integrierten Gesamtschule erstellen einige Lehrkräfte zusätzlich zu dem gemeinsamen Material noch eigene Aufgaben- und Arbeitsblätter für die Schülerinnen und Schüler oder verändern das vorhandene Material entsprechend.

„Wenn ich den Eindruck habe, daß das vorliegende Material noch nicht ausreicht, dann setze ich mich noch mal hin und fertige Lösungsblätter an oder suche zusätzliches Übungsmaterial zusammen oder erstelle etwas Neues." (I10-Ma-m)

Einzelne Lehrkräfte setzen sich allerdings auch kritisch mit dem häufigen Einsatz von Arbeitsblättern oder Folien auseinander und suchen nach anderen Wegen.

„Ich arbeite nicht so extrem viel mit Arbeitsblättern, weil ich die Erfahrung gemacht habe, daß die Schüler dadurch kaum lernen, selber mal anständig zu formulieren und auch, daß das Zuhören verlorengeht. Man gewinnt Zeit dadurch, und man kann mehr an Stoff machen, wenn man mehr von solchen Blättern macht. Aber ich führe darauf zurück, daß sie nicht mehr in der Lage sind zu sehen: Was ist eigentlich wichtig, was muß ich machen, was muß ich nicht machen?" (G9-Ch-w)

5.5.3 Zusammenfassung

Ob und wie ausführlich Planungsnotizen angefertigt werden und wozu sie verwendet werden, hängt offenbar von den subjektiven Vorstellungen, vom persönlichen Arbeitsstil und den gesammelten Erfahrungen der einzelnen Lehrkraft ab, aber auch davon, um welche Art von Unterrichtsstunde es sich handelt (z. B. Einführungs- oder Wiederholungsstunde). Insgesamt bereiten sich mehr als die Hälfte der befragten Lehrkräfte in einer der genannten Formen schriftlich vor. Diese Planungsnotizen haben allerdings kaum etwas mit der Form schriftlicher Stundenentwürfe zu tun, die während der Ausbildung verlangt werden. Es sind stets nur wenige Stichworte, die häufig unmittelbar ins Buch gemacht werden oder auf Zettel, die im Buch liegen, im Falle einiger Befragten auch in einem Ordner gesammelt werden. Die so entstehenden fortlaufenden Manuskripte werden vor allem bei erstmaligem Unterrichten eines Stoffgebietes von vielen Lehrkräften erstellt. Es scheint üblich, diese Planungsnotizen aufzubewahren und bei sich

wiederholenden Unterrichtseinheiten darauf zurückzugreifen. Diese Einheiten werden dann so gut wie nie völlig neu vorbereitet. Allerdings werden die alten Unterlagen nicht völlig unverändert übernommen, sondern es werden kleinere, seltener größere Korrekturen und Veränderungen an ihnen vorgenommen.
Die ausführlicheren Planungsnotizen, die zumeist auf einer halben bis ganzen Din-A4-Seite Platz finden, beziehen sich auf den groben Ablauf der Stunde mit wichtigen Begriffen, Merksätzen und Schlüsselfragen. Sie enthalten überwiegend Bemerkungen zum Inhalt, meist stichwortartig und sind in der Regel chronologisch, entsprechend dem Stundenverlauf, gegliedert. Hinzu kommen teilweise die Hausaufgaben, das Tafelbild (z. T. ausführlich formuliert) und schon seltener Stichworte zu Arbeitsformen, zu Arbeitsaufträgen, zum Einstieg und in Einzelfällen Notizen bezüglich einzelner Schülerinnen oder Schüler, die man bei einer bestimmten Aufgabe oder Frage aufrufen möchte o. ä. Teilweise werden auch Angaben über Medien (Tafel, Buch, Folie, Film) und die zu verwendenden Arbeitsblätter gemacht.
Zudem oder ausschließlich erstellt oder überarbeitet knapp die Hälfte der befragten Lehrkräfte mehr oder minder regelmäßig Aufgabenblätter. Auch diese unterscheiden sich vom Aufbau und Inhalt: Hier finden sich vor allem reine Aufgabensammlungen, teils mit Merksätzen versehen, aber auch didaktisch-methodisch ausgearbeitete Blätter.
Diese Planungsnotizen dienen dann als Handlungsanweisung für den Unterricht, vor allem bei Lehrkräften, denen ein planmäßiger und zielgerichteter Ablauf ihres Unterrichts wichtig ist. Diese Lehrkräfte arbeiten in der Regel auch vergleichsweise detaillierte Stundenentwürfe aus und unterrichten nach dem erstellten Konzept. Lehrkräfte, denen ein großes Maß an Flexibilität in der Unterrichtssituation wichtig ist, erstellen im Gegensatz dazu häufig weniger detaillierte Stundenentwürfe und orientieren sich eher an den Schüleräußerungen und -wünschen im Unterricht als an ihrem Konzept. Ob flexibel oder rigide geplant wird, detaillierte Stundenentwürfe erstellt werden oder nur ein grobes Raster, hängt alleine von den individuellen Bedürfnissen der einzelnen Lehrkraft ab. Es ließen sich diesbezüglich keine schulform-, fach-, alters- oder geschlechtspezifischen Besonderheiten feststellen.

An der Integrierten Gesamtschule reduzieren oder erübrigen sich für die Deutsch- oder Mathematiklehrkräfte häufig die schriftlichen Notizen durch das gemeinsam erarbeitete Unterrichtsmaterial. Hier werden diese Vorlagen oftmals nur mit Hinweisen oder Stichpunkten präzisiert oder ergänzt und wenn nötig eigene Arbeitsblätter erstellt. Dabei hängen der Inhalt, die Ausführlichkeit und Form dieser individuellen Planungsnotizen, wie in allen anderen Schulformen, vom persönlichen Arbeitsstil und den gesammelten Erfahrungen der Lehrerin oder des Lehrers ab.

5.6 Der Prozeß der Unterrichtsplanung

Im Rahmen der zweiten Leitfrage der Untersuchung werden die konkreten Planungshandlungen im laufenden Schuljahr betrachtet. Dabei geht es um die Fragen, ob sich hierbei handlungssteuernde Schemata oder Pläne identifizieren lassen und welche Teilhandlungen und Planungselemente diese Pläne umfassen. Dazu wurden bei der Untersuchung mit der Methode des Lauten Denkens 15 Unterrichtsvorbereitungen beobachtet, die in den folgenden drei Abschnitten nach Fächern sortiert vorgestellt werden. Bei der Darstellung der jeweiligen Stunden- oder Einheitenplanungen werden in der jeweiligen Überschrift die Jahrgangsstufe, für die vorbereitet wird, und das Thema der Stunde genannt. Daran schließen sich Angaben zur Lehrerin oder dem Lehrer, der oder die die Stunde vorbereitete, sowie Angaben zum Ort und zur Dauer der Planung an. Zur Darstellung der Planungsverläufe werden in der ersten Spalte die jeweiligen Planungsschritte und -inhalte aufgeführt und in der zweiten Spalte die Abläufe teils zusammengefaßt, teils als Originalzitate dargestellt. Schließlich werden die schriftlichen Planungsergebnisse, soweit sie angefertigt wurden, kurz skizziert. In den drei fachspezifischen Zusammenfassungen werden dann die „dahinter liegenden" Handlungsschemata nachgezeichnet und mit Hilfe einer Abbildung dargestellt. Im vierten Abschnitt schließlich werden die Elemente der Planungsüberlegungen genauer betrachtet. Dabei werden sowohl die explizit in den Planungen genannten als auch die dabei implizit berücksichtigten Elemente thematisiert.

5.6.1 Planungsprozesse in Deutsch

Die folgenden fünf Unterrichtsplanungen für Deutsch wurden von einem Lehrer und zwei Lehrerinnen, die jeweils zwei Stunden laut denkend planten, vorbereitet. Dabei wurden zweimal Stunden, die am Ende einer Einheit lagen, einmal eine Einführungsstunde und der grobe weitere Verlauf der Einheit, eine Stunde am Anfang einer Einheit und eine Doppelstunde in der Mitte einer Einheit geplant. Die als erstes vorgestellte Planung der Stunde mit dem Thema „Subjekt und Prädikat" für eine 6. Klasse bildete den Abschluß der Unterrichtseinheit „Grammatik".

6. Klasse	**„Subjekt und Prädikat"**

Diese Stunde wurde von einer Lehrerin, die seit 18 Jahren unterrichtet, abends in ihrem Arbeitszimmer vorbereitet. Die Planung dauerte zwölf Minuten, hinzu kam die Zeit für das Erstellen des Arbeitsblattes.

Brainstorming (Inhalt & Leistungsstand) ↓ *Inhalt/Ziel*	Da das Thema feststand und das benötigte Unterrichtsmaterial größtenteils zu Beginn der Unterrichtseinheit zusammengestellt worden war, schlossen sich an die Rückbesinnung unmittelbar die Überlegungen zum Inhalt der Unterrichtsstunde an. Da es sich um die vorletzte Stunde vor der Klassenarbeit handelte, sollten in dieser Stunde die benötigten Inhalte noch einmal wiederholt werden.

5 Die Ergebnisse der Untersuchungen

*Ablauf &
Lehrer-
Schüler-
Interaktion:*

↓

Einstieg

↓

*Ergebnis-
sicherung
(Tafel)*

↓

*Übungs-
phase
(Sozial-
formen)*

↓

„Durch die Klassenarbeit steht jetzt die Wiederholung an, ich werde mit denen üben, wie man das Prädikat erfragt und das Subjekt. Dazu habe ich einige Arbeitsblätter mit Lösungen, daß die Schüler selbständig nachgucken können, ob das in Ordnung ist, wenn sie fertig sind. ... Ich möchte, daß sie die Fragestellungen dazu im Kopf haben." (1-De-w)

Dann wurden Überlegungen zum Einstieg und dem weiteren Verlauf der Stunde angestellt.

„Ich werde von den Hausaufgaben ausgehen und mit diesen Sätzen, die besprechen wir dann zusammen an der Tafel, da sollen sie die Satzteile erkennen und das Subjekt und Prädikat erfragen. Das wird für einige etwas schwieriger. Aber ich kann ja noch in der Übungsphase mit dem Arbeitsblatt zu denen hingehen und denen das noch mal erklären, oder die machen das in Partnerarbeit und erklären sich das gegenseitig. Mal sehen, wie das in der Stunde so läuft." (1-De-w)

Für die Planung dieser Stunde konnte die Lehrerin auf eine fertige Unterrichtseinheit mit Arbeitsblättern zurückgreifen, die sie aber im Anschluß an die Planung um ein zusätzliches selbst erstelltes Arbeitsblatt ergänzte.

*Arbeitsblatt
zur Übung*

„Ich habe hier meine eigene Materialien zu der Einheit, aber wenn die Schüler so wie jetzt z. T. Schwierigkeiten haben, dann suche ich mir gezielt Übungen aus anderen Büchern zusammen und erstelle selber Materialien, so wie ich das gleich für die nächste Stunde machen werde." (1-De-w)

Weitere Planungsnotizen wurden nicht angefertigt.

Dieselbe Lehrerin bereitete eine Woche später folgende Unterrichtsstunde vor:

8. Klasse „Die Räuber"

Die Vorbereitung dieser Stunde zu Beginn der Unterrichtseinheit „Die Räuber" dauerte nur 15 Minuten, da die Lehrerin diese Einheit mehrfach durchgeführt hat.

*Brainstorm-
ing (Inhalt/
Leistungs-
stand)*

↓

Bei dieser Stundenvorbereitung wurden insbesondere die Lernvoraussetzungen der Schülerinnen und Schüler in die Planungsüberlegungen einbezogen.

„Mit denen lese ich zum ersten Mal ein Drama, das ist eine relativ gute Klasse, aber wir lesen 'Die Räuber'; das ist eine relativ schwierige Geschichte für die, und zwar wegen der Sprache, das heißt, man muß da entsprechend langsam vorgehen, um den

Informations phase	*schwächeren Schülern die Möglichkeit zu geben, sich an die Sprache gewöhnen zu können. Wir sind jetzt seit ca. 1 ½ Wochen mit dem Text beschäftigt und sind immer noch im Bereich der Exposition, d. h. des ersten Aktes." (2-De-w)*
↓ *Einstieg* ↓ *zentrale Fragestellungen formulieren*	Da auch für diese Planung das benötigte Material (das Reclam-Heft/eigenes Material) vorlag und das Thema weitgehend feststand, beschränkt sich die Vorbereitung der Stunde auf das Überfliegen der in der folgenden Stunde zu besprechenden Textpassage und das Notieren der zentralen Fragestellungen zu diesem Textteil.

Der Planungsaufschrieb umfaßte eine halbe Din-A4-Seite, auf der neben dem Datum und der Klasse die Fragestellungen zum Text formuliert wurden.

7. Klasse „Der Zauberlehrling"

Die letzten beiden Stunden der Unterrichtseinheit „Der Zauberlehrling" wurden von einer Lehrerin, die über zehn Jahre Berufserfahrung verfügt und seit zwei Jahren teilzeitbeschäftigt ist, vorbereitet. Die Planung erfolgte am frühen Nachmittag im heimischen Arbeitszimmer und dauerte 30 Minuten.

Planung 1.Stunde *Brainstorming (Inhalt)* ↓ *Thema* ↓ *Arbeitsanweisung für die Schüler/ Hausaufgabe*	Da das Thema feststand, schlossen sich bei dieser Planung an die Rückbesinnung unmittelbar die Überlegungen zum Ablauf der Unterrichtsstunde an: *„Wir sind jetzt am Ende der Unterrichtseinheit 'Balladen'. ... Wir haben bisher den 'Zauberlehrling' in sehr unterschiedlicher Weise aufbereitet. In der nächsten Stunde möchte ich mit denen anfangen zu überlegen, was denn für sie statt des Besens etwas wäre, was sie sich wünschen würden, was zaubern könnte. Meinetwegen ein Füller, der die Schulaufgaben macht, oder ein Computer, der irgendwie vielleicht auch durchdreht, oder irgendeine Analogie auf heute bezogen und die Situation dazu. Wenn wir das geklärt haben, dann sollten sie vielleicht noch in der Stunde oder als Hausaufgabe eine kleine Geschichte schreiben." (3-De-w)*
↓ *Ausblick auf die nächste Stunde*	Diese Lehrerin überlegte dabei direkt auch noch, wie die von den Schülerinnen und Schülern geschriebenen Geschichten in der folgenden Stunde zu besprechen seien. Dabei wägte sie zunächst ab, ob es günstiger sei, die Texte im Plenum vorlesen zu lassen oder dies in Partnerarbeit zu erledigen. Sie entschied sich für die Partnerarbeit.

5 Die Ergebnisse der Untersuchungen 151

Planung
2.Stunde

Abwägen
von
Sozialformen
↓
Ergebnis-
sicherung

↓

Abwägen des
Stunden-
verlaufs

„*Ich möchte, daß alle zum Zuge kommen. Daher sollten die dann Paare bilden und sich das gegenseitig vorlesen und erst mal spontan untereinander besprechen, aber schon vorher mit dem Auftrag, daß sie es auch eventuell überarbeiten, so daß wir das in das kleine Büchlein, was wir erstellen, übernehmen können.*"(3-De-w)
(*In diesem Buch sind verschiedene Aufsätze von der Klasse gesammelt.*)

Anschließend legte sie den Ablauf der Stunde fest und überlegte, ob es günstiger sei, die Schülerinnen und Schüler erst vorlesen zu lassen und dann anhand des Kriterienkatalogs zur Überarbeitung von Texten, den sie vorweg erarbeitet hatten, die Texte zu rezensieren oder umgekehrt. Sie entschied sich, die Schülerinnen und Schüler erst einmal vorlesen zu lassen und anschließend den Kriterienkatalog zu wiederholen und dann jeden auf dieser Grundlage seinen Text überarbeiten zu lassen, um die Spontaneität zu erhalten und keinen zu verletzen.

Für diese Stunden wurden keine Planungsaufschriebe angefertigt. In der darauf folgenden Woche bereitete dieselbe Lehrerin für die gleiche Klasse die folgende Einführungsstunde in eine neue Unterrichtseinheit vor:

7. Klasse „**Jugendbuch**"

Die Vorbereitung erfolgte wiederum am frühen Nachmittag im heimischen Arbeitszimmer und dauerte 25 Minuten.

Material-
sammlung

Die Planung der Stunde begann direkt mit Überlegungen zum Inhalt und dem anschließenden Vorgehen, da die Lehrerin dabei auf eine selber erstellte Mappe mit Unterrichtsmaterial zu diesem Thema zurückgreifen konnte und den Text aus einem Schulbuch bereits kopiert hatte.

↓

Inhalt/Ziel
↓
Schüler-
aktivitäten

↓

„*In dieser Einheit möchte ich, daß sie am Beispiel von einem Text lernen, wie man über ein Buch oder einen kleinen Text spontan etwas schreiben kann. Das ist ja etwas ganz anders, als wenn sie einen Aufsatz schreiben, etwas gestalten, zeichnen oder spielen. In dem Text, den ich dafür ausgesucht habe, kommt auch vor, warum ein Junge ganz bestimmte Dinge liest. Die sollen also auch der Frage nachgehen: 'Warum wähle ich jetzt den Text eigentlich aus?'
... Anschließend sollen die sich ein Buch aussuchen, das sie der Klasse präsentieren. Wobei sie verschiedene Formen wählen können. Aber meistens endet es in einem Plakat. Das ist wahrscheinlich am einfachsten oder eine Szene spielen.*" (4-De-w)

Einstieg;
(Lernvor.   Danach wurden Überlegungen zum Einstieg in das Thema angestellt
der Schüler)   und der grobe Verlauf der ersten Unterrichtsstunde geplant.

↓

Schüler-
aktivitäten

↓

weiterer
Verlauf der
Stunde

↓

Arbeitsblatt
für die
Erarbeitung
eines Sach-
verhalts

> *„Der Einstieg, der ist sehr wichtig, den muß ich mir jetzt neu überlegen. Ich glaube, die lesen gar nicht mehr viel. Ich habe die Einheit neulich in einer anderen Klasse gemacht, die haben sehr viel gelesen, vor allem auch nach der Einheit. Aber in dieser Klasse wird mir das wohl nicht so gut gelingen, weil da andere Voraussetzungen sind, daher ist der Einstieg so wichtig. Vielleicht könnte ich eine kleine Befragung machen? Mal fragen, ob sie überhaupt was lesen, aus welchen Bereichen. Das würde dann auch helfen bei der Auswahl der Bücher. Ich werde einen Fragebogen dazu machen, den lasse ich dann vielleicht noch mal diskutieren, daß sie auch noch Fragen ergänzen, aber da kommt wahrscheinlich nichts. Vielleicht frage ich auch noch nach dem Fernsehen. Ja, und den Fragebogen lasse ich dann ausfüllen, und wir werten den anschließend an der Tafel aus."* (5-De-w)

Anschließend wurde das benötigte Arbeitsblatt erstellt. Weitere Planungsnotizen wurden nicht angefertigt.

11 GK	„Literatur nach 45"

Die Doppelstunde für die 11. Klasse Grundkurs Deutsch im Rahmen der Einheit „Literatur nach 45" wurde von einem Lehrer mit 16 Jahren Berufserfahrung vorbereitet. Die Planung dauerte 30 Minuten. Hinzu kam das Erstellen eines Arbeitsblattes, das 15 Minuten beanspruchte.

Brainstorm-
ing (Inhalt)

↓

Arbeitsblatt
zur Wieder-
holung/
Ergebnis-
sicherung

↓

Die Vorbereitung begann nach einem kurzen Brainstorming mit dem Erstellen eines Arbeitsblattes. Dazu lagen das benötigte Material (Schulbuch/Fachzeitschriften) bereits vor:

> *„Ich habe hier zwei Vorlagen, die sind ganz gut als Zusammenfassung für die Schüler auch in Hinblick auf die Klausur. Aber es ist günstiger, wenn ich das noch einmal zusammenstelle, da sich einige Daten überschneiden, dazu lese ich das jetzt in den Scanner ein."* (5-De-m)

Anschließend wurden zwei Texte aus dem Schulbuch, die die Schülerinnen als Hausaufgabe unter vorgegebenen Gesichtspunkten vergleichen sollten, durchgelesen und eine stichpunktartige Gegenüberstellung notiert. Diese diente auch als Vorlage für den Tafelanschrieb.

5 Die Ergebnisse der Untersuchungen 153

Einstieg
(Hausauf-
gaben-
kontrolle)
↓

„*Ein Text ist von Ludwig Erhard, der sein Konzept vorschlägt und der andere zu den Vorstellungen des DGB konträr dazu. Diese Texte werde ich jetzt selber noch einmal lesen und mir entsprechende Notizen machen mit Schlüsselbegriffen, auf die man achten sollte, die vorkommen sollten und wie die dann verwendet werden können bei der jeweiligen Beurteilung.*" *(5-De-m)*

Ergebnis-
sicherung
(Tafelan-
schrieb)
↓

Nach dieser Vorbereitung des Einstieges in die Stunde wurde der weitere Verlauf festgelegt.

Übungs-
phase &
Haus-
aufgaben

„*Morgen sollen dann diese beiden Positionen erläutert werden. ... Das Ganze soll dann verglichen werden vor dem Hintergrund der Folgen der Währungsreform für die Bundesrepublik, die Entscheidung war ja 48 gefallen. Vor dem Hintergrund soll verglichen werden, wie erfolgreich die Erhardsche Wirtschaftspolitik war. Dazu gibt es verschieden erläuternde, kommentierende Texte im Buch, die dann entsprechend einbezogen werden sollen. Das wäre das Konzept für die Stunde morgen, es ist eine Doppelstunde, daher hat man Zeit, das nachzulesen und auszuwerten.*" *(5-De-m)*

Dieser Lehrer hielt den Tafelanschrieb schriftlich auf einer Din-A4-Seite fest, auf dem auch das Thema der Stunde, der Literaturhinweis, die Klasse und das Datum vermerkt wurden, und erstellte ein Arbeitsblatt zur Ergebnissicherung.

Zusammenfassung:
Bei diesen dargestellten Planungsprozessen wurde deutlich, daß der Inhalt und Ablauf der Planung in Deutsch insbesondere durch die Art der Stunde (Einführungsstunde, im Verlauf oder am Ende der Einheit) vorstrukturiert werden. Dennoch läßt sich hinter diesen Vorbereitungen ein relativ durchgängiges Handlungsschema erkennen, das in der folgenden Abbildung (s. u.) dargestellt wird. Im wesentlichen planten die Deutschlehrkräfte in drei bis vier Phasen, die wiederum aus mehreren Teilschritten bestanden. Die Planung begann mit einer „Orientierungsphase", in der sich die Lehrkraft den Stand der letzten Stunde, bezogen auf den Fachinhalt, und den Lernstand der Klasse vergegenwärtigte, das Thema oder Ziel der Stunde festlegte und gegebenenfalls das benötigte Unterrichtsmaterial suchte, auswählte oder erstellte. Der letzte Teilschritt entfiel aber, wenn vorhandenes Material und/oder Überlegungen zu Beginn der Einheit diese Informationsphase überflüssig machten.
Bei den Planungen verwendeten die Lehrkräfte zweimal ein eigenes Manuskript und Arbeitsblätter, einmal das Schulbuch, einmal ein Reclam-Heft und vorhandene Aufschriebe und einmal das Schulbuch sowie Arbeitsblätter von einem Schulbuchverlag. Im Nachgespräch verwiesen die Lehrkräfte auf zusätzliche Informationsquellen oder anderes Arbeitsmaterial, das sie sonst auch für die Planung verwenden wie weitere Schulbücher, fertige Arbeitsblätter, Videofilme,

Jugendbücher und vor allem die Tagespresse, um auch aktuelle Themen im Unterricht bearbeiten zu können.

„Ich werte 'Die Zeit' aus. Dann lege ich auch bestimmte Artikel zurück, dazu habe ich eine Datei, das sind ca. 600 Artikel." (5-De-m)

Die zweite Planungsphase beinhaltete im wesentlichen die Planung des Stundenverlaufs und didaktisch-methodische Überlegungen, wobei nicht bei allen Stundenplanungen alle Teilschritte berücksichtigt wurden. So ziehen sich beispielsweise die Schritte Erarbeitung, Ergebnissicherung und Übung z. T. über mehrere Stunden hin (vgl. „Zauberlehrling"). Bestandteil aller Vorbereitungen waren aber Überlegungen zum Einstieg. Auch die dritte Planungsphase, das Durchdenken des geplanten Stundenverlaufs und der Ausblick auf die nächste Stunde, ließen sich bei allen beobachteten Vorbereitungen identifizieren. Die Planungsüberlegungen wurden in zwei Fällen schriftlich festgehalten und in zwei Fällen wurde im Anschluß an die Stundenplanung, einmal zu Beginn ein Arbeitsblatt erstellt. Die Planungsnotizen beinhalteten in Deutsch neben der Überschrift (Thema der Stunde) und Angaben zur allgemeinen Orientierung (Datum, die Klasse) vor allem zentrale Fragestellungen und wichtige Unterrichtsergebnisse. Sie dienten nach Aussage der befragten Lehrkräfte als Rückversicherung, daß alles Wesentliche behandelt wird.

„Ich könnte das auch ohne Konzept machen, aber ich habe so eine leichtere Kontrolle: Ist alles, was wichtig ist, vorhanden? Das fällt mir dann sofort auf, wenn die das an die Tafel schreiben, jeweils zu einem Text eine Seite, daß man das kontrollieren und ergänzen kann." (5-De-m)

Dies sei insbesondere in Hinblick auf die Klassenarbeiten oder Klausuren wichtig. Ob die Planungsergebnisse schriftlich festgehalten werden, hängt aber auch davon ab, wie bekannt der zu unterrichtende Stoff ist ...

„Ich schreibe nicht immer etwas auf. Es kommt drauf an, wie oft ich das behandelt habe. In der Regel ist es so, daß man einen Text schon mal gemacht hat, dann kann man darauf verzichten. Es kommt aber auch drauf an, wie intensiv man die Texte machen will, was man von den Schülern erwartet, inwiefern das überprüft werden muß und man sicherstellen muß in bezug auf eine Klausur, daß auch jeder alles mitbekommen hat, was wichtig ist." (4-De-w)

... oder, ob bereits Unterlagen dazu vorliegen.

„In der Regel ist es so, daß ich da irgendwelche Unterlagen (für die Stunde) habe. Es sei denn, daß ich irgendwelche Texte habe, die ich öfter gemacht habe, da hat man das einfach im Kopf, oder da hat man die Unterlagen einfach irgendwo, benutzt sie aber gar nicht mehr, weil man den Text einfach präsent hat." (1-De-w)

Insgesamt lassen sich die beobachteten Unterrichtsplanungen von Deutschstunden vereinfacht folgendermaßen darstellen. Dabei sollen die numerischen Angaben verdeutlichen, wie viele Lehrkräfte jeweils den entsprechenden Teilschritt berücksichtigten:

5 Die Ergebnisse der Untersuchungen 155

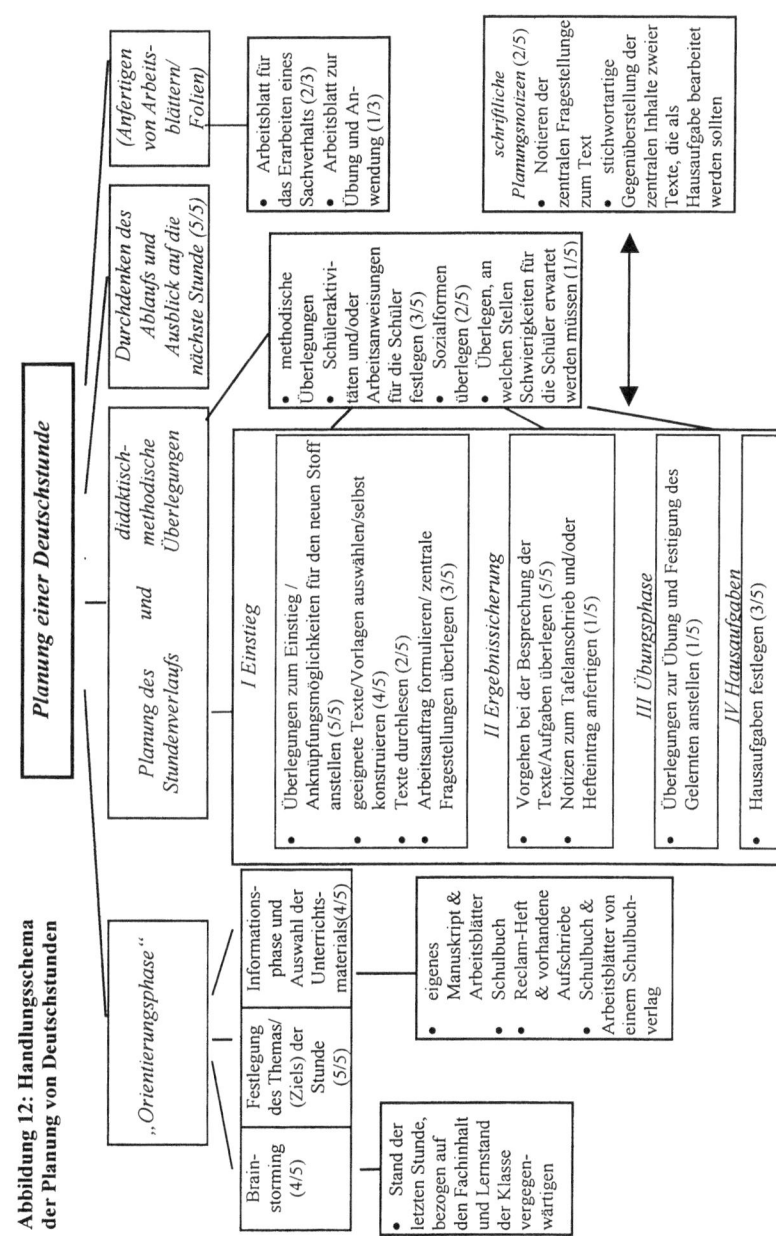

Abbildung 12: Handlungsschema der Planung von Deutschstunden

5.6.2 Planungsprozesse in Mathematik

Die folgenden fünf Unterrichtsplanungen wurden von zwei Lehrerinnen und einem Lehrer durchgeführt, wobei der eine Lehrer zwei Unterrichtsstunden vorbereitete. Dabei handelt es sich zweimal um die Vorbereitung einer Unterrichtseinheit sowie die Planung der Einführungsstunde und um drei Stundenplanungen für Unterrichtsstunden im Verlauf einer Einheit, in denen aber jeweils ein neuer Inhalt eingeführt wurde. So auch bei der folgenden Stundenplanung für eine 6. Klasse:

6. Klasse	„Multiplikation von Dezimalzahlen"

Die Vorbereitung dieser am Eßtisch von einem Lehrer mit vier Jahren Berufserfahrung geplanten Stunde dauerte 25 Minuten.

Brainstorming (Inhalt/ Leistungsstand)

↓

Einstieg (Konstruktion von Beispielaufgaben)

↓

Ergebnissicherung (Merksatz formulieren)

↓

Übungsphase

Hausaufgaben

↓

Die Planung der Stunde begann nach einer kurzen Reflexion über die vergangene Stunde mit Überlegungen zur Erarbeitungsphase.

„*Die Klasse ist insgesamt recht leistungsstark, es wird damit losgehen, daß wir überlegen, wie man Dezimalzahlen miteinander multipliziert. Wie funktioniert es, wenn man 0,1 mit 0,3 multipliziert? Dann mal warten, was die Schüler sagen, was da herauskommt, da sagen die bestimmt, das gibt 0,3. Da kommt aber vielleicht schon jemand drauf, ich denke da an einige leistungsstärkere Schüler, die sagen, daß kann ja so nicht sein, aber welche Vorstellungen da kommen, weiß ich nicht, vielleicht kommen sie ja drauf, das in Bruchzahlen umzurechnen, oder auf andere Lösungen, das werde ich an der Tafel sammeln. Am besten, man probiert das mal mit Bruchzahlen, dann hätte man 1/10 x 3/10, das wissen die Schüler, weil wir ja vorher die Umwandlungen schon hatten, dann könnte man das ganz leicht berechnen, das wäre dann 3/100 als Dezimalzahl, 0,03. Das hätte man dann als Ergebnis. Dann müßte man zum nächsten Beispiel kommen.*" (6-Ma-m)

Nachdem noch einige weitere Beispiele für die Tafel zur Verdeutlichung der Problemstellung und deren Lösungen überlegt und notiert worden waren, wurde zur Ergebnissicherung eine Regel zur Multiplikation von Bruchzahlen formuliert. Der entsprechende Merksatz wurde ebenfalls schriftlich festgehalten. Wichtig dabei sei, so betonte der Lehrer, daß die Lerngruppe selbständig auf die Lösungen kommt, daß mit einer Form des erarbeitenden Lernens unterrichtet wird. Anschließend wurde die Übungsphase geplant, wozu nach geeigneten Aufgaben im Schulbuch gesucht und das dort vorgeschlagene Vorgehen zur Einführung in das Thema mit dem eigenen Vorgehen verglichen wurde. Da die Vorgaben des Buches nicht plausibel erschienen, wurden das eigene Konzept beibehalten und einige dazu passende Übungsaufgaben und Hausaufgaben

5 Die Ergebnisse der Untersuchungen 157

↓	ausgesucht. Abschließend wurden der geplante Stundenverlauf rekapituliert und das Vorgehen für die folgenden Stunden angedacht.
Durchdenken des Stundenverlaufs und Ausblick auf die folgende Stunde	*„In der nächsten Stunde denke ich, kommt man dann auf die Regel mit den Nachkommastellen, daß es eigentlich so funktioniert wie die Multiplikation von natürlichen Zahlen und daß es dann so viele Nachkommastellen wie beide haben muß. Ja, dazu gibt es genügend Aufgaben, das wird dann geübt, das muß dann ergänzt werden mit Übungen zur Subtraktion und Addition und dann ganz langsam zur Division. Das war's."* (6-Ma-m)

Die Planungsergebnisse wurden im Verlauf der Vorbereitung auf einem Din-A4-Blatt festgehalten. Neben dem Thema der Stunde, der Klasse und dem Datum wurden der geplante Stundenverlauf, der Tafelanschrieb (Beispielaufgaben zur Einführung in das Thema mit Lösung sowie der Merksatz zur Ergebnissicherung) und die Übungsaufgaben aus dem Buch notiert.

7. Klasse „Dreieckskonstruktionen"

Die Planung für diese Stunde in der Mitte der Unterrichtseinheit dauerte 25 Minuten. Der Lehrer, der diese Stunde vorbereitete, unterrichtet seit elf Jahren und bereitete sich wie üblich in seinem Arbeitszimmer vor.

Brainstorming (Inhalt) ↓ *Thema* ↓	Die Planung der Stunde zu den Dreieckskonstruktionen begann mit einer kurzen Rückbesinnung, welche inhaltlichen Voraussetzungen für den Unterricht vorhanden waren. Danach wurden das Thema bzw. das Lernziel formuliert und die Schulbücher bzw. eigenen Aufzeichnungen gesichtet. Anschließend plante der Lehrer den Ablauf der Stunde.
Einstieg (Anfertigen einer Folie zur Erarbeitung eines Sachverhaltes) ↓ *Schüler-Lehrer-Interaktion* ↓ *Ergebnissicherung* ↓ *Hausaufgaben*	Als Einstieg für die Stunde wurde eine Folie mit einer Dreieckskonstruktion angefertigt, die das Problem verdeutlichen sollte. Dabei wurden die erwarteten Schüleräußerungen und Lösungsvorschläge zur Konstruktion dieser Figur mitbedacht und die weiteren Schüler- bzw. Lehreraktivitäten geplant. Danach hielt der Lehrer die Ergebnissicherung und die Hausaufgaben schriftlich fest. *„Die werden wahrscheinlich versuchen, mit Hilfe der bekannten Grundkonstruktionen diese Figur zu konstruieren, das lasse ich die dann erst mal formulieren, und dann stelle ich die 4. Grundkonstruktion vor und schreibe die Konstruktionsbeschreibung an. Das sollen die dann mal vergleichen, und dann sehen die sehr schnell, daß das damit viel besser geht. Dann sollen sie das abschreiben und zeichnen und zur nächsten Stunde diese Konstruktion lernen."* (7-Ma-m)

Die Planungsnotizen umfaßten neben der Klasse, dem Thema der Stunde und dem Datum den stichwortartigen Verlauf der Stunde, Beispielaufgaben, das Tafelbild und die Hausaufgaben. Neben diesen Notizen auf einer Din-A4-Seite wurde auch eine Folie angefertigt. Derselbe Lehrer bereitete zwei Tage später auch die folgende Unterrichtseinheit und Einführungsstunde vor.

8. Klasse	„Lineare Gleichungssysteme"

Diese Planungsüberlegungen zur Einheit und der Einführungsstunde dauerten insgesamt 40 Minuten.

I. Planung der Einheit

Brainstorming (Inhalt)
↓
Inhalt
↓
Informationsphase
↓
Reihenfolge der Themen

II. Planung der Einführungsstunde

Ziel
↓
Erarbeitungsphase
↓
Einstieg & Schüleraktivitäten
↓
Ergebnissicherung

Die Vorbereitung der Einheit begann mit der Reflexion über die vergangen Unterrichtsstunden und der Formulierung der Themen für die folgenden Stunden.

„*In den folgenden Stunden möchte ich nun von der geometrischen Betrachtung auf die algebraische kommen und so den Zusammenhang deutlich machen. Anschließend wollen wir dann erarbeiten, wie zwei oder mehrere lineare Gleichungssysteme mit Hilfe des Einsetzungs-, Additions- und Gleichsetzungsverfahrens bestimmt werden können.*" (8-Ma-m)

Es folgte die Sichtung mehrerer Schulbücher und der eigenen Unterlagen. Anhand dieser Vorlagen wurde dann die Reihenfolge der Themen festgelegt und schriftlich festgehalten.

Anschließend wurde die erste Unterrichtsstunde geplant, wobei zunächst das Ziel formuliert und dann nach einem geeigneten Einstieg gesucht wurde. Bei der Sichtung einiger Schulbücher wurde eine geeignete Darstellung gefunden, die in der ersten Stunde verwendet werden sollte.

„*Ich habe hier in dem Buch eine gute Darstellung gefunden, wo das nebeneinander dargestellt wird, in der einen Spalte die Graphen der Funktionen und die entsprechenden Gleichungssysteme in der anderen Spalte. Das ziehe ich mir als Folie ab, das lege ich dann am Ende der Stunde auf, dann haben die das auf einen Blick.*" (8-Ma-m)

Für den Verlauf der Stunde wurde zunächst eine kurze Wiederholungsphase eingeplant. Anschließend wurden Überlegungen zur Einführung in die Problemstellung und der neuen Begriffe angestellt. Der Lehrer entscheid sich diese anhand von Beispielaufgaben, die von zwei Schülerinnen und/oder Schülern an die Tafel gezeichnet werden sollen, vorzustellen. Zur Ergebnis-

5 Die Ergebnisse der Untersuchungen   159

Übungsphase	sicherung sollte die Folie abgezeichnet, und anschließend sollten
& Hausauf-	einige Übungsaufgaben gerechnet werden. Anschließend wurden die
gaben	Hausaufgaben formuliert und der Tafelanschrieb noch einmal sauber
↓	fixiert und anhand der Aufschriebe der Verlauf der Stunde
Durchdenken	gedanklich durchgegangen.
des Stunden-	
verlaufs	
↓	
Folie zeichnen	Zum Schluß wurde die Folie vorbereitet.

Die Planungsergebnisse für die Einheit wurden ebenso wie die für die Einführungsstunde im Verlauf der Planung schriftlich festgehalten. Während die Stichpunkte zur inhaltlichen Strukturierung der Einheit auf einer halben Din-A4-Seite Platz fanden, beanspruchten die Notizen zur Einzelstunde eine ganze Seite. Hierbei wurden der Verlauf der Stunde, die Einführungsaufgaben, die Ergebnissicherung und das Tafelbild sowie die Übungs- und Hausaufgaben festgehalten. Zudem wurde noch eine Folie angefertigt.

| **8. Klasse** | **„Geometrie - Vierecke"** |

Die Einheit „Geometrie" sowie die Einführungsstunde für die 8. Klasse wurde von einer Lehrerin mit 20 Jahren Berufserfahrung in ihrem Arbeitszimmer vorbereitet. Üblicherweise würde sie allerdings im Eßzimmer planen.

„Ich plane fast immer unten, da bin ich für meine Kinder besser greifbar." (9-Ma-w)

Die Vorbereitung der Einheit und der Einführungsstunde beanspruchte 45 Minuten.

I. Planung der Einheit

Die Planung der Unterrichtseinheit „Geometrie" begann mit einer Informationsphase, in der unterschiedliche Schulbücher berücksichtigt wurden. Zunächst wurde die Einführung in die Einheit und Reihenfolge der zu behandelnden Themen im Schulbuch gesichtet und mit dem Vorgehen in einem anderen Schulbuch für

Informations- diese Jahrgangsstufe verglichen. Dabei wurden Überlegungen
phase angestellt, welche dazu nötigen mathematischen Grundlagen in den
& vorangegangenen Jahren behandelt wurden, was wiederholt oder neu
Brainstorm- eingeführt werden muß.
ing (Inhalt)

„Dann muß ich sehen, ob die Symmetrie schon mal gemacht haben. Das ist wichtig, da kann man die ganze Definition drüber machen. Dazu muß ich die alten Schulbücher herausholen und die Fachlehrer fragen." (9-Ma-w)

Zeitl. Rahmen & Termin für Klassenarbeit

Anschließend wurde der zeitliche Umfang der Einheit festgelegt und der Termin für die Klassenarbeit anvisiert. Die thematische

↓	Gliederung der Einheit erfolgte dann in Anlehnung an das Schulbuch, wobei aber nur der gewählte Einstig übernommen wurde und die anschließende Themenabfolge, den eigenen Vorstellungen entsprechend, umstrukturiert und stichwortartig festgehalten wurde.
Abwägen des inhaltlichen Vorgehens & Gliederung der Einheit	*„Die Frage ist immer, welche Vorgehensweise. So wie im Buch, weil dann die Aufgaben stimmen, oder man macht es so, wie man selber denkt, was man besser findet, was man besser begründen kann. Sinnvoll ist sicher beides." (9-Ma-w)*
↓ *Lernvoraussetzungen der Schüler*	Vor dem Hintergrund der Lernvoraussetzungen und Interessen der Schülerinnen und Schüler wurden dann die Inhalte der ersten Stunden gedanklich konkretisiert und festgehalten. Der Rest der Einheit wurde nicht weiter durchdacht.
	„Die (Behandlung der) Flächeninhalte, das ist eine Sache, die ich mir jetzt nicht so genau angucke, sondern erst, wenn wir soweit sind." (9-Ma-w)
II. Planung der Einführungsstunde ↓ *Thema*	Daran schlossen sich die Planungsüberlegungen zu der Einführungsstunde mit dem Thema „Vierecke" an, die am folgenden Tag gehalten wurde. Die Lehrein suchte zunächst nach einem geeigneten Einstieg und wägte alternative Vorgehensweisen ab. Es erfolgte die Entscheidung für einen Einstieg, und danach wurden Überlegungen zum weiteren Stundenverlauf angestellt.
↓ *Alternativen zum Einstieg* ↓ *Ergebnissicherung* ↓	*„Es geht los mit Vierecken, dann wird als erstes eine Zeichnung gemacht, damit wir wissen, wovon wir reden, die kommt dann ins Regelheft. Ja, und dann werden wir einige von diesen Aufgaben hier (Konstruktionsaufgaben aus dem Schulbuch) machen. ... Die Frage ist: Macht man die Konstruktionsbeschreibungen selber, oder läßt man das so laufen? Ich lese mir mal eine davon durch. ... Muß ich die Kongruenzsätze noch wiederholen? Ich denke, das laß' ich darauf ankommen, mal sehen, wie die Stunde läuft, aber ich denke, ich habe das dann in der Stunde präsent, wenn es sein muß." (9-Ma-w)*
Übungsphase ↓ *Durchdenken des Ablaufs & Ausblick auf die nächste Stunde*	Für die Auswahl der Übungsaufgaben wurde das Lehrerhandbuch herangezogen, um zu überprüfen, ob auch keine für die Lösung der Aufgaben notwendigen Voraussetzungen vergessen wurden. Außerdem wurden noch einmal das Vorgehen und die Aufgaben in dem anderen Schulbuch gesichtet. Im Anschluß an diese Informationsphase erfolgte die endgültige Festlegung der Reihenfolge, und der Stundenverlauf wurde gedanklich durchgegangen, wobei mögliche Äußerungen und Schwierigkeiten von Schülern berücksichtigt wurden.

5 Die Ergebnisse der Untersuchungen 161

Die Planungsergebnisse wurden im Verlauf der Planung in Form von wenigen inhaltlichen Stichpunkten (Symmetrie/Betrachtung von Symmetrien/Vierecke mit Symmetrie ... Flächeninhalt) untereinander aufgeführt festgehalten. Dies diene aber lediglich der Strukturierung der Inhalte und als Gedächtnisstütze bei der Planung und würde nicht im Unterricht verwendet.

9. Klasse „Satzgruppe des Pythagoras"

In diesem Fall wurde von einer Lehrerin mit zehn Jahren Berufserfahrung, die seit vier Jahren mit einer halben Stelle tätig ist, eine besonders ausführliche Unterrichtsplanung erstellt.

„Ich unterrichte sonst vor allem in der 7. und 8. Klasse, da habe ich sehr viel Materialien. Jetzt für die 9. Klasse, das mache ich zum ersten Mal. Da muß ich schon ziemlich ausführlich planen." (10-Ma-w)

Die Vorbereitung im Arbeitszimmer dauerte 40 Minuten, hinzu kamen das Erstellen eines Arbeitsblattes und einer Folie.

Brainstorming (Inhalt/ Lernstand)

↓

Thema

↓

Einstieg (Wiederholung) Aufgaben durchrechnen

↓

Beispielaufgabe für die Ergebnissicherung

↓

Auch hier begannen die Planungsüberlegungen mit einer Rückbesinnung auf die letzten Stunden und den Kenntnisstand der Schülerinnen und Schüler. Anschließend wurden kurz zwei inhaltliche Alternativen durchdacht, aber noch keine Entscheidung getroffen, da dies von der zur Verfügung stehenden Zeit abhinge. Daher wurden zunächst die ersten Unterrichtsphasen geplant.

„Also ich schreibe mir jetzt auf: 1. Schritt: Grundfrage: Was war letzte Stunde neu?[25] *Und dann müssen die Schüler die Inhalte wiederholen und dann die Sätze formulieren, die Formeln, das muß sitzen, das muß auswendig gepaukt werden. Das würde ich abholen. Dann Hausaufgabenkontrolle, ... dann als nächstes die Ergebnisse vergleichen, und da ich da keine Lösungen zu habe, muß ich die jetzt selber lösen, weil ich dann weiß wo die Schwierigkeiten auftauchen." (10-Ma-w)*

Dann wurde eine Aufgabe gesucht, die den Schülerinnen und Schülern das korrekte Lösungsmuster mit farbigen Hervorhebungen und der Angabe des verwendeten Satzes exemplarisch verdeutlichen sollte.

„Ich muß denen das morgen noch anhand eines Beispiels zeigen. Nehme ich da ein neues oder eins, das schon behandelt wurde? Vielleicht nehme ich eine neue Aufgabe, eine in Textaufgabenform, da ist ein Schritt vorher zu tun, die Wortform in etwas umzuformen, was zu berechnen ist. Vielleicht nehme ich die Aufgabe und ziehe die dann gemeinsam auf, um ein gemeinsames Beispiel an der Tafel und dann im Heft als Muster zu haben. Oder nehme ich die andere Art (ohne Text)? Nein, ich nehme die Textform. Ich gebe dann als Hausaufgaben die vom Blatt 8 d-e und

Erarbeitungs-phase	*mache die hier an der Tafel und gebe als mündlichen Hinweis, daß alles dann so auszusehen hat. Also: 2. Schritt: Vom Arbeitsblatt die Nr. 9, Schüler lesen vor. Aufgabenlösung gemeinsam an der Tafel. Lösungsschema: 1. Planfigur; 2. gegebene und gesuchte Größen; 3. Lösung mit Anlage des Satzes. So, dann mache ich das mal eben 'Planfigur malen und Lösungsmuster aufschreiben'. Da gehört dann ein Antwortsatz dazu. Das ist eine gute Aufgabe, da werden die Begriffe gut wiederholt. Fertig."* (10-Ma-w)
↓	
(Folie zur Erarbeitung eines Sachverhaltes)	Für die Einführung in das neue Thema „Satz des Pythagoras", die im folgenden geplant wurde, entschied sich die Lehrerin für eine Folie, auf der die entsprechende Figur dargestellt wird, die sie am Ende der Vorbereitung neu zeichnete.
	„Ich glaube, das muß ich noch mal neu zeichnen. Da dann nur noch 'Satz des Pythagoras' drüber schreiben und mal warten, was da kommt. Das muß sehr ordentlich sein, sonst wird das den Anstoß der Schüler erwecken: 'Bäh, da kann man ja nichts mehr erkennen!', und dann ist die Motivation direkt weg. Das muß ich gleich sauber zeichnen. Das lege ich dann auf und dann formulieren. Dann noch ein paar Aufgaben dazu, mehr werde ich nicht schaffen." (10-Ma-w)
↓	
Suche nach geeigneten Übungsaufgaben	Daran schloß sich eine Informationsphase an, in der im Schulbuch und den eigenen Unterlagen nach geeigneten Übungsaufgaben gesucht wurde.
	„Mal sehen, was das Buch dazu bietet. Das ist jetzt viel, weil ich es neu überlegen muß; wenn ich es schon mal gemacht hätte, hätte ich das alles schon. - Dieses Buch bietet einfach keine Standardaufgaben, immer was Besonderes, ich werde noch verrückt, ne, das kann man vergessen. Das heißt, ich muß wieder ein Arbeitsblatt machen.
↓	
Erarbeitungs-hase & Ergebnissicherung	*Dann wäre erst mal der nächste (3.) Schritt: Folie auflegen, 'Satz des Pythagoras' drüberschreiben; Schüleräußerungen abwarten und sammeln, daraus im Unterrichtsgespräch die Formulierung, die Formel und den Beweis erarbeiten."* (10-Ma-w)
	Anschließend folgte die endgültige thematische Festlegung und eine kurze Vorausschau auf die anschließenden Stunden. Die letzten Schritte für die Unterrichtsstunde wurden festgelegt, die Hausaufgaben ausgewählt und anschließend das Tafelbild aufgeschrieben.
↓ *Festlegen des Stundenverlaufs*	
↓ *Übungshase & Hausaufgaben*	*„Die Entscheidung steht jetzt, ich mache morgen den Satz des Pythagoras. Dann muß ich mir noch das Tafelbild überlegen, was die abschreiben müssen. 4. Schritt: Überschrift: Satz des Pythagoras. In einem rechtwinkligen Dreiecke gilt: ... Schüler schreiben ab und sollen die Figur wie auf der Folie darunterzeichnen. Damit denen das beim Zeichnen auch klar wird. Dann wäre der 5. Schritt: Anwendung. Dazu nehme ich eine Aufgabe, die nicht auf dem Arbeitsblatt steht, aus einem anderen Buch, das ist jetzt nicht*

5 Die Ergebnisse der Untersuchungen 163

*Folie
zeichnen*

deren Schulbuch aber eins mit vernünftigen Aufgaben dazu, also

„Lambacher Schweizer 9, S. 50 verschiedene Beispiele rechnen lassen, a) an der Tafel mit Aufgabenlösungssystem, Strategie anwenden, b) und folgende ins Heft in Einzelarbeit. Hausaufgabe: Reste vom alten Arbeitsblatt: ... *Das Buch muß ich für morgen mitnehmen, und dann muß ich jetzt noch die Folie zeichnen."
(10-Ma-w)*

Die Planungsergebnisse wurden sehr detailliert auf 2 Din-A4-Seiten festgehalten. Neben dem Thema der Stunde, der Klasse und dem Datum wurden die einzelnen Unterrichtsschritte, Fragestellungen, erwartete Schülerantworten, Arbeitsanweisungen für die Schülerinnen und Schüler, das Tafelbild, die Übungs- und Hausaufgaben notiert.

Zusammenfassend läßt sich auch hinter den hier vorgestellten Planungsprozessen ein relativ durchgängiges Handlungsschema erkennen, das wiederum im Anschluß durch eine Abbildung dargestellt und im folgenden erläutert werden soll.
In fast allen Fällen begann die Vorbereitung mit einer kurzen Rückbesinnung auf die vergangene Stunde und der Festlegung des Themas für die folgende. Daran schloß sich eine Informationsphase an, in der das Schulbuch bzw. verschiedene Schulbücher gesichtet wurden. Anschließend wurde der Ablauf der Stunde geplant. Einen großen Raum nahmen dabei die Überlegungen zum geeigneten Einstieg und zu der Wahl passender Einführungsbeispiele bzw. im Abschluß entsprechender Übungsaufgaben ein. Dabei wurden auch immer die erwarteten Schülerhandlungen mitbedacht.
Alle fünf Unterrichtsstunden wurden mit Hilfe des Schulbuches vorbereitet. Dabei orientierten sich zwei Lehrkräfte gleich im Buch, während die anderen zwei dies bewußt nicht taten, sondern sich zunächst eigene Gedanken über das weitere Vorgehen machten. Letztlich orientierten sich aber in allen Unterrichtsvorbereitungen die Lehrkräfte am Schulbuch. Es diente dabei insbesondere als Aufgabensammlung und weniger als didaktische Anregung, da in fast allen Fällen ein anderes Vorgehen als das im Schulbuch vorgegebene gewählt wurde. Zwei Lehrkräfte formulieren daher viel Text für die Schülerhefte. An dem so entstehenden fortlaufenden Text könne dann der inhaltliche Ablauf des Unterrichts nachvollzogen werden. Diese Lehrkräfte sind in ihrer Vorgehensweise relativ unabhängig vom Lehrbuch, das für sie fast ausschließlich als Aufgabensammlung dient.

„Da ich sehr viel Text schreiben lasse, bin ich nicht so an das Buch gebunden. Die Schüler haben dann in ihrem Heft nicht bloß die einzelne Aufgaben, sondern auch den stofflichen Aufbau." (7-Ma-m)

Außerdem wurden weitere Schulbücher aus der eigenen Materialsammlung gesichtet und alte, selber erstellte Unterrichtseinheiten verwendet. Ein Lehrerin zog zudem

---

[25] In diesen Zitaten sind die Planungsnotizen durch „Normalschrift" kenntlich gemacht

das Lehrerbegleitbuch zu Rate, um sich so das Durchrechnen der Aufgaben zu ersparen.
In allen fünf Fällen wurden die Planungsergebnisse im Verlauf der Planung schriftlich notiert. Die Aufschriebe hatten bis auf eine Ausnahme einen Umfang von einer halben bis ganzen Din-A4-Seite, auf der Stichpunkte zum Verlauf, zentrale Fragestellungen, das Tafelbild, wichtige Merksätze sowie Schlüsselfragen und vor allem Aufgaben, z. T. durchgerechnet, notiert wurden. Nur in einem Fall wurde ein fortlaufendes Manuskript erstellt. Auch bei diesen Aufschrieben wurden in der Überschrift Angaben zur allgemeinen Orientierung gemacht wie das Thema, Datum, die Klasse, die Lage der Stunde usw. Dabei unterschieden sich diese Notizen äußerst deutlich im Umfang und Verwendungszweck. Eine Lehrerin notierte sich nur Stichpunkte zur Abfolge der zu behandelnden Inhalte, die sie aber nicht im Unterricht verwenden, sondern nur als Gedächtnisstütze bei der Planung nutzen würde.

"Das war jetzt nur für mich, für die Planung. Im Unterricht brauche ich das nicht. Wahrscheinlich werfe ich das Blatt sowieso weg, denn irgendwie habe ich die Sachen dann auch im Kopf. Das liegt auch am Fach, weil in Mathematik der Inhalt die Struktur vorgibt, man ist dadurch festgelegt." (9-Ma-w)

Zwei Lehrer hielten den groben Unterrichtsverlauf, durchgerechnete Beispielaufgaben, die zur Einführung dienten, den Tafelanschrieb und die Übungsaufgaben (mit Seitenangabe im Schulbuch) schriftlich fest und orientierten sich im Unterricht an diesen Notizen. Eine Lehrerin fertigte ein sehr detailliertes fortlaufendes Manuskript an, wobei sich die schriftliche Planungsnotizen für eine Unterrichtsstunde über zwei Din-A4-Seiten erstreckten, in denen der Ablauf der Stunde, Fragen, erwartete Schülerantworten, der Tafelanschrieb und die zu bearbeitenden Aufgaben (mit Querverweisen zum Buch oder dem selber erstelltem Arbeitsblatt) festgehalten wurden.

"Ich schreibe mir eigentlich zu jeder Stunde, wenn nicht etwas Großartiges dazwischen kommt oder ich absolut keine Zeit habe, immer etwas auf ein Blatt, ein Vorbereitungsblatt, da steht immer oben, in diesem Fall Klasse 9 Mathematik und das Datum. Das mache ich deshalb, damit ich irgendwann, wenn ich mal fliegende Zettel habe, sehr schnell zuordnen kann, wo das hingehört. Da sagen sie mir immer alle, ich wäre zu penibel, aber ich mache das immer nach dem gleichen Schema, ich überlege mir auch immer das Thema, wie ich diese Stunde nennen will, das schreibe ich immer dazu, dann habe ich auch immer schon den Text fürs Klassenbuch oder die Kursmappe, und ich denke, daß ich mir das als Lehrer auch durchaus erlauben darf, wenn ich gut vorbereitet bin, den Zettel aufs Pult zu legen. Ich habe das immer dabei und orientiere mich dann an wichtigen Schritten, daß ich nicht den falschen Weg gehe oder mich umleiten lasse oder sonst was, dafür benutze ich auch immer einen Rotstift, um das Wichtige herauszuheben." (10-Ma-w)

Zudem fertigten drei Mathematiklehrerinnen Arbeitsblätter oder Folien für die Unterrichtsstunde an.
Insgesamt lassen sich diese Planungsabläufe folgendermaßen als Handlungsschema darstellen:

5 Die Ergebnisse der Untersuchungen

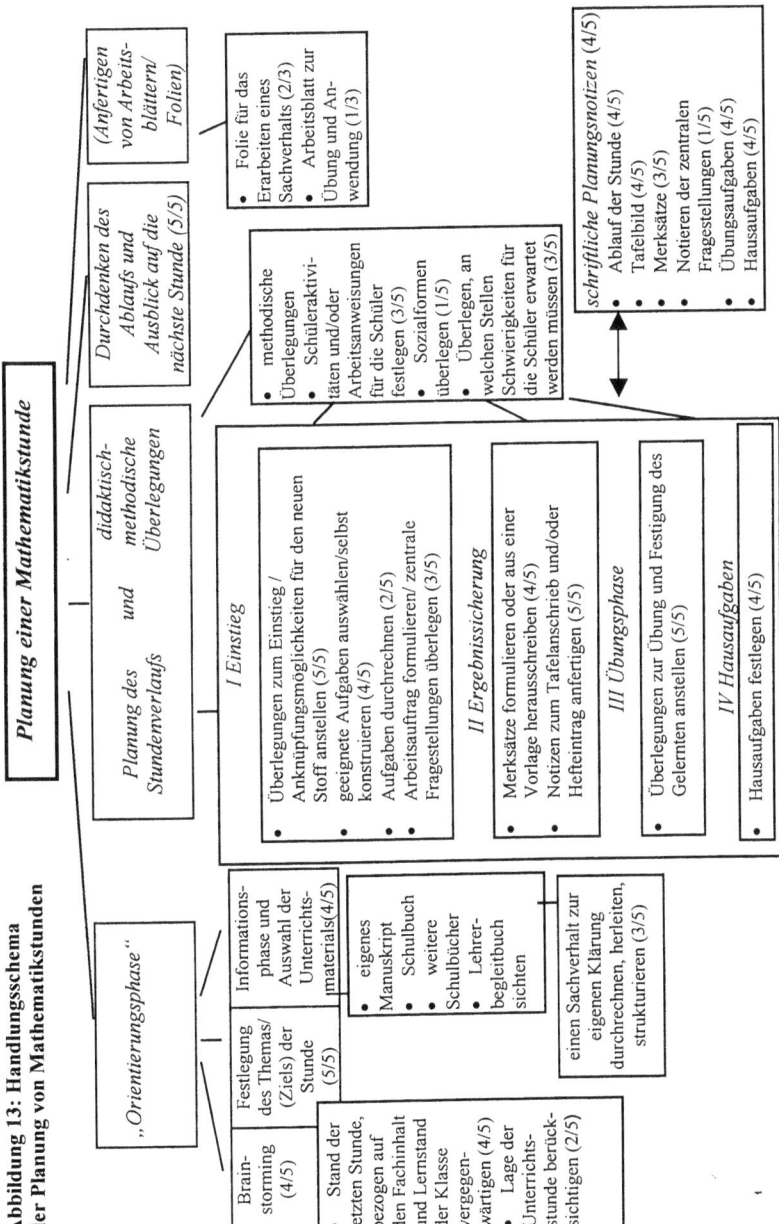

Abbildung 13: Handlungsschema
der Planung von Mathematikstunden

5.6.3 Planungsprozesse in Chemie

In Chemie wurden die Unterrichtsplanungen von zwei Lehrerinnen, von denen eine zwei Stunden vorbereitete, und zwei Lehrern untersucht. Hierbei handelte es sich einmal um die Planung einer Einführungsstunde und in drei Fällen um Stunden, die in der Mitte der jeweiligen Einheit lagen. Die als erste vorgestellte Stundenplanung bezog sich auf die letzte Stunde der Unterrichtseinheit „Indikatoren", für die ein Schülerversuch geplant wurde.

8. Klasse	„Indikatoren"

Die Vorbereitung dieser Wiederholungs- oder Übungsstunde eines Lehrers mit langjähriger Berufserfahrung im heimischen Arbeitszimmer war nach fünf Minuten bereits abgeschlossen. Hinzu kamen kurze Überlegungen zu den folgenden Stunden, so daß diese Sitzung insgesamt zehn Minuten dauerte.

Brainstorming (Inhalt)

Auch diese Planung begann mit einem kurzen Rückblick auf die vergangene Stunde.

„Wir sind jetzt bei den Indikatoren, sie haben jetzt verschiedene Indikatoren kennengelernt, wissen, wie die in verschiedenen Medien reagieren, im sauren, im alkalischen, im neutralen. ... Heute haben wir einen Rotkohlindikator hergestellt. Jetzt haben alle die Aufgabe, zu Hause alle möglichen Flüssigkeiten zu untersuchen." (11-Ch-m)

Thema

Danach wurde das Thema formuliert und der Stundenverlauf festgelegt.

Ablauf der Stunde

„In dieser Stunde lasse ich die mit dem Rotkohlindikator all das wiederholen, was wir letzte Stunde mit Phenolphthalein, mit Lackmus und Bromthymollblau gemacht haben: Welche Farben ergibt das mit Spüli, Waschmittel, Milch, Zitronensäure usw.? Das war es." (11-Ch-m)

Ausblick auf die folgenden Stunden

Außerdem wurden noch kurz organisatorische Überlegungen zur folgenden Unterrichtseinheit angestellt.

„Nach den Indikatoren steht Wasser an, dann muß ich mit dem Erdkundelehrer reden, mit dem Physiklehrer, haben die was von Dipolen gehört, mit dem Biologielehrer, Klärwerk usw. Wenn das schon besprochen wurde, kann ich darauf verzichten oder das anhand der Unterlagen wiederholen. Zunächst muß erst mal der Chemismus gemacht werden." (11-Ch-m)

Dieser Lehrer fertigte keine Planungsnotizen an. Im Nachgespräch erklärte er, nur für die Oberstufe die Planungsüberlegungen schriftlich festzuhalten. In der

Mittelstufe orientiert er sich an der Kopie des Chemieheftes einer Schülerin, die er vor einigen Jahren unterrichtet hat, um sicherzugehen, daß die zentralen Themen behandelt wurden und die Numerierungen durchgängig sind.

"In der Sek. I weniger. Ich habe vor zwei Jahren eine eigene Numerierung angefangen, dann habe ich mir von einer Schülerin ein Heft komplett kopiert und so weiß ich, was ich drangenommen habe. Wenn ich ein Schulbuch nehme, dann habe ich ja nicht alle 400 Seiten komplett besprochen, aber hier weiß ich, das habe ich gemacht. ... Jetzt muß ich aber aufstocken, denn das ist nicht das Material, mit dem ich bis zum 65. Lebensjahr arbeiten will." (11-Ch-m)

8. Klasse	„Das Periodensystem"

Die Lehrerin, die die Einzelstunde mit dem Thema „Das Periodensystem" plante, unterrichtet seit sechs Jahren Chemie. Ihre Unterrichtsplanung am Schreibtisch im Arbeitszimmer dauerte 20 Minuten.

Thema
↓
*Informations-
phase*
↓
(Lerngruppe)
↓
*Einstieg
(Wieder-
holung)*
↓
Erarbeitung
↓
*Ergebnis-
sicherung*

Die Vorbereitung der Stunde begann nach der Festlegung des Themas mit einer ausführlichen Informationsphase anhand des Schulbuches.

"Wir haben bis jetzt schon einige Gruppen von Elementen kennengelernt, Alkali-, Erdalkalimetalle, Edelgase usw. Nächste Stunde fangen wir dann mit dem Periodensystem an, wie die Elemente geordnet werden. Ich sehe jetzt erst mal nach, wie das hier im Buch machen, ich arbeite ganz gerne mit dem Buch, dann können die Schüler das da auch selbst nachlesen." (12-Ch-w)

Dabei wurde das vorgegebene Vorgehen vor dem Hintergrund der Interessen der Lerngruppe reflektiert.

Anschließend wurden der Stundenverlauf festgelegt und mit Querverweisen zum Buch schriftlich festgehalten.

"In dem Raum hängt dazu eine große Karte, da gucken die immer schon drauf und fragen. Die sind wirklich sehr aufgeschlossen und interessiert. Aber ich werde vorher noch ein bißchen wiederholen, was die noch über die Eigenschaften der Stoffe wissen, wie die Gruppen heißen usw. Ja, und dann werde ich dann den Aufbau des Periodensystems zunächst anhand dieser Abbildung im Buch erklären, die zeichne ich erst an die Tafel, und dann werden wir uns die große Karte ansehen. Dann formulieren wir einen Merksatz, und das übernehmen die dann ihr Heft." (12-Ch-w)

Zum Schluß formulierte die Lehrerin noch den Merksatz und skizzierte das Tafelbild.

Die Planungsnotizen dieser Lehrerin fanden auf einer halben Din-A4-Seite Platz und beinhalteten neben dem erwähnten Tafelanschrieb auch Angaben zur allgemeinen Orientierung wie die Klasse und das Thema der Stunde.

8. Klasse „Wasser als Lösungsmittel"

Die Lehrerin, die die Unterrichtsstunde „Wasser als Lösungsmittel" vorbereitete, verfügte über eine langjährige Berufserfahrung. Da sie in den vergangen 21 Jahren dieses Thema mehrfach behandelt hatte, dauerten ihre Planungsüberlegungen lediglich zehn Minuten.

Brainstorm- Für diese Stunde plante die Lehrerin einen Versuch. Die
ing (Inhalt) Planungsüberlegungen bezogen sich nach einem kurzen
↓ Brainstorming im wesentlichen auf die Versuchsdurchführung und
den weiteren Ablauf der Stunde.

Thema „*Ich möchte mit denen den Zusammenhang von der Löslichkeit von*
↓ *Stoffen und Temperatur behandeln, und dazu mache ich dann einen*
kleinen Versuch. Ich werde erst einmal eine gesättigte
Kochsalzlösung erwärmen, die nimmt dann kaum noch Kochsalz
Planung des auf. Dann mache ich das gleiche mit einer gesättigten
Versuchs Kupfersulfatlösung, die nimmt bei der erhöhten Temperatur dann
↓ *wieder recht viel Kupfersulfat auf. Dann lasse ich das abkühlen und*
man sieht dann, wie das Kupfersulfat in Kristallen ausfällt. Dazu
machen wir dann an der Tafel eine Skizze und schreiben ganz genau
den Versuchsaufbau, die Beobachtung usw. auf. Das schreiben die
dann ab. Ja, und das war's." (13-Ch-w)

Ergebnis-
sicherung Abschließend wurde der Tafelanschrieb notiert. Weitere Planungsnotizen wurden nicht angefertigt.

Diese Lehrerin bereitete im Anschluß daran die folgende Stunde für eine 9. Klasse vor.

9. Klasse „Redoxreaktion und Oxidationszahl"

Diese Vorbereitung war ebenfalls nach zehn Minuten abgeschlossen, da die Lehrerin ihre Planung eng an ein ausgearbeitetes Materialpaket anlehnte.

Thema Grundlage dieser Stundenplanung war ein Artikel aus einer
↓ Fachzeitschrift. Das dort gewählte Vorgehen und das Material wurden von der Lehrerin weitgehend übernommen und verkürzten dadurch den eigenen Planungsaufwand erheblich.

5 Die Ergebnisse der Untersuchungen 169

Informations-
phase
↓
Einstieg
(Wieder-
holung)
↓
Erarbeitung
(Folie)

„*Ich sehe mir immer die Zeitschriften an. Ich schaue, was gibt es Neues, was haben die für Versuche, was für Folien, wie sehen deren Tafelbilder aus, was kann man zusätzlich machen? Hier habe ich neulich eine fertige Einheit zum Thema 'Redoxreaktion und Oxidationszahl' gefunden, das ist erprobt, die schreiben auch immer, wie es gelaufen ist. Ich habe das dann auf meine Schüler zugeschnitten und unterrichte jetzt danach. Gestern haben wir den Versuch gemacht. Für morgen werde ich diese Abbildung hier kopieren, und die werden wir besprechen. Vorher wiederholen wir noch ein wenig das, was wir letzte Stunde besprochen haben, und das war's dann."* (14-Ch-w)

Für diese Stunde wurden keine Planungsnotizen angefertigt.

9. Klasse	„Kohle, Erdöl und Erdgas"

Die Einführungsstunde zur Einheit „Kohle, Erdöl und Erdgas" wurde von einem Lehrer, der über 20 Jahre Berufserfahrung verfügt, in seinem Arbeitszimmer vorbereitet.

Informations-
phase
↓
Thema
↓
Einstieg
(Wiederholung
& Film)
↓
Ausblick auf
die nächste
Stunde
(Schüler-
interessen)

Die Planung dieser Unterrichtseinheit wurde durch die bereits vorhandenen Aufschriebe zu dieser Einheit verkürzt. Die dort gewählte Sequenzierung des Stoffes wurde nach einer kurzen Durchsicht übernommen und sofort mit der Vorbereitung der ersten Stunde begonnen.

„*Ich habe vorher den Erdkundelehrer gefragt, was die schon von dem Thema wissen. Da haben die schon einiges zu Kohle besprochen, da kann ich dann drauf verzichten. Ich wiederhole das dann nur kurz mit denen, 'Wie ist Kohle entstanden?' usw. Mal sehen, was da so kommt. Ich habe da auch einen guten Film zu, da ist auch schon was zum Erdöl und Erdgas drin. Den schauen wir uns dann an, besprechen den, und das war's. In der nächsten Stunde fangen wir mit dem Erdöl an, Entstehung, Gewinnung, Veredelung, Verwendung usw. Ich werde versuchen, später auch einige Schülerversuche durchführen zu lassen, da sind viele in der Klasse, die da sehr interessiert dabei sind. Wir haben nur das Problem mit dem Stundenplan dieses Jahr. Es sind keine Doppelstunden dabei, da kriegt man dann schon Schwierigkeiten und kann nur kleinere Sachen machen, denn das braucht ja auch viel Zeit, das Auf- und Abbauen und die Ergebnisse festhalten, das zerfleddert dann so."* (15-Ch-m)

Auch bei dieser Planung, die 15 Minuten beanspruchte, wurden keine Notizen angefertigt.

Zusammenfassend fällt zunächst auf, daß die in dieser Untersuchung beobachteten Unterrichtsvorbereitungen von Chemiestunden vergleichsweise knapp ausfielen. Dies lag nach Aussage der befragten Lehrkräfte vor allem daran, daß die Inhalte, Stundenabläufe, zentralen Fragestellungen usw. in der Mittelstufe durch die langjährige Berufserfahrung verinnerlicht seien und in den meisten Fällen daher ein kurzes Durchdenken der Stunde ausreiche. Im Gegensatz dazu seien die Vorbereitungen für den Oberstufenunterricht äußerst zeitintensiv.
Auch wenn die Planungsverläufe durch die langjährige Berufserfahrung und Routine der Lehrkräfte deutlich verkürzt wurden, lassen sich auch hier ähnliche Planungsphasen wie bei den Planungsprozessen in Deutsch und Mathematik identifizieren, die allerdings z. T. andere Teilschritte umfassen. Auch die beobachteten Chemielehrkräfte begannen die Planung mit einer Orientierungsphase, die das Brainstorming, die Festlegung des Stundenthemas und gegebenenfalls eine Informationsphase umfaßte. Hierbei verwendeten sie unterschiedliches Material: das Schulbuch, vorhandene Aufschriebe und einen Film sowie einen Aufsatz aus einer Fachzeitschrift. Zwei Lehrkräfte verzichteten völlig auf die Sichtung von Material, da ihnen die Stunden einfach klar waren. Sonst verwendet der eine Lehrer folgendes Material:

„In der Mittelstufe nutze ich hauptsächlich die Chemiebücher und Zeitschriften. Nicht nur das Schulbuch, wir bekommen ja auch so viel zugeschickt von Verlagen, dazu kommen Fachzeitschriften. Das bedeutet viel Arbeit, festzuhalten, welche Themen die behandeln. Vor einigen Jahren habe ich angefangen, alle Themen halbjahresbezogen aus den Zeitschriften, die mir zugänglich sind, im PC zu archivieren. Das ist viel Arbeit. Aber so hat man immer viel Aktuelles." (11-Ch-m)

Die Phase „Planung des Stundenverlaufs und didaktisch-methodische Überlegungen" umfaßt in Chemie vor allem das Nachdenken über den Einstieg in die Stunde und, falls ein Versuch geplant wird, zudem den Teilschritt Ergebnissicherung. In drei Fällen wurde abschließend der Ablauf der Stunde durchdacht und kurze Überlegungen zu der folgenden Stunde angestellt.
Die Planungsergebnisse wurden zweimal schriftlich festgehalten. Eine Lehrerin machte sich für die eine Stunde auf einer halben Din-A4-Seite einige Stichpunkte zum Unterrichtsverlauf, Querverweise zum Buch und notierte den Tafelanschrieb, bei der anderen Vorbereitung verzichtete sie auf Notizen. Auch der eine Lehrer formulierte nur für eine der geplanten Stunden (die mit dem Versuch) den Tafelanschrieb und wichtige Merksätze vor.

„Ich finde, das ist ganz wichtig, daß die Schüler das korrekte Vorgehen lernen. Daher schreibe ich mir das auch genau auf: Problemstellung, Versuchsaufbau, Beobachtung und Ergebnis."(13-Ch-w)

Der andere Lehrer verzichtete - zumindest in der Mittelstufe - auf eigene Planungsnotizen. Zudem wurde einmal eine Folie angefertigt. Insgesamt ergibt sich daher folgendes Handlungsschema für die Planung von Chemiestunden:

5 Die Ergebnisse der Untersuchungen

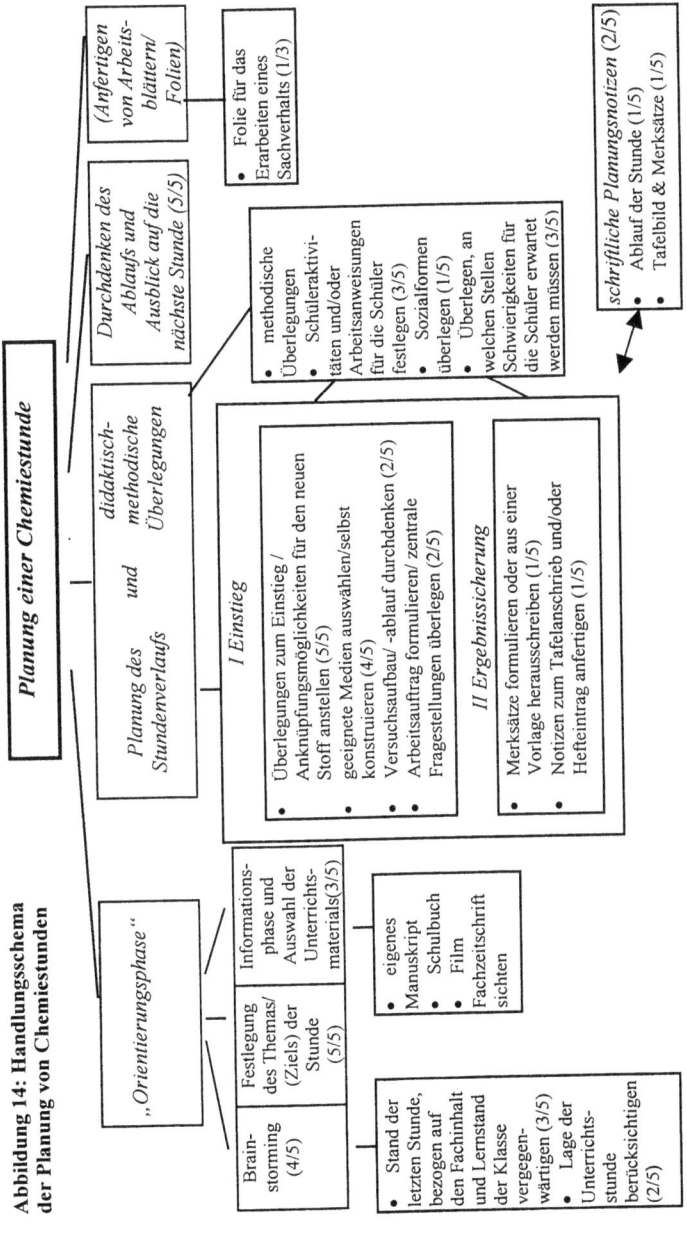

Abbildung 14: Handlungsschema der Planung von Chemiestunden

5.6.4 Der Inhalt der Planungsüberlegungen

Bei der Darstellung der Planungsverläufe wurden bereits die wesentlichen Inhalte der Planungsüberlegungen deutlich. Ein weiteres Interesse dieser Arbeit war aber zudem die Frage nach den Planungselementen, die vielleicht nicht explizit genannt, aber implizit dennoch berücksichtigt wurden. Aufschluß darüber gaben vor allem die Nachgespräche im Anschluß an die Vorbereitung. Aber auch die hier dargestellten Planungen von Unterrichtseinheiten zeigten, daß viele Elemente bereits in dieser Phase berücksichtigt und quasi abgehakt werden und daher bei der Planung der Einzelstunde nicht erneut auftauchen. So werden beispielsweise häufig das benötigte Material bei der Planung der Einheit zusammengestellt, und diese Phase entfällt dann bei der Vorbereitung der Einzelstunde.

Die Vorbereitung der drei **Unterrichtseinheiten** umfaßte im wesentlichen eine *Informationsphase*, in der Schulbücher, Zeitschriften und anderes Material gesichtet wurden. Dabei wurden die zu behandelnden *Inhalte* ausgewählt und deren Reihenfolge festgelegt. Bei dieser Auswahl des Lernstoffs waren nicht nur dies Material ausschlaggebend, sondern auch die subjektiven Vorlieben der einzelnen Lehrkraft.
In allen Fällen wurden der *grobe zeitliche Rahmen* für die Einheit bestimmt und in einem Fall auch ein möglicher Termin für eine Klassenarbeit anvisiert. Nach dieser *Gliederung* der Einheit begannen die drei Lehrkräfte mit der Vorbereitung der ersten zwei bis drei Unterrichtsstunden. Der Rest wurde offengehalten.
Im Zentrum dieser Überlegungen standen damit vor allem die *Inhalte*, was nach Aussage der befragten Lehrkräfte auch das Nachdenken über die Lernziele impliziere (s. u.). Im Nachgespräch betonten die Lehrkräfte zudem, daß sich die Auswahl der Inhalte an den Vorgaben des gültigen Lehrplans bzw. Schulcurriculums orientiere, obwohl dieses Material bei der Unterrichtsplanung nicht verwendet wurde. Dies läge daran, daß man durch deren jahrelange Gültigkeit die Reihenfolge der zu behandelnden Inhalte verinnerlicht habe, so daß sich ein Blick in diese Vorgaben erübrigt.

„Die Abfolge der Themen ist durch den Lehrplan vorgegeben und dann haben wir uns mal vor Jahren auf eine bestimmte Sequenz geeinigt und eine Auswahl getroffen, so daß wir ein festgelegtes Raster haben. Momentan brauche ich nicht in den Lehrplan zu gucken, der ist überaltert, in zwei Jahren gibt es einen neuen. Ich war auf einer Fortbildung, dort hat man uns etwas an die Hand gegeben, wie der neue aussehen soll. Darüber brauche ich mir aber noch keine Gedanken zu machen." (11-Ch-m)

Lediglich für den Unterricht in der Oberstufe vergewissern sich fast alle Lehrkräfte in den Lehrplänen, um sicher zu gehen, die Abiturbedingungen zu erfüllen.

„Eigentlich weniger, in der Unterstufe schon gar nicht, in der Oberstufe deshalb in etwa, weil man gezwungen ist, auf die Abiturbedingungen zu achten. In der Unterstufe ist das aber anders. Weil bestimmte Themen, beispielsweise in der Klasse 7/8 Inhaltsangabe, Charakterisieren usw., die sind einfach vorgegeben, ich weiß auch, daß das drinsteht, die sind auch abgedeckt durch den Lehrplan." (5-De-m)

5 Die Ergebnisse der Untersuchungen

In Mathematik kommt bei der Stoffauswahl und -abfolge dem Schulbuch ebenfalls eine zentrale Orientierungsfunktion zu.

> *„Den Lehrplan habe ich im Kopf, den kramt man nur manchmal wieder raus, wenn man Abiturvorschläge machen muß. Wir haben ja einen internen, aber man orientiert sich im wesentlichen am Buch. Man hat sich da zwar schon mal mit beschäftigt, aber das ist auch schon länger her."* (8-Ma-m)

> *„Wenn man etwas Neues hat, guckt man da schon rein, aber die Bücher die man hat, sind ja lehrplangemäß, da guckt man sich schon vorher an (zu Beginn des Schuljahres). Was macht man, was muß man machen, wieviel Zeit hat man, in welcher Reihenfolge geht man vor? Dadurch steht das ja fest. ... Man muß nur in der Oberstufe aufpassen, da muß man ja alles wasserdicht haben."* (10-Ma-w)

Außerdem wurden auch Entscheidungen über den *Medieneinsatz* getroffen. *Methodische Überlegungen* fehlten dagegen gänzlich.

Sofern es sich nicht um die Einführung in ein neues Thema handelte, begannen alle Lehrkräfte bei der Planung der **Einzelstunden** mit einer kurzen *Rückbesinnung* auf die vergangene Stunde. Dabei stellten sie fest, wie weit sie inhaltlich gekommen waren und welche Grundlagen oder inhaltlichen Lernvoraussetzungen die Schülerinnen und Schüler für das zu bearbeitende Thema mitbringen. Reflexionen im Sinn einer Nachbereitung wurden nicht verbalisiert. Fast alle Lehrkräfte erklärten, daß sie sich so gut wie nie nochmals mit der Vorbereitung beschäftigen. Sie begnügen sich mit einem kurzen Durchdenken des Unterrichts im Anschluß an die Stunde. Nachbereitung findet nur statt, wenn die Stunde nicht gut gelaufen ist, ansonsten wird die Vorbereitung abgehakt. Manchmal werden allerdings im Verlauf der Stunde die Planungsnotizen mit kurzen Hinweisen versehen wie: „zu schwierig", „weglassen" u. ä., oder wenn sich in der Stunde gute Alternativen zum Vorgehen oder spontane Einfälle als brauchbar erwiesen haben, werden diese ergänzt.

In einigen Fällen wurde auch die *Lage der Stunde* in die Planungsüberlegungen einbezogen. Dabei wird berücksichtigt, an welchem Wochentag und zu welcher Uhrzeit der Unterricht stattfinden soll, oder ob es sich um eine Doppel- oder Einzelstunde handelt.

> *„Für Versuche braucht man häufig eine Doppelstunde, oder die Apparate müssen vorher schon stehen. Das muß dann ganz anders vorbereitet werden. Dann muß man überlegen: Ist das eine 1. oder 6. Stunde? In der 6. Stunde kann man keinen Versuch machen."* (12-Ch-w)

Danach wurde das *Thema* festgelegt, und es folgte bei zwölf der 15 Planungen (dreimal in Deutsch, fünfmal in Mathematik und viermal in Chemie) eine *Informationsphase* anhand der bereits genannten Literatur.

Lernziele wurden in nur zwei Fällen formuliert. Im Nachgespräch stellte sich aber heraus, daß fast alle Lehrkräfte bei der Themenauswahl die Lernziele bereits implizierten, was auch folgende Äußerung deutlich macht:

„Ich habe schon für jede Stunde ein Lernziel. Das brauche ich aber nicht vorzuformulieren. Das Ziel ist im Thema enthalten." (4-De-w)

Für die Lehrkräfte bereitete es keine Schwierigkeiten, aus dem Stegreif die Lernziele zu formulieren, die sie in der Stunde erreichen wollen. Dabei handelt es sich aber fast ausschließlich um stoffbezogene Ziele. Nur die eine Lehrerin, die die Einheit zum Jugendbuch plante, wollte mit der Einheit zudem erreichen, daß die Schülerinnen und Schüler auch privat mehr lesen.

„Die lesen einfach nicht mehr viel, ich hoffe, daß diese Einheit wieder einen Pusch gibt, daß die auch für sich mal mehr lesen." (3-De-w)

Aber auch die Stoffauswahl und Sequenzierung des Stoffes für eine Einheit oder Stunde beinhaltet nach Aussagen der befragten Lehrkräfte die Festlegung von Lernzielen, bzw. die Zielvorstellungen der Lehrerin oder des Lehrers bestimmten die Auswahl. Lernziele bestehen für die befragten Lehrkräfte somit aus den Ergebnissen, aus dem, „was in der Stunde herauskommen soll". Diese Ziele werden nicht in operationalisierter Form expliziert, sind aber letztlich in den anvisierten Unterrichtsergebnissen enthalten, zumal diese die Grundlage für Klassenarbeiten und Tests bilden. Über diese Ziele für die Klassenarbeiten dachten zwei Lehrkräfte auch bei der Stundenplanung nach. Damit sind, ebenso wie bei dem Nachdenken über die Hausaufgaben (s. u.), auch Fragen der *Lernkontrolle* mitbedacht.

„Ich muß sie dann nächste Stunde dazu bringen, daß sie jedesmal die Sätze dazuschreiben, die sie verwenden, bzw. welche Formeln, denn später gibt es auch noch den Höhensatz usw. Und dann gibt es ein einziges Wirrwarr, und dann wird es wahrscheinlich auch im Kopf durcheinandergehen. Dann werde ich denen morgen sagen, es muß in der Arbeit dabei stehen, sonst gibt es einen halben Punkt Abzug." (10-Ma-w)

Anschließend wurde der *Verlauf der Stunde* geplant und z. T. schriftlich fixiert. Bei elf Planungen wurden Überlegungen zum *Einstieg* angestellt. Dabei verbalisierten drei Lehrkräfte verschiedene Alternativen und entschieden sich dann für eine. Viermal wurde mit einer kurzen Wiederholung der vorangegangenen Stunde begonnen, in drei Fällen wurde die Hausaufgabenkontrolle an den Anfang der Stunde gesetzt. Die übrigen Einstiege begannen direkt mit der Problemstellung z. T. illustriert durch ein Medium (Film, Versuch), das sofort zum Thema führte. Ansonsten wurde ein Text, eine Aufgabe an der Tafel, eine Folie usw. als Impuls, evtl. mit Zusatzfrage, eingesetzt. Überlegungen zur *Motivation* wurden nicht angestellt. Die Lehrkräfte gehen offenbar davon aus, daß diese Impulse bereits motivierend genug sind. Nur wenn die Schülerinnen und Schüler über einige Stunden hinweg uninteressiert wirken, wird über Fragen der Motivation nachgedacht.

5 Die Ergebnisse der Untersuchungen

„Man merkt ja, das läuft heute gar nicht, die sind gar nicht bei der Sache. Wenn das über einen längeren Zeitraum geht, nicht nur eine Stunde, drei vier Stunden, dann wird es Zeit sich zu überlegen: Was läuft falsch? Ist es zu viel Theorie, zu viel Tafelchemie? Brauchen die mal wieder Praxisbezug, daß die mehr kochen? Ich mache eigentlich viele Versuche, aber daß man dann doch wieder mehr Übungsphasen einlegt, der theoretische Hintergrund vielleicht zu hoch geschraubt ist. Darüber denke ich dann nach." (11-Ch-m)

Daran anschließend wurden gegebenenfalls die Formulierung des Tafelanschriebes zur *Ergebnissicherung* und die *Übungsphase* vorbereitet. In neun Fällen wurden die *Hausaufgaben* überlegt.

Der Stundenverlauf wurde bei sechs der 15 geplanten Stunden sehr detailliert vorbereitet, in den übrigen Fällen wurden nur Überlegungen zum Einstieg angestellt und der Rest für die konkrete Ausgestaltung in der Stunde offen gehalten. Alle Lehrkräfte antizipierten somit mehr oder weniger ausführlich den Ablauf der Einheit bzw. Stunde. Dabei wurde das *Stundenende* von keiner Lehrkraft explizit geplant. Die Lehrerinnen und Lehrer hatten eher ein Gefühl, wieviel Stoff in einer Stunde „durchzunehmen" ist. Am Ende der Vorbereitung äußerten sich einige etwa: *„Das dürfte für die Stunde reichen."* oder *„Damit müßte die Stunde ausgefüllt sein."*

Bei der Gliederung der Stunde wurde gleichzeitig auch das *methodische Vorgehen* festgelegt und damit auch die den Schülerinnen und Schülern zugedachte Rolle. Dabei wurden auch mögliche Schwierigkeiten berücksichtigt und Arbeitsanweisungen für die Lerngruppe u. ä. formuliert. In fast allen Fällen entscheiden sich die Lehrkräfte für Formen des Frontalunterrichts mit Lehrerinformation oder Lehrer-Schüler-Gespräch, bei der Bearbeitung von Übungsaufgaben für die Einzelarbeit, einmal auch für Partnerarbeit bzw. Gruppenarbeit. Letztgenannte Sozialformen spielen aber für den Unterricht eine deutlich untergeordnete Rolle und werden nur in seltenen Fällen praktiziert:

„Wenn sich das anbietet, bei der Interpretation von Dramen oder Romanen beispielsweise, dann lasse ich das auch in Gruppenarbeit machen. Das ist abhängig vom Thema. Hängt aber auch von der Klasse ab. Ich habe in den letzten Jahren zunehmend das Gefühl gehabt, daß Schüler diese Gruppenarbeit nicht so unbedingt lieben, daß man da nicht auf Begeisterung stößt. Es gibt aber dabei doch ganz ordentliche Ergebnisse, das ist abhängig von der Zusammensetzung der Gruppe, das kann man auch nicht unbedingt beeinflussen, da müssen die sich selbst zusammenfinden. In der Unterstufe kann man halt Partnerarbeit oder Gruppenarbeit machen, im kleineren Rahmen." (5-De-m)

„Das liegt auch am Fach (Mathematik), weil der Inhalt die Struktur vorgibt, man ist dadurch festgelegt. Und methodisch kann man da auch nicht viel machen, irgendwelche Gruppenarbeit eh nicht, wenn nur Partnerarbeit, daß die zusammen mal gucken, das sind die auch gewohnt, aber im wesentlichen ist das auch immer wieder ein Wechsel zwischen gebundenem Unterrichtsgespräch und Schülerarbeit." (8-Ma-m)

Bei allen 15 Unterrichtsplanungen wurden Äußerungen zu *Schüleraktivitäten* verbalisiert. Dies betraf Arbeitsaufträge wie: *„Schüler lesen, tragen ins Heft ein, führen Versuch durch, räumen auf"* u. ä. Oder es wurde das erwartete Schülerverhalten antizipiert.

„Als Einstieg wird erst mal ein Viereck zu zeichnen sein, dann werden wir gemeinsame Bezeichnungen festlegen. ... Wir schauen uns ein Viereck an, dann werden schnell Begriffe wie Rechteck oder Quadrat im Raum stehen. Die Schüler werden sagen, ein Viereck ist ein Rechteck und solche Sachen, das werden wir also ausmerzen müssen." (9-Ma-w)

Die Äußerungen zu den Schüleraktivitäten betrafen fast immer die Klasse in ihrer Gesamtheit oder eine Gruppe von ihnen, nie die Einzelpersonen.

„Ich denke da jetzt an ein paar leistungsstärkere Schüler." (6-Ma-m)

Individualisierungs- und Differenzierungsmaßnahmen wurden nicht verbalisiert. Die Unterrichtsvorbereitung bezog sich immer auf alle Schülerinnen und Schüler. Äußerungen bezüglich schwacher oder schwieriger Schülerinnen und Schüler fielen nur einmal.

„Ja, man denkt jetzt schon an Schüler, an leistungsschwache Schüler, wenn ich jetzt eine Aufgabe durchgehe, dann denke ich schon an einzelne Schüler, für den könnte es schwierig werden, da mußt du jetzt an der Stelle den noch mal anders heranführen. ... Aber verschiedene Aufgaben reinzubringen (leistungs-differenzierte) halte ich für schwierig, da nimmt man dann ja direkt so eine Wertung vor." (9-Ma-w)

Auch im Nachgespräch wurde deutlich, daß Differenzierungsmaßnahmen bezüglich einzelner Schülerinnen oder Schüler seltener Thema bei den Planungsüberlegungen sind.

„Ich denke für die Planung spielt das für mich keine derart große Rolle, weil, wenn ich anfangen müßte zu differenzieren, das könnte ich schlecht machen, das heißt ich müßte Gruppenarbeit machen, um schwächeren Schülern die Möglichkeit zu geben, Sonderthemen, eigene, leichtere Themen zu bearbeiten. Das könnte dazu führen, daß sie noch weiter zurückfallen. ... Ich weiß, daß das in anderen Fächern anders ist, leichter ist, beispielsweise in Mathematik, für einige Schüler Aufgaben vorzubereiten zum Nacharbeiten. Aber das ist ja eigentlich nicht unser Geschäft, bei uns geht es um den Umgang mit Texten, die Auswertung, die Analyse von Texten, das wird jeweils gemeinsam am entsprechenden Material gemacht, und schwächere Schüler müssen versuchen, das nachzuvollziehen, was im Unterricht gemacht wird, um das beim nächsten Mal konkret anzuwenden." (5-De-m)

Differenzierungsmaßnahmen werden aber während des Unterrichts in dem Sinne getroffen, daß beispielsweise schwache Schülerinnen oder Schüler bei einfachen Fragen oder Aufgaben drankommen. Nur wenn die Klasse insgesamt leistungsschwach ist, wird dies in die Planungsüberlegungen mit einbezogen.

„Ich denke da (über schwierige oder schwächere Schüler) eigentlich weniger drüber nach. Das kommt sehr auf die Klasse an, es gibt Klassen, da muß man das sehr intensiv ins Kalkül ziehen, daß es da zu Verzögerungen kommt, Verständnisprobleme, daß man eine Phase einplanen muß, das man nachfragt oder einige Beispiele mehr rechnen muß, daß es zeitlich nicht so hinkommt." (6-Ma-m)

Die Frage nach möglichen Maßnahmen bei schwierigen Schülerinnen oder Schülern haben die Lehrkräfte im Nachgespräch zunächst auf Schwierigkeiten disziplinärer Art bezogen, die während des Unterrichts auftreten und deshalb ihre Maßnahmen genannt.

„Ja klar, vor allem bei Disziplinproblemen. Dann überlege ich beispielsweise, ob ich was an die Tafel schreibe, oder diktiere ich das. Manchmal geht es nicht anders, als schnell diktieren, daß man wieder Ruhe hat, solche Sachen, das geht dann schon. Im Moment geht es, bis auf die Hausaufgaben, daß ich das kontrollieren muß. Sonst die normalen Sachen, wie für Ruhe sorgen, das plane ich hier nicht."(10-Ma-w)

Wie man darauf reagiert, wird aber nicht bei der Planung berücksichtigt, sondern nach Aussage der Lehrkräfte spontan im Unterricht entschieden.

„Ich denke nicht darüber nach, wie ich auf Störungen reagiere. Das entscheide ich spontan im Unterricht. Das geht mir dann danach in der Stunde oder im Anschluß im Lehrerzimmer durch den Kopf. Da sage ich mir manchmal, das war falsch, wie du den behandelt hast. Aber da denke ich nicht bei der Planung drüber nach, wie ich in dem Moment zu reagieren habe." (11-Ch-m)

Bei den Planungsüberlegungen war die konkrete *Lerngruppe* somit immer irgendwie präsent. Diese Berücksichtigung besteht vor allem im Anpassen des Stoffes an die Schülerinnen und Schüler bezüglich der Schnelligkeit des Vorgehens, aber auch bei methodischen Überlegungen. Auf die Stoffauswahl hat die Klasse aber nur geringen Einfluß, es wird versucht, den Stoff durchzubringen.

Alternative Überlegungen zur Vorgehensweise wurden nicht nur beim Einstieg reflektiert. In sechs weiteren Stunden wurden bei der Auswahl des Stoffes (Texte, Aufgaben), der Medien (Film, Arbeitsblatt, Folie) und bei methodischen Überlegungen (Lehrerversuch, Schülerversuch, Einzelarbeit, gemeinsames Erarbeiten) Alternativen erwogen. Dabei legten sich die Lehrerinnen und Lehrer aber immer auf ein Vorgehen fest. Der Grund der Entscheidung wurde nur zweimal verbalisiert.

In allen fünfzehn Vorbereitungen wurden Angaben zur *Mediennutzung* gemacht. Neben der Tafel war für fünf Stunden der Einsatz eines Arbeitsblattes, dreimal einer Folie vorgesehen. In sieben Stunden sollte das Schulbuch eingesetzt werden. Weiterhin wurden ein Film sowie für zwei Chemiestunden das entsprechende Material für die Versuche verwendet.

Der *Schwerpunkt der Planung*, vom zeitlichen Umfang der Verbalisationen betrachtet, liegt somit in der Beschaffung von Informationen (sich kundig machen bzw. sich den zu behandelnden Stoff vergegenwärtigen), der Stoffauswahl und der sequentiellen Gliederung der Unterrichtsinhalte. Teilweise erfolgt dies gleichzeitig. Auf die Festlegung der Unterrichtsmethoden wird wenig Zeit verwendet. Werden Medien - meist Arbeitsblätter oder Folien - erstellt, so nimmt auch dies relativ viel Zeit in Anspruch.

Die Stundenplanungen wurden in zehn Fällen *schriftlich* im Verlauf der Planung festgehalten. Bei acht der Planungsnotizen sind Angaben über Medien (Tafel, Buch, Folie, Film) und die zu verwendenden Arbeitsblätter vorhanden. Für sechs Unterrichtsstunden wurden die Tafelanschriebe ausführlich formuliert. Die Planungsnotizen sind chronologisch, entsprechend dem Stundenverlauf, gegliedert. Die Aufschriebe enthalten fast überwiegend Bemerkungen zum Inhalt, meist stichwortartig, nur in zwei Fällen in ausformulierten Sätzen. Bei drei Lehrkräften finden sich auch Hinweise für Arbeitsaufträge. Zwei Lehrkräfte schrieben sich auch Leitfragen oder Impulse auf. Hinweise über das methodische Vorgehen sind nur in einem Konzept enthalten.

5.7 Das handlungsleitende Lehrerwissen

Im folgenden werden die vorliegenden Aussagen und Ergebnisse zum handlungsleitenden „Lehrerwissen" vorgestellt. Dabei geht es zum einen um Teile des im Verlauf der Berufsausübung erworbenen Erfahrungswissens. In diesem Zusammenhang werden die Rolle der Berufserfahrung, die Bedeutung, die die Lehrkräfte der Unterrichtsplanung allgemein zuschreiben, Strategien bei knapper oder fehlender Vorbereitung, die Gründe für die Planung sowie die Ziele, die verfolgt werden, thematisiert. Zu diesen Punkten liegen sowohl Äußerungen der 35 hessischen Lehrkräfte aus der Interviewstudie als auch der elf Lehrerinnen und Lehrer vor, die im Anschluß an das Laute Denken befragt wurden. Zum anderen wird nach der Bedeutung didaktischer Modelle für die Unterrichtsplanung gefragt, also nach der Handlungswirksamkeit des im Verlauf der Ausbildung erworbenen Berufswissens, wozu sich die elf im Anschluß an das Laute Denken befragten Lehrkräfte geäußert haben.

5.7.1 Bedeutung der Unterrichtsplanung und Strategien bei knapper Vorbereitungszeit

Alle 46 befragten Lehrkräfte betonten die grundsätzliche Bedeutung der Unterrichtsvorbereitung für den Unterrichtserfolg und damit auch für die Zufriedenheit mit der eigenen Arbeit. Die meisten von ihnen bereiten ihren Unterricht auch im großen und ganzen gerne vor. Das hinge aber auch von der Stunde oder Klasse ab.

> *„Ich bereite meinen Unterricht eigentlich sehr gerne vor, vor allem Einführungsstunden. Aber es gibt halt auch so Stunden, die nicht viel hergeben, wo auch die Vorbereitung nicht erbaulich ist, bei reinen Übungsstunden, wo man die Aufgaben vorher durchrechnen muß, das ist dann eine lästige Vorbereitung."(6-Ma-m)*

Die persönlichen Gründe, warum Unterricht geplant und vorbereitet wird, sind dabei wie im folgenden deutlich wird, recht unterschiedlich. Dabei sehen fast alle befragten Lehrkräfte eine gründliche Vorbereitung generell als Voraussetzung für einen erfolgreichen Unterricht an.

5 Die Ergebnisse der Untersuchungen 179

"Gerade in Mathe ist es so, wenn man sich das nicht gut überlegt, dann es gibt es viele Fallen und Ungenauigkeiten, was bei allen Schülern große Verwirrung auslöst, obwohl es nur eine Kleinigkeit ist. Da kann man besser gründlich vorbereiten. Und es ist mir trotzdem noch passiert, daß ich ein Einstiegsbeispiel gewählt habe, was nicht eindeutig ist, daß ich da nicht genug nachgedacht habe, das ist dann natürlich ärgerlich."
(10-Ma-w)

Bei der Planung geht es zunächst einmal darum, sich einen Überblick über die Inhalte und den Ablauf der Stunde oder die angestrebten Unterrichtsziele zu verschaffen.

"Wenn ich meine Feinplanung fertig habe, die Inhalte und den Ablauf festgelegt habe, dann guck ich sie mir noch mal an, die Zeile 'Ziel' ist fast immer noch leer. Ja, was wollte ich denn jetzt eigentlich? Was ist das eigentlich, was ich da erziele mit diesem Unterricht? Und diese Disziplinierung ist wichtig." *(G4-De-w)*

Auch könnten bei der Planung direkt mögliche Schwierigkeiten erkannt werden und entsprechende Überlegungen zur Verdeutlichung etc. angestellt werden.

"Ich rechne in den höherern Klassen die Aufgaben vorher durch. Und bei dem eigenen Durchrechnen von komplizierteren Aufgaben fällt mir natürlich auf, wo dann die Schüler hängen können." *(19-Ma-m)*

Zu dieser inhaltlichen Absicherung durch die Planung zählt es auch, im Bedarfsfall den Tafelanschrieb exakt zu planen, da die Schülerinnen und Schüler diesen in ihr Heft übernehmen und er eine Grundlage zur Wiederholung von Unterrichtsthemen darstellt.

"Vor allem die Planung des Tafelbildes ist sehr wichtig, gerade in der 5. und 6. Klasse, die übernehmen das genau." *(6-Ma-m)*

Diese Vorbereitungen dienen dann bei einigen Lehrkräften als konkrete Handlungsanweisungen für den Unterricht, um so sicherzustellen, daß der Unterricht durchstrukturiert und planmäßig abläuft.

"Ich mach' mir für die einzelnen Stunden ein Raster, immer, für jede. Ich brauch' einfach memotechnisch so ein visuelles Gerüst. Wenn ich das nicht machen würde, dann könnte der Unterricht irgendwohin abgleiten und dann unterm Strich weniger oder gar nichts bei rauskommen." *(G2-Ch-w)*

Dies diene auch der eigenen Sicherheit im Unterricht.

"Man merkt das deutlich, wenn man schlecht vorbereitet ist, macht man sich im Unterricht stark angreifbar, und Schüler merken das sehr wohl, und versuchen in sämtliche Löcher reinzugrapschen." *(10-Ma-w)*

Dazu zählt es auch, die zur Verfügung stehende Zeit einzukalkulieren, um in der Stunde alle wichtigen Unterrichtsschritte behandeln zu können.

„Bei der Planung ist es auch wichtig zu berücksichtigen, wie weit komme ich in einer Stunde, daß der Vorgang komplett ist bei einer Einführung und daß auch die Schüler genug Zeit haben, das abzuschreiben." (6-Ma-m)

Diese zeitliche Strukturierung sei aber nicht nur bei der Planung von Einzelstunden und Unterrichtseinheiten wichtig, sondern auch zu Beginn des Schuljahres, um sicherzugehen, daß alle wesentlichen Inhalte und Themen behandelt werden können.

Ein weiterer Grund für die Unterrichtsvorbereitung ist neben der inhaltlichen Absicherung auch das Bemühen um eine abwechslungsreiche, die Schülerinnen und Schüler ansprechende und den Lernvoraussetzungen angemessene Unterrichtsgestaltung.

„Ich probiere auch immer mal wieder neue Sachen, so habe ich in der 6. die Bruchrechnung mal ganz anders eingeführt nach 'Schrödel', da muß man sich ganz neu einarbeiten, aber das hat nicht so gut geklappt, war zu anspruchsvoll." (9-Ma-w)

Insgesamt ist die Vorbereitung des Unterrichts allen befragten Lehrkräften ein zentrales Anliegen. Daher bedauerten insbesondere die Deutschlehrkräfte, daß ihnen in der Klausur- und Korrekturphase häufig wenig Zeit für eine detaillierte Unterrichtsplanung oder die Vorbereitung neuer Themen bleibe.

„Jetzt momentan habe ich Zeit, weil keine Klausuren zu korrigieren sind, für die Planung anderer Reihen, für die Einbeziehung von Themen in die Reihen, die nicht so zum Standardprogramm gehören. Sonst muß man das reduzieren, gerade mit Fächern, wie ich sie habe: Deutsch und Geschichte. Das führt unter anderem dazu, daß man alleine aus zeitökonomischen Gründen bei bewährten Themen bleibt." (5-De-m)

Wie wichtig die Unterrichtsplanung den befragten Lehrerinnen und Lehrern ist, wird auch daran deutlich, daß alle befragten Lehrkräfte versuchen, nie ganz unvorbereitet in den Unterricht zu gehen. Daher versuchen die Lehrkräfte jede Stunde zumindest zu durchdenken und so viel Zeit wie möglich, in diese Tätigkeit zu investieren.

„Ich merke ja, je mehr Zeit ich habe, also in der Regel, um so besser wird das, was hinten raus kommt. Also Zeit zu haben, um in anderen Unterlagen nachzugucken und Materialien zu finden, um sich noch mal einen Versuch zu überlegen, um den auszuprobieren, also da könnte ich nicht genug Zeit haben für so etwas." (G2-Ch-m)

Kommt es aber doch zu zeitlichen Engpässen, so versuchen die Lehrkräfte sich zumindest kurz inhaltlich zu informieren. Dies sei vor allem wichtig, wenn man die Stunden nicht in ähnlicher Form schon mal gehalten und daher parat hat.

„Da kann man schon nervös werden, vor allem in der Oberstufe. Man muß schon, wenn man nicht auf Bekanntes zurückgreifen kann, daß man das Buch nicht schon gut kennt, ne, das weiß ich auch nicht, da muß man irgendwie vorher noch einen Blick reinkriegen, sich über die Inhalte informieren." (9-Ma-w)

Bei der Vorbereitung unter Zeitdruck zeigt sich somit eine deutliche inhaltliche Ausrichtung der Unterrichtsplanung. Praktisch alle Lehrkräfte stimmten darin überein, daß in einem solchen Fall fast ausschließlich der Lehrstoff und die zu bearbeitenden Aufgaben bedacht werden. Methodische Überlegungen finden so gut wie nie statt. Die Lehrkräfte vergegenwärtigen sich in diesem Fall lediglich den momentanen Stand des Unterrichts und die nächsten Schritte, die sich daran anschließen.

"Der Stundenverlauf wird dann nur gedanklich ganz schnell abgehakt. Das war dran, so geht es weiter, da steige ich so und so ein, dann muß das so laufen, und bis dahin möchte ich kommen in der Stunde. Das geht dann ruck, zuck, ohne schriftliche Fixierung!" (8-Ma-m)

Oder es wird eine reine Übungs- und Wiederholungsstunde eingeschoben, um den schwierigen Lernstoff nicht unvorbereitet fortsetzen zu müssen. Dies aber *„nur im äußersten Notfall"* (6-Ma-m)

"Das geht eigentlich recht problemlos, in Mathematik kann man jederzeit beliebig viele Übungsstunden einlegen. Dann mache ich einfach eine Stunde mit Übungen, bespreche die Hausaufgaben ausführlicher und so." (8-Ma-m)

Eine andere Strategie ist es, eine Stunde einzuschieben, die man so aus den Stegreif halten kann.

"In Chemie bin ich schnell aus dem Schneider, indem ich einfach einen Versuch mache. In Bio geht das nicht so, da muß ich Material haben. Da gucke ich dann eventuell einen Film, wenn ich einen guten habe. Sonst muß ich Material anschleppen." (11-Ch-m)

Ein Lehrer baut zeitlichen Engpässen, wie der Klausurenphase vor, indem er die Stunden schon einige Zeit vorher plant.
Bei diesen Äußerungen zur Bedeutung der Unterrichtsplanung wurden auch schon die wesentlichen Ziele angeschnitten, die die Lehrkräfte mit ihrer Vorbereitung verfolgen und an denen sie ihre Planungstätigkeiten ausrichten. Die Aussagen zu diesen handlungsleitenden Zielen werden im folgenden dargestellt.

5.7.2 Handlungsleitende Ziele

Im wesentlichen werden zwei Ziele verfolgt, die in enger Beziehung zueinander stehen. Zum einen wird die Qualifikation der Schülerinnen und Schüler angestrebt und zum anderen bemühen sich die Lehrkräfte interessante, die Lerngruppe ansprechende Stunden vorzubereiten.

Da die Ziele im Bereich der Qualifikation wie hoher Lernerfolg, anspruchsvoller Unterricht für gute, Förderung für schwache Schülerinnen und Schüler etc. vor allem durch eine gute Planung als erreichbar gelten, wird hierauf besondere Mühe verwandt. Entsprechend stehen die Inhalte und ihre Vermittlung, wie oben deutlich wurde, im Zentrum der Überlegungen. Dazu zählen auch das Nachdenken über die

Hinführung zum Thema, Problemstellung, Erarbeiten von neuem Stoff und in Mathematik und Chemie das Bemühen um ein fachwissenschaftliches und -systematisches Vorgehen. Diese Elemente werden auch bei Unterrichtsvorbereitungen unter Zeitdruck noch bedacht. Die Aspekte Anwendung und Übungen, Wiederholung, Zusammenfassung und Ergebnissicherung gelten als problemloser und weniger zwingend oder intensiv vorzubereiten. Die Lehrkräfte bemühen sich deshalb insbesondere darum, den Schülerinnen und Schülern grundsätzliche Fertigkeiten beizubringen ...

„Ich will, daß die Schüler bestimmte Fertigkeiten lernen. Das sie auch wirklich selber das Gefühl haben, ich habe in dieser Unterrichtseinheit konkret was gelernt, sei es jetzt, daß sie wissen, wie man einen Text formuliert, daß sie wissen, wie man das aufbaut." (G4-De-w)

... und die fachlichen Grundlagen zu vermitteln, ...

„Ich möchte, daß die Schüler über das, was sie reden, dann auch wirklich Bescheid wissen, oder sie in die Lage versetzen, sich mit solchen Sachen dann auseinanderzusetzen. Dazu brauchen sie einfach einen ganzen Batzen an Fachwissen, das sie erst mal haben müssen." (G9-Ch-w)

... damit die Schülerinnen und Schüler den angestrebten Abschluß oder die nächste Qualifizierungsstufe erreichen können.

„Ich überlege immer, was ist auch später wichtig, was brauchen die im Abitur. Da versuche ich, die fachlichen Grundlagen zu schaffen. Da lasse ich dann auch mal weniger wichtige Sachen, also Themen, die später nicht mehr so vorkommen, wenn die Zeit knapp wird, weg. Mir ist es einfach wichtig, daß die Grundlagen sitzen, daß man da später auch drauf aufbauen kann." (6-Ma-m)

Gleichzeitig versuchen die Lehrkräfte, den Unterricht für die Schülerinnen und Schüler interessant und ansprechend zu gestalten, denn das Wecken von Lernmotivation und autonomem Interesse an der Sache gilt ebenfalls als bedeutsames Unterrichtsziel und als besonders wichtige Voraussetzung für den Lernerfolg zugleich.

„Wichtig ist, wenn man erkennt, ob man Schüler irgendwie erreicht, das kann nicht jede Stunde gelingen, aber unterm Strich muß der Unterricht den Schülern irgendwie Spaß machen, einem selber auch." (11-Ch-m)

Daher bemühen sich einige Lehrkräfte verstärkt um eine abwechslungsreiche, methodisch vielfältige Unterrichtsgestaltung, ...

„Ich versuche immer, etwas Geeignetes zu finden, methodisch. Daß auch alle zum Zuge kommen und nicht in Apathie versinken." (11-De-w)

5 Die Ergebnisse der Untersuchungen

... und darum, durch die Strukturierung des Unterrichts, die Formulierung der Aufgabe oder Problemstellung den selbständigen Erkenntnisgewinn der Schülerinnen und Schüler im Unterricht zu fördern.

„In der Regel ist es der Gesichtspunkt, wie baue ich den Unterricht so auf, daß den Schülern diese Einsicht, die ich vermitteln will, auch unmittelbar klar wird, ohne daß ich sie erzählen muß. Und da muß ich eben sehen, daß ich sie dahin führen kann. Das ist eigentlich die Hauptüberlegung: Wie mache ich das geschickt?" (G7-Ma-m)

Dafür reduzieren einige Lehrkräfte auch manchmal die fachlichen Inhalte zugunsten des selbständigen Erarbeitens, obwohl die Fülle der zu behandelnden Inhalte selten Zeit dazu läßt.

„Wir haben ja immer sehr wenige Stunden. Ich nehme mir aber manchmal einfach das Recht und sage mir, es ist besser, sie haben die eine Sache wirklich gründlich gemacht, haben auch eine bestimmte Methodik selber verstanden und sind dann vielleicht in der Lage, irgendwas anderes dann schneller selber zu erarbeiten." (G9-Ch-m)

Fast alle Lehrerinnen und Lehrer drückten eine große Bereitschaft aus, im Unterricht auf Schüleranregungen und Fragen einzugehen und dabei z. T. auch von dem eigenen Unterrichtsplan abzuweichen. Vor allem, da sich dies positiv auf die Motivation der Schülerinnen und Schüler auswirke, die dadurch das Gefühl haben, ernstgenommen zu werden und den Unterricht mitbestimmen zu können.

„Es bringt ja nichts, wenn ich stur an meinem Plan festhalte, da sind die Schüler einfach nicht motiviert. ... Ich gehe dann lieber auf die Schüler ein und weiche etwas von meinem Plan ab, es ist schade, wenn so was einfach abgewürgt wird." (8-Ma-m)

Wichtig sei aber, daß die Äußerungen nicht zu weit von der Thematik wegführen oder den Stundenverlauf zu sehr stören.

„Manchmal muß man das auch einfach abblocken, wenn die Frage zum Beispiel zu weit über den Stoff hinausgeht, oder wenn es bei der Entwicklung der Stunde stört. Dann muß man sagen, daß paßt nicht hierher." (14-Ch-w)

Diese Überlegungen zur Motivation der Schülerinnen und Schüler seien in den letzten Jahren in zunehmendem Maße wichtig geworden, da die Lernenden kritischer geworden und nicht mehr so lernwillig seien. Daher betonte der Schulleiter der Kooperativen Gesamtschule, daß der Schwerpunkt der Arbeit inzwischen auf der Bewältigung der Konfliktsituationen zwischen Lehrkraft und Schülerinnen sowie Schülern liege; denn dann liefe auch der Unterricht. Ähnlich argumentierten auch die Lehrkräfte, die an den anderen Schulformen unterrichten. Die Auseinandersetzung mit Eltern, diziplinauffälligen Schülerinnen und Schülern bzw. lernunwilligen Kindern würde viel Zeit in Anspruch nehmen. So wird auch von den Gymnasiallehrkräften darauf verwiesen, daß z. T. das individuelle Eingehen auf die Lernenden wichtiger sei als die Gründlichkeit und

Ausführlichkeit bei der Unterrichtsplanung, um überhaupt sinnvoll unterrichten zu können.

„Daß man in Lehrplänen von Schülern ausgeht, die lernen wollen, das wird hier von Lehrern am meisten beklagt. Das ist Traumtänzerei. Wir kämpfen darum, daß die Schüler das, was wir machen, für sinnvoll halten. Wir können nicht sagen, wir wollen wissensdurstigen und erfahrungshungrigen Menschen bestimmte Gegenstände besonders präsentieren. Das ist nicht der Fall." (G12-De-m)

Da die erzieherischen Aufgaben wichtiger geworden seien, formulierten auch einige Lehrkräfte allgemeine Erziehungsziele, die sie im Unterricht und z. T. durch entsprechende Planungen erreichen wollen. Dabei geht es vor allem darum, die sozialen Kompetenzen der Schülerinnen und Schüler zu fördern.

„Ich möchte, daß die Schüler lernen, daß sie wegräumen müssen. Solche Sachen, die braucht man eben auch woanders, ... die kann man da nebenbei in der Chemie auch lernen. ... Auch, daß sie aufeinander hören und daß sie zusammen arbeiten müssen, daß nicht jeder das machen kann, was er will, dann funktioniert es nicht, dann geht der Versuch nicht, und dann ist die Arbeit der ganzen Gruppe im Eimer. Daß sie eben auch lernen, daß sie auch gegenseitig verantwortlich sind, für das, was sie machen, und nicht nur für das, was sie selbst betrifft." (G9-Ch-w)

5.7.3 Die Bedeutung didaktischer Modelle bei der Planung

Vergleicht man die beschriebenen Planungsprozesse mit dem in didaktischen Modellen vorgesehenen Vorgehen, so finden sich auf den ersten Blick wenige Übereinstimmungen: Keine Lehrkraft begann die Vorbereitung mit der Formulierung von Lernzielen, auch während der Planung wurden keine Lernziele explizit formuliert. Es wurden keine Reflexionen über anthropologisch-psychologische bzw. sozio-kulturelle Schülervoraussetzungen geäußert. Alternatives Vorgehen wurde zwar thematisiert, aber nicht im Sinne bewußten Offenhaltens für den Unterricht. Ausführliche methodische Reflexionen fanden nicht statt, und zu Fragen der Differenzierung und Evaluation wurden nur vereinzelt bewußte Überlegungen angestellt. Auch die bei der Unterrichtsplanung angefertigten schriftlichen Stundenentwürfe wiesen keine Ähnlichkeit mit einem Raster auf, das dem eines didaktischen Modells entsprechen würde, oder einer Abwandlung davon. Auf den ersten Blick hat die Unterrichtsplanung von Lehrkräften somit wenig mit didaktischen Modellen gemein.
Andererseits wurden aber die wesentlichen Planungselemente implizit mitbedacht. So sind Überlegungen zu den Lernzielen in der Thematik enthalten (s. o.), es wurden Überlegungen zu den Methoden und den Medien angestellt und auch der Leistungsstand und die Lernvoraussetzungen der Schülerinnen und Schüler wurden bei den beobachteten Planungen mindestens implizit berücksichtigt.

Im anschließenden Nachgespräch nach der Bedeutung didaktischer Modelle für die Unterrichtsplanung befragt, bezogen dies vier Lehrkräfte zunächst auf methodische Überlegungen.

„Nur insofern, als daß man die Fragestellungen, wenn sich das anbietet, daß ich das in Gruppenarbeit machen lasse. ... In der Unterstufe kann man halt Partnerarbeit oder Gruppenarbeit machen, in kleinem Rahmen. Das wäre der wesentliche Punkt, ansonsten müßte man aber mehr aktuelle didaktische Literatur lesen und handlungsbezogenen Unterricht o.ä. planen." (5-De-m)

Sonst scheint die Bedeutung didaktischer Modelle für die Unterrichtsplanung vor allem davon abzuhängen, ob die in der Ausbildung gelernten Konzepte mit den individuellen pädagogischen Vorstellungen der Lehrkräfte übereinstimmen oder nicht. In dieser Befragung äußerten sich sowohl die Deutsch- als auch die Chemielehrkräfte sehr negativ über ihre Ausbildung und das dort verlangte Planungsvorgehen.

„Das war noch nie meine Sache. Auch nicht im Studium, ich habe meine Scheine in Pädagogik so schnell wie möglich gemacht und damit hatte sich die Sache. Im Referendariat bin ich mit der didaktischen Analyse ausgebildet worden, aber damit habe ich's nie gehabt, damit habe ich immer auf Kriegsfuß gestanden." (11-Ch-m)

In diesen Aussagen wurde eine starke Distanzierung zu den im Referendariat verwendeten didaktischen Modellen deutlich, so daß das dort gelernte Vorgehen heute keine Rolle mehr spielt.

„Im Referendariat war das natürlich wichtig, aber im anschließenden Unterricht habe ich das nie eingesetzt. Das Problem ist, daß das so weit auseinander klafft, die Vorbereitung auf den Schuldienst und die spätere Praxis. Ich denke, da liegt einiges im argen, vor allem da die Referendare auch teilweise Konzepte vorgesetzt bekommen, die, finde ich, mit der Unterrichtspraxis nichts zu tun haben. Dieses Modell beispielsweise, daß die Schüler alles frei entscheiden können und alles frei in Eigenregie machen können, geht an der Wirklichkeit vorbei, das wird von unseren Referendaren teilweise verlangt, und ich finde das immer haarsträubend, weil ich sagen muß: 'Okay, wenn Sie das für die Prüfungsstunde machen sollen, dann machen Sie das, aber machen Sie das um Gottes willen nicht im Unterricht!'" (5-De-m)

Die Mathematiklehrkräfte dagegen äußersten sich relativ positiv über ihre Ausbildung, vor allem mit dem Konzept des „entdeckenden Lernens" oder des eigenständigen Erarbeitens von Lösungen konnten sich alle befragten Lehrkräfte identifizieren und versuchen, dies auch heute noch in ihrem Unterricht zu verwirklichen.

„Didaktik spielt schon eine Rolle, nicht in dem Sinne, daß ich ein Werk im Rücken stehen hätte, das ich regelmäßig rausziehe, so ist es nicht, aber man merkt schon, daß man bei der Vorbereitung, daß man gewisse Sachen im Hinterkopf hat, die man, sofern man das Glück hatte, im Referendariat die entsprechende Anleitung zu haben, daß man darauf doch zurückgreift. Also die Didaktik im mathematischen Bereich ist doch wichtig, ohne daß ich das jetzt referieren könnte. Für mich ist ganz wichtig, daß die Schüler das selber

entwickeln, die ersten Lösungsvorschläge. Das ist das, was ich unter entdeckendem Lernen verstehe, dazu gehört Problemlösen und das Ausprobieren eigener Vorstellungen, wobei das nicht bei jeder Klasse funktioniert, aber das ist schon ein Ziel von mir. Je länger man dabei ist, wird einem immer klarer, daß viele Ziele der Didaktik zu kurz kommen. Auch der Alltagsbezug. Die Frage, wozu braucht man das? Man sollte das aber auf jeden Fall versuchen." (6-Ma-m)

An diesen Äußerungen wurde deutlich, daß - wenn überhaupt - nur ein Teil dessen, was in der Ausbildung gelernt wurde, auch im späteren Berufsleben umgesetzt wird. Dies hängt vor allem von den individuellen Erfahrungen mit diesen Konzepten ab und inwieweit diese Modelle oder Teile daraus mit den Vorstellungen der einzelnen Lehrkraft übereinstimmen.

„Ich muß auch ganz ehrlich sagen, am Anfang, also in meiner 2. Lehrerphase, mußte ich über jede Stunde eine didaktische Analyse machen, und ich muß sagen, das hat mir unheimlich geholfen. Das mache ich natürlich heute nicht mehr. ... Damals hat man gestöhnt, was soll das alles! Aber ich muß im nachhinein sagen, heute macht man das alles mit links. Und die didaktischen Überlegungen fallen einem auch ein: Warum nimmst du das Thema und kein anderes?" (K6-Ma-w)

Die Abweichungen der Unterrichtsplanung von dem didaktischen Vorgehen hängt aber auch mit der Berufserfahrung der befragten Lehrkräfte zusammen.

„So die klassische Unterrichtsvorbereitung, die man also früher so als Referendar und vielleicht noch am Anfang der Ausbildung noch machen mußte, die ist also inzwischen nach 17 Jahren Mathematiklehrer so nicht mehr notwendig. Vieles habe ich einfach im Kopf, Unterrichtseinstiege, alternatives Vorgehen usw." (K10-Ma-m)

Teilweise können dann wichtige Elemente auch einfach spontan im Unterricht generiert werden, und es muß kaum noch vorbereitet werden.

„Ich habe einen gewissen Fundus, weil ich das seit zwanzig Jahren mache. Das ist für mich abrufbar. Durch die jahrelangen Erfahrungen kann ich im Unterricht aus dem hohlen Bauch auf Dinge eingehen und hab' die Methode dazu. Als Junglehrer war das nicht der Fall. Da habe ich zu Hause gesessen mit didaktisch-methodischer Vorbereitung, Zeitplanung, alles was dazugehört, jeden Tag." (I9-Ma-m)

Obwohl die bei fast allen befragten Lehrkräften vorhandene jahrelange Berufserfahrung die Unterrichtsplanung deutlich reduziert, seien Planungsüberlegungen nicht überflüssig geworden.

„Bis zu einem gewissen Maß hat man Routine. Aber, um die Sache dann doch überzeugender zu bringen, muß man vorher noch mal reingucken: Wie war das noch? Da war immer so ein Knackpunkt, und da mußt du aufpassen. ... Das kommt dann alles wieder ins Gedächtnis. Dann hat man's am nächsten Tag präsent und ist auch entsprechend eingestellt." (K15-Ch-w)

Diese Einschätzung wird von fast allen befragten Lehrkräften geteilt, wie bei den Antworten auf die Frage nach der Bedeutung der Unterrichtsplanung deutlich wurde.

5.7.4 Zusammenfassung

Fast alle Gesprächspartner bestätigten die Notwendigkeit individueller Unterrichtsplanung und ihr eigenes Bemühen, diesem Anspruch gerecht zu werden. Voraussetzung sei aber, daß ausreichend Zeit zur Verfügung steht. Als Gründe für die Notwendigkeit der Unterrichtsvorbereitung werden vor allem Schülergerechtheit, Zielgerichtetheit und Planmäßigkeit genannt.

Dabei orientieren sich die Lehrkräfte aber nur teilweise an didaktischen Vorgaben, statt dessen richten sie ihre Planung im wesentlichen an zwei Zielen aus, die eng miteinander zusammenhängen. Zum einen geht es dabei um die Ziele im Bereich des Fachinhalts wie hoher Lernerfolg, anspruchsvoller Unterricht für gute und Förderung für schwache Schülerinnen und Schüler. Da diese inhaltlichen Ziele - orientiert am jeweils angestrebten Abschluß - als besonders wichtig gelten, werden vor allem die Hinführung zum Thema, Problemstellung und das Erarbeiten von neuem Stoff besonders intensiv geplant. Zusätzlich bemühen sich auch einige Lehrkräfte, den Unterricht logisch und stringent zu planen und durchzuführen, um auch die Fachsystematik deutlich zu machen. - Die Bereiche Üben und Wiederholen werden zwar auch als wichtig für die Qualifikation, aber als nicht so planungsintensiv angesehen.

Eine wichtige Voraussetzung zur Erreichung eines guten Lernerfolges seien konzentrierte Mitarbeit, Schwung und Reibungslosigkeit, Freude und Interesse der Schülerinnen und Schüler und die freundschaftlich-entspannte Atmosphäre im Unterricht. Diese Ziele im Bereich der Lehrer-Schüler-Interaktion gelten als sehr wichtig, aber nur z. T. als planbar. Um dies zu erreichen, werden vor allem methodische Überlegungen angestellt, Schülerwünsche mit in die Planung einbezogen, aktuelles Material gesucht, über die Motivation nachgedacht u. ä.

Wie intensiv diese Bereiche geplant werden, ob es Prioritäten gibt, hängt aber vor allem von den individuellen Wünschen und Ansprüchen der einzelnen Lehrkraft ab. So konzentrieren sich die meisten Lehrkräfte insbesondere auf die Planung der fachlichen Inhalte und überlassen die Aspekte im Bereich der Schüler-Lehrer-Interaktion weitgehend der konkreten Ausgestaltung im Unterricht. Nur wenige Lehrkräfte beziehen diese Aspekte explizit in ihre Planungsüberlegungen ein, und wenige reduzieren für die Berücksichtigung der Schülerwünsche manchmal sogar die zu behandelnden Inhalte. Dies hängt aber auch von der jeweiligen Lerngruppe ab, so daß letztendlich, vor allem, da sich nicht jede Lehrkraft explizit dazu geäußert hat, keine quantitative Bestimmung dieser Merkmalsverteilung angegeben werden kann. Tendenziell überwiegt aber deutlich die Orientierung der Planung an den fachlichen Inhalten, wobei aber an den beiden Gesamtschulen aufgrund der multikulturellen Schülerpopulation, lernunwilliger und/oder disziplinauffälliger Schülerinnen und Schüler - zunehmend auch am untersuchten Gymnasium - verstärkt Überlegungen zur Motivation, Differenzierung etc. angestellt werden (müssen).

Somit kann angenommen werden, daß es nur wenige Unterrichtsstunden gibt, über die nicht vorher in irgendeiner Weise noch einmal nachgedacht wurde. Doch dabei unterscheiden sich die Gründe für eine individuelle Planungstätigkeit und die verfolgten Ziele ebenso wie der dabei betriebene Aufwand.

5.8 Ort, Zeit und Dauer der Unterrichtsplanung

Der letzte Auswertungsschwerpunkt bezieht sich auf die konkreten Rahmenbedingungen der Unterrichtsplanung. Zu den Fragen nach dem Ort, Zeitpunkt und der Dauer der Unterrichtsvorbereitung liegen die Daten aus den konkreten Beobachtungen bei den 15 „laut denkend" geplanten Unterrichtsstunden sowie die Äußerungen dieser elf Lehrkräfte im anschließenden Nachgespräch vor. Zum anderen wurden die 35 hessischen Lehrkräfte in der Interviewstudie zur Dauer der Unterrichtsplanung befragt. Die Aussagen der insgesamt 46 Lehrkräfte werden im folgenden zusammengefaßt dargestellt.

5.8.1 Ort und Zeit der Unterrichtsplanung

Die Wahl des Zeitpunkts und des Arbeitsplatzes organisiert sich jede Lehrkraft entsprechend ihren Bedürfnissen und Lebensumständen. Es lassen sich jedoch im wesentlichen zwei Typen unterscheiden: diejenigen, die relativ eng im Anschluß an die Schule ihre Arbeiten erledigen, und die, die mehr oder minder explizit sagen, sie brauchen zunächst einmal etwas „Abstand" von der Schule, ehe sie sich wieder damit beschäftigen können. Alle bei der Untersuchung mit der Methode des Lauten Denkens aufgezeichneten Unterrichtsvorbereitungen fanden am Schreibtisch oder PC im heimischen Arbeitszimmer statt. Eine Lehrerin bereitet sich sonst aber lieber im Eßzimmer vor, um so besser für ihre Kinder erreichbar zu sein.
Bei den anderen Lehrkräften entsprach die Vorbereitung im Arbeitszimmer dem üblichen Vorgehen. Dabei bereiten sich sieben der elf befragten Lehrkräfte ausschließlich im Arbeitszimmer vor.

„Immer, wo sonst? Ich brauche das, diese Ruhe. Es gibt Leute, die sich im Sommer nach draußen setzen, das kann ich überhaupt nicht." (5-De-m)

Zwei Lehrkräfte berichteten, daß sie in seltenen Fällen die Vorbereitungstätigkeiten auch in den Garten oder vor den Fernseher verlegen.
Ob man zur Vorbereitung die Ruhe und Abgeschiedenheit im eigenen Arbeitszimmer benötigt oder statt dessen die Nähe zur Familie sucht, hängt offenbar vor allem von den individuellen Bedürfnissen ab. So erklärten einige Lehrkräfte aus den Interviews, daß es ihnen schwerfiele, am Schreibtisch zu planen.

„Ich bin kein Schreibtischtäter. Ich bereite mich oft wirklich sonstwo vor, aber nicht am Schreibtisch." (G9-Ma-w)

Insgesamt wurde deutlich, daß sich die Unterrichtsplanung nicht auf einen bestimmten Arbeitsplatz oder Zeitraum festlegen läßt. Vor allem, da viele Lehrkräfte berichteten, daß (weitere) Planungsüberlegungen an allen möglichen Orten und in Alltagssituationen stattfinden würden.

„Das sind Dinge, die mir in der Badewanne oder beim Abwasch einfallen. Merkwürdigerweise kommen die besten Einfälle nebenbei. Also direkt am Schreibtisch, wenn ich da sitze und das formuliere, läuft diese Art von Planung eben nicht so gut." (G11-De-w)

So wird z. B. auch die eigene Materialsammlung ständig erweitert, und die Unterrichtsanliegen lassen viele Lehrkräfte auch im Alltag nicht los. Im „Hinterkopf" wird demzufolge kontinuierlich über Unterricht nachgedacht.

„Bei allem, was man so sieht, erlebt, da fragt man sich: Kann man das irgendwie in den Unterricht einbauen? Das kann auch in der Stadt sein, wenn man irgendwas sieht. Das hat man ständig irgendwie im Kopf. Ich schalte nicht vollständig ab. Man guckt schon überall. Kataloge, ist da was zum Basteln drin, läßt sich das in den Unterricht einbauen? Und das ist ja im weitesten Sinne auch Planung." (G8-Ma-m)

Abgelaufene und künftige Unterrichtsstunden, bisherige Unterrichtsprobleme, eigene Erwartungen, Leistungen und Schwächen der Lernenden beschäftigen viele Lehrerinnen und Lehrer auch in der eigentlichen Freizeit, so daß die gedankliche Projektion von Unterricht mitunter ein permanenter Prozeß ist.

„Der Film läuft sozusagen weiter; auch nach einer Stunde gehe ich innerlich die ganze Stunde noch mal durch: Was ist da eigentlich gelaufen? Und warum hat der sich so verhalten? Was liegt dahinter? Und dann kommen mir Einfälle." (G11-De-w)

Insgesamt nehme die Vorbereitungszeit einen großen Raum ein, so daß häufig auch an Wochenenden oder in den späten Abendstunden noch gearbeitet werden müsse.

„Ich kann es nicht schätzen, da kommen auch noch Sachen hinzu, die indirekt zur Vorbereitung gehören, wie das Auswerten von Zeitungen, das kommt auch noch dazu, ... das mache ich häufig abends, da gehen auch oft die Wochenenden bei drauf. Der Vorteil ist, ich kann mir die Zeit frei einteilen, ob ich jetzt oder heute abend um zehn, elf oder zwölf Uhr hier sitze. Aber ich habe das noch nie verfolgt, aber es sind sicher mehr als 40 Stunden in der Woche." (5-De-m)

Dieser häufig große Zeitaufwand für die Planungstätigkeit kann mitunter auch als belastend erlebt werden. Daher hatte sich eine Lehrerin über einige Wochen hinweg notiert, wieviel Zeit sie für die außerunterrichtliche Arbeit investiert, vor allem, da sie das Gefühl hat, nie fertig zu sein, nie genug getan zu haben.

„Ich habe jetzt eine halbe Stelle, und es ist immer noch zuviel Zeit, die das braucht. Ich schreibe jetzt seit einiger Zeit auf, wieviel ich für die Schule investiere. ... Ich komme auf mindestens 30 Stunden pro Woche, das ist eindeutig zuviel. Letzte Woche hatte ich keine Klausur vorzubereiten oder zu korrigieren, da kam ich auf 26 3/4 Stunden reine Unterrichtsvorbereitung, ich habe das ganz bewußt aufgeschrieben. ... Denn man hat dauerhaft ein schlechtes Gewissen. Man hat nie Feierabend, weil immer irgendwas brennt, eigentlich müßtest du noch." (10-Ma-w)

5.8.2 Dauer der Unterrichtsplanung

Wie in den angeführten Zitaten deutlich wurde, ist es daher insgesamt schwierig, die konkrete Dauer der Unterrichtsplanung zu bestimmen. Selbst die zeitliche Länge der bei der Untersuchung mit der Methode des Lauten Denkens aufgezeichneten Unterrichtsvorbereitungen ist aufgrund der unterschiedlichen Sprechgeschwindigkeiten nicht sehr aufschlußreich (vgl. auch BROMME 1981, S. 129). Für den Umfang der Planung zog BROMME deshalb die Anzahl der Sätze bzw. der „identifizierten Sinneinheiten" heran. Nach Aussagen der hier untersuchten Lehrkräfte entsprach jedoch die Vorbereitungszeit in etwa ihrem üblichen Rahmen. Die 15 aufgezeichneten Unterrichtsvorbereitungen dieser Studie dauerten von zehn Minuten bis zu 45 Minuten, die meisten ca. 20 - 30 Minuten, wozu in einigen Fällen auch noch eine viertel bis halbe Stunde für das Erstellen von Arbeitsblättern oder Folien hinzu kam.

Diese deutlichen Differenzen in der Vorbereitungsdauer sind sowohl durch personenspezifische als auch planungsimmanente sowie durch äußeren Rahmenbedingungen zu erklären.

„Ich habe mal zwei Monate lang aufgeschrieben, wieviel Zeit ich investiere. Und da bin ich locker auf über 40 Stunden die Woche gekommen, nicht nur Vorbereitung, sondern auch Korrekturen und alles. Das hat natürlich auch etwas damit zu tun, daß ich erstens arbeitsintensive Fächer habe (Deutsch, Gesellschaftslehre). Klassenlehrertätigkeit kommt dann noch dazu. Und dann hat's was damit zu tun, daß ich eben viel Vorbereitung hatte aufgrund der Tatsache, daß ich das erste Mal den Durchgang gemacht habe. Ich verspreche mir schon, daß es jetzt beim nächsten Durchgang in dieser Beziehung etwas leichter wird." (13-De-w)

In diesem Zitat wurden schon einige der Faktoren angesprochen, die Einfluß auf die Dauer der Unterrichtsplanung nehmen. Ein zentraler Faktor ist zunächst das vorhandene Zeitbudget. Dies wird vor allem durch die außerunterrichtlichen Aufgaben der Lehrkräfte eingeschränkt. Viele der befragten Lehrkräfte betonen, daß es offensichtlich größere zeitliche Belastungen gibt, durch

- die erforderlichen Korrekturen (vor allem in Deutsch und Mathematik),

„In Zeiten, wo ich korrigieren muß, hat man fast gar keine Zeit mehr für die Vorbereitung, da kann man dann nur noch einen Blick auf die Texte werfen, und ansonsten sitzt man da am Schreibtisch und korrigiert reihenweise. Bei Leistungskursklausuren, das reine Korrigieren dauert ca. 1 ½ Stunden pro Klausur, aber wenn man die Vorbereitung und die Auswertung berücksichtigt, das ist sehr ausführlich, da ich genau ausformuliere, wo mein Erwartungshorizont liegt. In dieser Zeit bleibt fast keine Zeit mehr für die Vorbereitung." (5-De-m)

- die Vorbereitung, Durchführung und der Abbau von Experimenten (in Chemie),

„Ich brauch' für eine Schulstunde eine Viertelstunde, manchmal sogar eine Stunde in der Sammlung für die Versuche und zum Bereitstellen der Chemikalien und Geräte. ... Da kommt noch mal die Zeit dazu, um das zu recherchieren." (17-Ch-m)

5 Die Ergebnisse der Untersuchungen

- Tätigkeiten als Klassenlehrerin oder -lehrer sowie die allgemeine Erhöhung des Verwaltungsaufwandes und die zunehmende Arbeit mit lernunwilligen oder disziplinauffälligen Schülerinnen und Schülern und die Beratung der Eltern.

„Das ist nicht unbedingt vom Fach abhängig, sondern von den Aufgaben als Klassenlehrer. Auch hat sich insgesamt der Verwaltungsaufwand sehr erhöht, vor allem in der Oberstufe für das Abitur. Und auch, daß sich jetzt inzwischen die Arbeit mit einzelnen Kindern und mit einzelnen Eltern so verstärkt hat. Da braucht man einfach viel mehr Zeit für solche Aufgaben." (G9-De-w)

Diese zunehmenden Belastungen führten mitunter dazu, daß Unterrichtsstunden nicht mehr so gründlich vorbereitet werden können, was wiederum Auswirkungen auf die Berufszufriedenheit haben kann.

„Es ist, ganz offen gesagt, ich bereite meinen Unterricht nicht so vor, wie ich ihn vorbereiten müßte. Das sind eher, glaube ich, Erschöpfungszustände, als daß ich keine Lust mehr hätte. Es ist einfach so unglaublich viel an anderen Aufgaben." (G1-De-m)

Entsprechend äußerten sich die teilzeitbeschäftigten Lehrkräfte sehr glücklich darüber, mehr Zeit zur Verfügung zu haben und diese auch für eine gründliche Planung einsetzen zu können.

„Ich hab' eine halbe Stelle, das ist auch ein Privileg. Ich kann mich ganz anders vorbereiten. Ich habe es selber erlebt, wie das ist mit einer vollen Stelle. ... Und ich investiere von daher sehr viel mehr; als sich jeder andere Kollege erlauben könnte." (G2-De-w)

Die Vorbereitung reduziert sich bei knapper Zeit daher im wesentlichen auf die inhaltlichen Aspekte. Die Verhaltensweisen zur Schülerbeteiligung, methodische Überlegungen u. ä. werden dann spontan im Unterricht entschieden. Besonders hilfreich sei in diesen Fällen die Berufserfahrung, da man die wichtigen Inhalte und die zentralen Fragen im Kopf habe.

„Ich bin jetzt 18 Jahre dabei, da hat man eine gewisse Routine auch von der Art der Fragestellung, ich muß nicht den Entwurf der Stunde wie ein Referendar exakt vorplanen, ich werde auch nicht nervös, wenn eine Stunde vielleicht nicht so läuft, wie ich mir das vorgestellt habe, wenn Schüler anders reagieren. Ich muß also nicht von Anfang an alle Möglichkeiten durchdenken, das kann ich also schon spontan machen." (5-De-m)

Auch bei der normalen Unterrichtsvorbereitung ohne Zeitdruck reduzieren Berufserfahrung und Routine den Planungsaufwand spürbar.

„In der Regel ist es so, daß ich irgendwelche Unterlagen, Texte habe, die ich öfter gemacht habe. Das Vorgehen, die zentralen Aspekte und Fragestellungen sind dann einfach bekannt." (4-De-w)

Man weiß, welche Strategie zur Einführung und Behandlung eines Themas sich bewährt hat und wo die Grenzen sind oder mögliche Schwierigkeiten auftauchen können.

„Also ich muß eigentlich nichts ausformulieren, groß planen, weil ich die Thematik oft genug durchgezogen habe und weiß, wo die Schwierigkeiten liegen." (11-Ch-m)

Liegen Erfahrungen und Routine vor, genüge daher mitunter ein kurzes Nachdenken bzw. Erinnern.

„Ich unterrichte jetzt ja auch schon relativ lange und für die Mittelstufe brauche ich, außer der handwerklichen Planung oder daß ich Bögen tippe und denen Arbeitsblätter mache und so, brauch' ich nicht sehr viel an Planungszeit, das hab ich irgendwo in meinem Kopf." (G6-Ch-w)

Aber auch die Verwendung des vorhandenen Unterrichtsmaterials, fertiger Unterrichtseinheiten u. ä., die im Laufe der Jahre zusammengetragen und erstellt wurden, reduzieren den Planungsaufwand deutlich.

„Wenn ich das jetzt für dieses Jahr gemacht habe, und hole es mir nächstes Jahr wieder raus. Dann überfliegt man das und hat es im Kopf." (17-Ch-m)

Dies schaffe auch Raum, etwas Neues auszuprobieren, den Alltagsbezug in den Unterricht zu bringen und Fortbildungsveranstaltungen zu besuchen.

„Die Berufserfahrung ist sehr wichtig, weil man sonst so unendlich lange daran sitzen würde, ich nenne das produktive Routine, die nicht erstarrt, weil man dadurch auch Zeit hat, sich auf neue Themen vorzubereiten. Man hat da bestimmte Konzepte stehen, ich muß sie aber nicht verwenden, ich kann auch aktualisieren, ich kann Zeitungsartikel einarbeiten oder ein Thema neu aufarbeiten, das schafft auch Zufriedenheit, nicht nur den Ordner zu nehmen, sondern zumindest ein Thema zu aktualisieren." (6-Ma-m)

Wird ein Fach allerdings fachfremd unterrichtet, wofür Beispiele aus der Kooperativen Gesamtschule für das Fach Deutsch vorliegen, so berichten die Lehrerinnen und Lehrer, daß sie dieses Fach trotz Berufserfahrung besonders intensiv vorbereiten und sich dabei eng an den gemeinsamen Absprachen orientieren.

„Ich habe festgestellt, daß ich den fachfremden Unterricht sehr viel intensiver vorbereite als ein Fach, das ich studiert habe. ... Dabei stütze ich mich im wesentlichen auf das, was hier in der Fachkonferenz beschlossen wird." (K11-De-w)

Einfluß auf die Dauer der Vorbereitung haben zudem die eigenen Ansprüche an die Unterrichtsplanung ...

„Planung macht mindestens die Hälfte meiner Tätigkeit aus, weil es für mich auch nach 15 Jahren immer noch unerträglich ist, wenn ich den Eindruck habe, ich habe heute nichts vorbereitet und ich rede aus dem hohlen Bauch." (K16-Ma-w)

... ebenso wie der individuelle Arbeitsstil. So fanden sich in den Interviews Beispiele für sehr unterschiedliche Planungsstrategien.

„Ich bin relativ unorganisiert, ich kann nicht zu Hause an einer Wand langgehen, wo ich diese schönen Leitz-Ordner stehen habe. Ich fange meistens an zu wühlen. Dabei fallen mir noch fünf andere Sachen in die Hände, die ich auch ganz nett finde. Und so aus dem Chaos entsteht dann so ein kleines Puzzle. Und dann gucke ich mal, wie läuft das überhaupt so in der Klasse ab, und stelle mich dann darauf ein." (G9-De-w)

Während diese Lehrerin eine sehr „kreative Planerin" ist, die immer wieder neu, ohne auf vorhandene Aufschriebe zurückzugreifen, ihren Unterricht vorbereitet und dabei ein sehr flexibles Konzept erstellt, um auf Schüleräußerungen, Beiträge und Einwände eingehen zu können und den Unterrichtsverlauf diesen Wünschen anpaßt, berichtete eine Kollegin von einem stark durchstrukturierten Vorgehen.

„Ich bin ein ziemlich exakter Arbeiter, mir ist es wichtig, ein Gerüst zu planen, an dem ich mich dann auch in der Stunde festhalten kann, und das mußte ich auch schriftlich festhalten. ... Also das Minimum ist, daß ich mir in meinen großen grünen Ordner für jede Stunde eintrage, auch als Überblick hinterher, was sind die Inhalte und was Hausaufgabe, so daß klar ist, wie es weiterläuft. Ich habe für jedes Fach pro Jahrgang einen Ordner, wo die Unterrichtsinhalte und -materialien drin sind, die Texte, die ich machen will, die exakten Fragestellungen zu einem Text und inhaltliche Strukturelemente." (I3-De-w)

Wie viele der befragten Lehrkräfte dem einen oder anderen „Typ" zuzuordnen sind und welche anderen Strategien noch gewählt werden, ist anhand der Interviews schwer einzuschätzen, da sich nur einige Lehrkräfte in diesem Sinne über ihre Planungstätigkeit geäußert haben. Die Frage des Arbeitsstils ist aber offensichtlich weder fach-, schulform-, alters- noch geschlechtsspezifisch beeinflußt, sondern allein durch die individuellen Vorstellungen und Ansprüche der Lehrkraft an die Planung und Durchführung des Unterrichts (siehe 5.7.3).

Nicht zuletzt nehmen auch planungsimmanente Unterschiede Einfluß auf die Dauer der Vorbereitung. So werden nach Aussage der befragten Lehrkräfte Einführungsstunden intensiver vorbereitet als reine Übungsstunden.

„Wenn ich den Einstieg in ein neues Thema plane, dann sitze ich da schon recht lange dran, anders ist das, wenn in der Stunde nur Aufgaben gerechnet werden, dann reicht ein kurzer Blick ins Buch, und das war's dann." (7-Ma-w)

Einen erheblichen Einfluß hat offenbar auch die Jahrgangsstufe, für die der Unterricht vorbereitet wird. So dauert die Unterrichtsplanung für die höheren Jahrgänge - insbesondere für die Oberstufe - bedeutend länger als für die Unter- oder Mittelstufe.

„Ich habe jetzt für die 12 LK, ich glaube, 3 ½ Stunden hier gesessen, was ausgerechnet und ausdrucken lassen, nur für eine Unterrichtsstunde am Montag. Das ging, weil ich für die 8. nichts tun mußte, da wird erst ein Film geguckt. Was dann gemacht wird, das entscheide ich aus dem Bauch heraus." (11-Ch-m)

Mehrfach wurde bestätigt, daß der Aufwand an eigener Unterrichtsvorbereitung wächst, wenn der Unterrichtsstoff in höheren Schuljahren komplizierter wird:

„Also, der Inhalt, ich denke, der stellt also bis Klasse 9 keine Anforderungen an mich. In der Klasse 10 schon ... und da setze ich mich schon vorher hin, rechne sämtliche Aufgaben durch. Da muß ich mich schon teilweise täglich vorbereiten, auch im Stoff mehr zuarbeiten, weil es da um kompliziertere Sachen geht, um Beweisführung und diese Dinge. Da muß ich schon viel vorbereiten." (K5-Ma-w)

Daher wirken sich auch die Schwierigkeit oder die Bekanntheit des Stoffes, also ob die Stunde in ähnlicher Form schon einmal gehalten wurde oder ob auf Manuskripte zurückgegriffen werden kann, auf die Planungsdauer aus.

„Themen, die man mehrfach unterrichtet hat, die gehen schnell, neue Themen, da muß man sich selber einarbeiten, z. T. auch sehr zeitaufwendig. Kann ich aber schwer sagen, in der Oberstufe pro Stunde eine ½ bis ¾ Stunde." (6-Ma-m)

Viel Zeit nehme es auch in Anspruch, die Lernvoraussetzungen der Schülerinnen und Schüler zu berücksichtigen und den Inhalt entsprechend zuzuschneiden oder methodische Variationen einzuplanen.

„Da ist immer auch die Frage: Wie stelle ich mich auf das, was die Lerngruppe an Voraussetzungen bietet, ein? Hier muß ich ganz viel Vorbereitung machen. Oder daß ich mir überlege, wie mache ich das methodisch, alleine oder Partnerarbeit oder ein kleines Frage-Antwort-Spiel, oder andere Materialien, etwas handlungsorientiert usw." (13-De-w)

5.8.3 Zusammenfassung

Insgesamt kann festgehalten werden, daß die Frage, wann, wo, wie lange und wie intensiv sich eine Lehrerin, ein Lehrer auf den Unterricht vorbereitet, vor allem äußerst individuell zu beantworten ist und deutlich vom persönlichen Arbeitsstil und den eigenen Ansprüchen geprägt wird. Es lassen sich aber folgende gemeinsame Merkmale erkennen:
Häufig wird eine Überforderung oder Belastung durch viele Aufgaben, die nicht zur Unterrichtsvorbereitung gehören, beklagt. Dazu zählen die erforderlichen Korrekturen (in Deutsch und Mathematik), die Vorbereitung und Durchführung von Experimenten (in Chemie), Tätigkeiten als Klassenlehrerin oder -lehrer und der allgemeine Verwaltungsaufwand, der sich nach Einschätzung der Lehrkräfte erhöht hat. Eine zusätzliche Belastung ergebe sich auch durch die Anforderungen einer veränderten Schülerschaft, die mehr Zeit für erzieherische Aufgaben beanspruche. Diese außerunterrichtlichen Aufgaben schränken häufig das Zeitbudget ein und würden von der „eigentlichen Aufgabe" - der Unterrichtsvorbereitung - ablenken.

Die Vorbereitungszeit verteilt sich bei vielen Lehrkräften über die ganze außerunterrichtliche Zeit, einschließlich der eigenen Freizeit. So würde im „Hinterkopf" kontinuierlich über den Unterricht nachgedacht. Der Zeitaufwand unterscheidet sich vor allem durch die persönlichen Ansprüche an den eigenen Unterricht. Einen Einfluß haben aber auch die Berufserfahrung, zusätzliche zeitliche Ressourcen durch Teilzeitbeschäftigung, die Bekanntheit des Stoffes, ob ein Fach fachfremd unterrichtet wird, um welche Jahrgangsstufe es sich handelt, welche Lernvoraussetzungen die Schülerinnen und Schüler mitbringen und die Art der Stunde, ob es sich um eine Einführungs- oder Übungsstunde handelt. Somit bestimmen weitgehend die persönlichen, fachlichen und Schülervoraussetzungen die Dauer der Unterrichtsvorbereitung. Aber auch die schulischen Rahmenbedingungen können darauf Einfluß nehmen. So verringert sich der individuelle Aufwand der Lehrerinnen und Lehrer an der Integrierten Gesamtschule im laufenden Schuljahr durch die kooperative Unterrichtsvorbereitung (s. o.) erheblich.

6 Zusammenfassende Interpretation, Einordnung und Fazit

Ziel dieser Arbeit war es, weiterführende Erkenntnisse über die Unterrichtsplanung von Lehrkräften zu erhalten. Dazu wurde zum einen ein methodisches Vorgehen gewählt, das die Daten aus einer quantitativen und qualitativen Untersuchung aufeinander bezog, und zum anderen ein Verfahren der Selbstbeobachtung, welches die vorher gewonnenen Erkenntnisse vertiefen und ergänzen sollte. Die umfangreiche schriftliche Querschnittsuntersuchung (N=914) zeigte generelle Trends und Regelmäßigkeiten, in der qualitativen Untersuchung (N=35) wurden die subjektiven Interpretationen, Erfahrungen und Erklärungen über die Unterrichtsplanung deutlich. In der Untersuchung mit der Methode des Lauten Denkens (N=15) wurde der Planungsprozeß erfaßt und dadurch die konkreten Handlungsabläufe sichtbar. Diese Kombination der unterschiedlichen Verfahren führte dabei sowohl zu weiteren Erkenntnisse über die Unterrichtsplanung von Mathematiklehrkräften als auch zu neuen Ergebnissen zur Planung von Deutsch- und Chemielehrkräften, die an den unterschiedlichen Schulformen der Sekundarstufe I unterrichten, und lieferte somit insgesamt ein differenzierteres Bild der Planungspraxis von Lehrerinnen und Lehrern. Die gewonnenen Ergebnisse werden im folgenden anhand der zwei Leitfragen, die der Untersuchung zugrunde liegen, zusammengefaßt und mit den vorliegenden Befunden in Beziehung gesetzt.

6.1 Rahmenbedingungen und Muster der Unterrichtsplanung

6.1.1 Schulformspezifische und individuelle Rahmenbedingungen

In Schulgesetzen, Stundentafeln, Prüfungsbestimmungen, zeitorganisatorischen Rahmensetzungen und vor allem den Lehrplänen werden von **staatlicher Seite** die inhaltlichen und organisatorischen Rahmenbedingungen schulischen Lehrens und Lernens zentral festgelegt. Im Gegensatz zu BRINKMANN-HERZ (1984), BRÄUTIGAM (1986), WENGERT (1989) und HAAS (1998), die den Lehrplänen eine zentrale Steuerungsfunktion bei der Unterrichtsplanung, insbesondere bei den langfristigen Planungsentscheidungen, zuschreiben, konnte in dieser Untersuchung nur ein eher indirekter Einfluß dieser Vorgaben nachgewiesen werden. Diese unterschiedlichen Ergebnisse lassen sich aber zum einen durch forschungsimmanente Unterschiede wie verschiedene Fragestellungen, Stichproben u. ä. und vor allem durch die unterschiedliche Konstruktion und Verbindlichkeit der Lehrpläne in den jeweils untersuchten Bundesländern erklären.
Nach Aussage der hier befragten hessischen und nordrhein-westfälischen Lehrkräfte spielen die Lehrpläne eine deutlich untergeordnete Rolle bei der Unterrichtsplanung. Ihre Funktion übernehmen weitgehend die schulinternen Stoffverteilungspläne (s. u.). Nur wenn das Schulcurriculum als unzureichend empfunden wird, orientieren sich wenige Lehrkräfte zusätzlich an den Lehrplänen. Bei der Unterrichtsplanungen für die höheren Jahrgänge, vor allem für die Oberstufe, berücksichtigen viele Lehrkräfte bei der Auswahl der Themen und Inhalte zudem die Prüfungsordnungen.

Den stärksten Einfluß auf die Planungsentscheidungen haben aber, so wurde in den Interviews deutlich, die **schulinternen Absprachen**, deren Bedeutung in den meisten vorliegenden Untersuchungen nicht erhoben wurde. Von den schriftlich befragten Lehrkräften bestätigten 90 %, daß diese Absprachen an ihrer Schule vorliegen. Diese Schulcurricula werden laut Aussage von knapp 70 % der schriftlich befragten hessischen Lehrkräfte gemeinsam in den Fachkonferenzen verabschiedet und stellen einen schulgemäßen Extrakt der Lehrplanvorgaben dar. Sowohl in der schriftlichen Untersuchung als auch in den Interviewergebnissen wurde deutlich, daß diese Pläne bei den Planungsüberlegungen zu Beginn des Schul- oder Halbjahres eine wesentliche Rolle spielen. Auf die besondere Bedeutung dieser Pläne verwiesen auch BROMME und HÖMBERG (1981) in ihrer Untersuchung in NRW.

Die weiteren hier in der schriftlichen und mündlichen Befragung gefundenen Ergebnisse zur Zusammenarbeit bei der Unterrichtsplanung werden durch die vorliegenden Studien bestätigt: So werden vor allem die Kooperationsformen - wie der Austausch von Unterrichtsmaterial oder informelle Gespräche - besonders intensiv betrieben, die wenig verbindlich für die eigene Unterrichtsplanung sind, wogegen die Abstimmung von Unterrichtseinheiten, fächerübergreifendes Arbeiten, gemeinsame Planung und Durchführung von Unterricht nur vereinzelt anzutreffen sind (vgl. u. a. ENGELHARDT 1982; ULICH 1996, S.147 ff.). Insgesamt spiegelt sich in diesen Ergebnissen die vorherrschende Struktur der Lehrerarbeit wider, die unterrichtsbezogene Kooperation kaum kennt und in der Planung und Durchführung des eigenen Unterrichts als individuelle, beinahe „intime" Tätigkeit angesehen wird. Unterrichtsplanung findet somit weitgehend in „Einsamkeit und Freiheit" (ROLFF 1993, S. 43) statt und wird neben den genannten staatlichen und institutionellen Vorgaben vor allem durch **individuelle und planungsimmanente Bedingungen** vorstrukturiert.

In Übereinstimmung mit BROMME (1981) konnte diesbezüglich aufgrund der Interviewergebnisse und der Beobachtungen und Äußerungen bei der Untersuchung mit der Methode des Lauten Denkens zunächst einmal festgestellt werden, daß die Fragen, wann, wo und wie lange sich eine Lehrerin, ein Lehrer auf die einzelnen Unterrichtsstunden vorbereitet, höchst individuell zu beantworten ist. Hier kommen persönliche Vorlieben, Gewohnheiten und Rahmenbedingungen wie der Arbeitsstil, die eigenen Ansprüche an die Planung (s. u.) und vor allem das Zeitbudget ebenso wie die Berufserfahrung zum Tragen. Aufgrund der Beobachtungen bei der aktuellen Vorbereitung und dem anschließenden Nachgespräch sowie den Aussagen der Lehrkräfte aus der hessischen Interviewstudie kann gefolgert werden, daß die Dauer der Vorbereitung zum einen von planungsimmanenten Faktoren wie von der Art der Stunde, der Jahrgangsstufe, für die geplant wird, usw. beeinflußt wird und zum anderen von den persönlichen Ansprüchen, der Bekanntheit des Stoffes, der Berufserfahrung u. ä. Faktoren abhängt.[26] So bereiten sich Lehrerinnen und Lehrer besonders lange und intensiv vor, wenn es sich um eine Einführungsstunde handelt,

---

[26] Angaben zum tatsächlichen zeitlichen Umfang der Unterrichtsplanung können im Rahmen dieser Arbeit aus forschungsmethodischen Gründen nicht gemacht werden. Dazu wäre eine Langzeitstudie nötig, in der die Planungszeit erfaßt wird.

der Stoff zum erstenmal unterrichtet wird und somit keine Planungsnotizen vorhanden sind, eine subjektive Vorliebe für den Stoff besteht und ein ausreichendes Maß an Zeit vorhanden ist. Die Vorbereitung von Übungs-, Wiederholungsstunden und Unterricht in den unteren Jahrgängen dagegen scheint deutlich weniger Zeit zu beanspruchen. Auch sei der Aufwand für fachfremd zu unterrichtende Stunden erheblich größer als die Vorbereitung der „eigenen" Fächer. Lehrerinnen, die mit einer halben Stelle arbeiten, sehen darin für sich große Vorteile, da dadurch mehr Zeit für die Unterrichtsvorbereitung zur Verfügung steht und die Planung als befriedigender erlebt werden kann. Generell scheint vor allem der Faktor Zeit entscheidend für die Qualität der Unterrichtsvorbereitung zu sein. Je mehr Zeit für zusätzliche Materialsuche und Überlegungen zur Verfügung steht, desto zufriedenstellender ist das Ergebnis für die einzelne Lehrkraft. Viele Lehrerinnen und Lehrer beklagen aber auch, daß sie die Vorbereitung eigentlich nie los ließe. Im „Hinterkopf" würde kontinuierlich über Unterricht nachgedacht, und viele Dinge des Alltags würden auf Verwendbarkeit für den Unterricht geprüft.

Diese Ergebnisse werden auch durch andere Studien bestätigt. CALDERHEAD (1984), CLARK und YINGER (1979), McCUTCHEON (1980) bzw. BROMME (1981), WENGERT (1989) und HAAS (1992) in Deutschland fanden heraus, daß Unterricht nicht nur zu einer bestimmten Zeit oder an einem festgelegten Ort, wie beispielsweise dem heimischen Schreibtisch, vorbereitet wird, sondern in allen möglichen Situationen, z. B. beim Autofahren, auf Parties, beim Duschen usw. geplant wird.

Abbildung 13: Rahmenbedingungen der Unterrichtsplanung

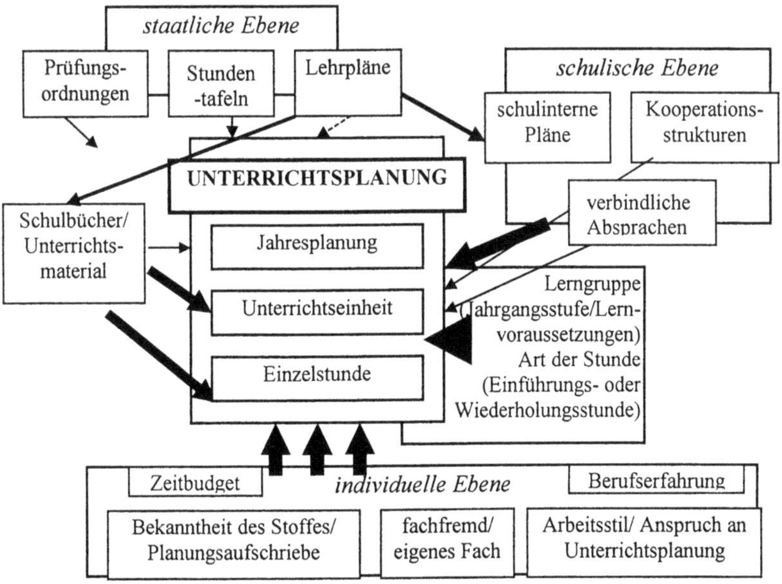

6.1.2 Fachspezifische Planungsmuster

Ausgangspunkt für die Fragestellungen nach den konkreten Planungsentscheidungen waren die didaktischen Modelle, nach denen zwischen verschiedenen Planungsstufen (Jahresplanung, Unterrichtseinheiten, Einzelstunden) zu unterscheiden ist, bei denen jeweils unterschiedliche Planungselemente zu berücksichtigen, d. h. Entscheidungen über Inhalt, Ziele und teilweise Methoden sowie Medien unter Beachtung der jeweiligen Schülervoraussetzungen zu treffen sind. Ausgehend von diesen Überlegungen wurden Fragen nach den Planungsstufen gestellt und untersucht welche Elemente bei der jeweiligen Planungsaufgabe in welcher Form und Detailliertheit bewußt vorbereitet werden und welche für die konkrete Ausgestaltung im Unterricht offen gehalten werden. Zudem wurde nach den dabei genutzten Hilfsmitteln und den Planungsergebnissen gefragt.

Wie deutlich wurde, hat die Schulform entscheidenden Einfluß darauf, ob die Planungsüberlegungen individuell oder kooperativ durchgeführt werden und wie groß der Entscheidungsspielraum der einzelnen Lehrkraft bei der Planung ist. Die Elemente der Überlegungen und die verwendeten Hilfsmittel dagegen scheinen relativ unabhängig von der Schulform zu sein, hier werden vor allem fachspezifische Unterschiede deutlich. Daher werden die Ergebnisse zum Inhalt und den Hilfsmitteln der Unterrichtsplanung bei den unterschiedlichen Planungsstufen im folgenden fachspezifisch dargestellt. Die Frage, ob die Planungsergebnisse schriftlich festgehalten werden oder nicht, ist hingegen eher individuell zu beantworten. Da der Inhalt der Planungsnotizen allerdings bei den Untersuchungsfächern differiert, werden die Aussagen zu den Aufschrieben im folgenden ebenfalls fachspezifisch dargestellt. Grundlage der folgenden Darstellung sind die Ergebnisse der quantitativen und qualitativen Erhebung. Dabei werden jeweils einleitend die repräsentativen Ergebnisse aus der schriftlichen Befragung (N = 914) vorgestellt und anschließend die Interviewergebnisse (N = 35) zum Inhalt der Planung. Die Ergebnisse zur Materialnutzung beziehen sich auf beide Erhebungsformen, die zu den Planungsergebnissen auf die Aussagen in den Interviews.

6.1.2.1 Unterrichtsplanung von Deutschlehrkräften

Deutschlehrkräfte berücksichtigen häufiger als ihre Kollegen in Chemie und insbesondere in Mathematik alle in den didaktischen Modellen vorgesehenen Planungsstufen. So erstellen 42 % der schriftlich befragten Lehrkräfte Jahrespläne bzw. 50 % Halbjahrespläne, 83 % Unterrichtseinheiten, und 83 % bereiten regelmäßig die Einzelstunden vor.

Grundlage der **Jahresplanung** sind bei allen interviewten Deutschlehrkräften die Schulcurricula, die z. T. auch diesen Planungsschritt ersetzen. Die Vorgaben werden auf die zeitliche Realisierbarkeit geprüft und überlegt, wie die Inhalte auf das Schuljahr zu verteilen sind und wo gegebenenfalls gekürzt oder gestrichen werden muß. Die Lehrkräfte an der KGS legen dabei auch direkt die Lernziele für die jeweilige Einheit fest. Zum Schluß wird dann die gewählte Reihenfolge der

Unterrichtseinheiten oder Arbeitsbereiche von der Hälfte der befragten Lehrkräfte stichwortartig festgehalten.
Ausgehend von diesen langfristigen Plänen, verschaffen sich alle befragten Lehrkräfte im laufenden Schuljahr zunächst einen Überblick über die ganze **Einheit**, um dann diese Überlegungen von Stunde zu Stunde zu konkretisieren. (An der IGS finden diese Überlegungen ebenso wie in Mathematik kooperativ zu Beginn des Schuljahres statt.)
Ausgangspunkt der Planung sind vorwiegend der zu vermittelnde Unterrichtsstoff bzw. die Lernziele. Gleichzeitig finden Überlegungen statt, wie man die Inhalte der konkreten Lerngruppe möglichst adäquat nahebringen kann. Die Entscheidungen zu den Lernzielen führen dann zur inhaltlichen Schwerpunktsetzung und zur Sichtung bzw. Aufbereitung des bereits vorliegenden Unterrichtsmaterials. Dabei ist die eigene Materialsammlung das zentrale Hilfsmittel der Unterrichtsplanung in Deutsch. Hieraus entnehmen die Lehrkräfte Ideen, Anregungen und Impulse für die Planung von Unterrichtseinheiten und Einzelstunden. Dieses Archiv enthält vor allem Texte, Zeitungsausschnitte, Bilder, Arbeitsblätter, z. T. fertige Unterrichtseinheiten und zahlreiche Schulbücher, die als Textsammlung dienen. Zudem werden Nachschlagewerke und Filme, Jugendbücher u. ä. genutzt. Knapp die Hälfte der befragten Lehrkräfte sammelt und sichtet zudem aktuelles Unterrichtsmaterial wie Tagespresse und Wochenzeitschriften. Insgesamt ist die Suche nach geeignetem Unterrichtsmaterial bei der Vorbereitung des Deutschunterrichts eine der zentralen und zeitintensivsten Tätigkeiten.
Anschließend wird eine grobe Gliederung der Einheit vorgenommen. Dabei wird weitgehend auf eine didaktisch-methodische Feinstrukturierung der Unterrichtseinheiten, aber auch der Unterrichtsstunden verzichtet, um auf konkrete Unterrichtsbedingungen, Wünsche der Lernenden, Kenntnislücken, unzureichendes Können u. a. m. flexibel zu reagieren.
Da der Unterricht weitgehend über die thematischen Pläne zu den einzelnen Unterrichtseinheiten gesteuert wird, in denen nicht immer Vorgaben für jede einzelne Stunde fixiert werden, erfolgt dann meist auch die Vorbereitung der **Einzelstunde** in einer Art „gleitender Projektierung" (von Stunde zu Stunde). Die Planung der Einzelstunde umfaßt dann vor allem das Nachdenken über Leitfragen, die stofflich-didaktische Gliederung, Aufgabenstellungen für die Lernenden, z. T. die Hausaufgaben und gegebenenfalls das Tafelbild. Dazu zählen bei manchen Themen auch das Erstellen von Arbeitsblättern und das Nachdenken darüber, wie man die Unterrichtssituationen mit dem Alltag der Lernenden verbinden kann. Teilweise wird dabei auch erneut nach geeignetem Material gesucht, das dieses Thema treffender darstellt oder für die Lerngruppe ansprechender erscheint. Es scheint selbstverständlich zu sein, daß hierbei das Leistungsniveau und bisherige Lernschwierigkeiten der Schülerinnen und Schüler bedacht werden, damit realistische Lernziele fixiert werden können und ein entsprechender methodischer Zuschnitt des Unterrichts erfolgen kann. Insgesamt spielen methodische Überlegungen oder Gedanken zur Motivation der Lerngruppe aber eine deutlich untergeordnete Rolle, obwohl auch der Standpunkt vertreten wurde, daß inhaltliche Planungsentscheidungen untrennbar mit methodischen verbunden sind. Die

befragten Lehrerinnen und Lehrer scheinen davon auszugehen, daß die Texte oder das andere Material von sich aus motivierend genug sind. Die Planungsüberlegungen werden von zwei Drittel der befragten Lehrkräfte (KGS/GYM) schriftlich festgehalten. Während eine Hälfte nur ab und zu stichwortartig den Verlauf der Stunde notiert, fertigen die anderen Lehrkräfte detailliertere Planungsnotizen an. Diese Stundenentwürfe, die eine halbe bis ganze DIN-A4-Seite füllen, beinhalten neben dem Thema und dem Ziel der Stunde den Ablauf, wichtige Leitfragen und gegebenenfalls das Tafelbild.

6.1.2.2 Unterrichtsplanung von Mathematiklehrkräften

Insgesamt fertigen Mathematiklehrkräfte vergleichsweise selten Pläne für die unterschiedlichen Planungsstufen an. Nur 31 % der schriftlich Befragten erstellen regelmäßig langfristige Pläne, 66 % Pläne für Unterrichtseinheiten, und 77 % bereiten regelmäßig Einzelstunden vor. Dieses Ergebnis hängt offenbar mit der Spezifik des Faches zusammen. In Mathematik wird die Planung weitgehend durch die Fachlogik oder das Schulbuch und die schulinternen Pläne, die sich häufig an diesen beiden Faktoren orientieren, vorstrukturiert. Dies reduziert bei allen Ebenen der Planung deutlich die eigenen Auswahlüberlegungen und ersetzt teilweise diese Planungsschritte.

Langfristige Planungen werden daher nur von einem Drittel der interviewten Mathematiklehrkräfte (KGS/GYM) erstellt und beinhalten vor allem Entscheidungen über die Auswahl der zu unterrichtenden Themen oder Unterrichtseinheiten. Dabei werden die gewählte Reihenfolge stichwortartig festgehalten, seltener auch eine genaue Zeiteinteilung vorgenommen. Grundlage dieser Planungsüberlegungen sind zunächst die schulinternen Pläne. In der Regel werden die dort festgelegte Reihenfolge und Stoffauswahl übernommen, vor allem wenn die Vorgaben mit den individuellen Vorstellungen übereinstimmen bzw. die Fachlogik gut widerspiegeln. Zudem hat aber auch das Schulbuch für diesen Planungsschritt eine zentrale Orientierungsfunktion. Es dient bei der Grobplanung aber auch im laufenden Schuljahr als Darstellung des Curriculums und der Fachsystematik für die Lehrkraft und hat insgesamt die zentrale Bedeutung für die Unterrichtsplanung in Mathematik. Dies gilt nicht allein für das derzeit eingeführte Schulbuch, sondern daneben meist für eine ganze Sammlung mehrerer Schulbuchgenerationen unterschiedlicher Verlage, über die die meisten Lehrkräfte verfügen. Zudem nutzen wenige Lehrkräfte auch die Lehrerbegleitbücher, und einige Lehrkräfte greifen auch auf selbst erstellte fertige Unterrichtseinheiten zurück, die dann auf die neue Lerngruppe zugeschnitten werden.

Die Planungstätigkeiten im laufenden Schuljahr beziehen sich in Mathematik meistens auf die Planung von Einzelstunden. Werden **Unterrichtseinheiten** geplant, so werden diese nur ein Stück weit vorbereitet, das heißt, die Lehrkraft verschafft sich anhand des genannten Materials eine grobe Übersicht über die Einheit, legt die Reihenfolge der Inhalte fest und sucht nach geeigneten Einführungs- und Übungsaufgaben für die ersten drei bis vier Stunden.

6 Zusammenfassende Interpretation, Einordnung und Fazit 203

Bei der Planung der **Einzelstunde** werden dann die groben Pläne für die Einheit von Stunde zu Stunde mehr oder weniger detailliert ausgearbeitet und dem jeweiligen Unterrichtsstand angepaßt. Dabei liegen die Schwerpunkte der Planung auf dem Gebiet des Fachinhalts, in der Aufbereitung des Lernstoffes nach sachlogischen Gesichtspunkten und auf der Suche nach bzw. Konstruktion von geeigneten Einführungs- oder Übungsaufgaben. Die befragten Lehrkräfte verwenden bei der Vorbereitung viel Zeit mit den Überlegungen, den Stoff so aufzubereiten, daß die Schülerinnen und Schüler möglichst selbständig auf die Lösungen kommen. Anschließend wird der konkrete Ablauf der Stunde festgelegt, wobei vor allem Überlegungen zum Einstieg, weniger detailliert zur Übungsphase und selten zu den Hausaufgaben angestellt werden. Teilweise werden auch wichtige Merksätze formuliert und Überlegungen zum Tafelbild angestellt. Wenn die Lehrkraft ein anderes Vorgehen als das im Schulbuch vorgesehene wählt, wird viel Text für die Schülerhefte oder Arbeitsblätter erstellt. Methodische Überlegungen beziehen sich häufig auf den Medieneinsatz, die grundlegenden Unterrichtsformen und die eigene Tätigkeit im Unterricht. Das Stundenende wird auch hier in der Regel offen gelassen. Dabei wird die Stunde weitgehend durch die Reihenfolge der beabsichtigten Bearbeitung der ausgewählten Aufgaben im Unterricht gegliedert. Diese Auswahl erfolgt stets vor dem Hintergrund der konkreten Lerngruppe, ihres Leistungsniveaus oder möglicher Lernschwierigkeiten.

Dabei hängt die Intensität der Vorbereitung der Einzelstunde in Mathematik ebenso wie das Anfertigen von Planungsnotizen vor allem von der Art der Stunde, aber auch von der Jahrgangsstufe ab. So werden insbesondere Einführungsstunden sehr gründlich vorbereitet, aber auch die Stunden kurz vor der nächsten Klassenarbeit, in der die wesentlichen Inhalte noch einmal wiederholt werden. Für diese Stunden wird allgemein mehr aufgeschrieben als für Übungsstunden. Auch werden eher für die höheren Jahrgänge Lösungen angefertigt als für die Unterstufe. Insgesamt halten zwei Drittel der Interviewten (KGS/GYM) ihre Planungsüberlegungen schriftlich fest, wobei nur ein Drittel von ihnen regelmäßig ausführlichere Aufschriebe anfertigt. Diese Planungsnotizen beinhalten in Mathematik neben dem Ablauf der Stunde z. T. durchgerechnete Aufgaben, Tafelanschriebe, Merksätze, Verweise zum Buch sowie die Hausaufgaben.

6.1.2.3 Unterrichtsplanung von Chemielehrkräften

Von den schriftlich befragten Chemielehrkräften erstellen nach eigenen Angaben 39 % Jahres- bzw. Halbjahrespläne, 74 % Unterrichtseinheiten und 82 % regelmäßig Pläne für Einzelstunden. Damit erarbeiten sie insgesamt seltener Unterrichtspläne als ihre Deutschkollegen, aber häufiger als die Lehrerinnen und Lehrer in Mathematik. Auch dieses Ergebnis scheint mit der Spezifik des Faches zusammenzuhängen. So bestimmt in Chemie im Gegensatz zum Deutschunterricht die Fachlogik weitgehend die Reihenfolge der Inhalte und erübrigt z. T. eigene langfristige Planungstätigkeiten. Da in diesem Fach aber das Schulbuch keine annähernd so große Bedeutung wie in Mathematik hat, dieses Hilfsmittel nicht die eigenen Planungsüberlegungen reduziert oder ersetzt, werden hier häufiger eigene Pläne erstellt.

Langfristige Planungsüberlegungen werden an den drei untersuchten Schulen in Chemie weitgehend durch die schulinternen Pläne, am Gymnasium zusammen mit den Lehrplänen, ersetzt. Nur knapp die Hälfte der Interviewten erstellt eigene Jahres- bzw. am Gymnasium Halbjahrespläne, bei denen sie aus den curricularen Vorgaben die Inhalte auswählt und die Abfolge der Themen im Schul- oder Halbjahr z. T. mit Zeiteinteilung festlegt.
Im laufenden Schuljahr werden sowohl die Unterrichtseinheiten als auch die Einzelstunden von fast allen Lehrkräften regelmäßig vorbereitet. Dabei denken die Lehrerinnen und Lehrer bei der Planung der **Unterrichtseinheiten** vor allem über die inhaltlich-logische Struktur und den zeitlichen Umfang der Einheit nach und darüber an welcher Stelle ein Versuch sinnvoll wäre. In diesem Fach stellen sich zudem Fragen danach, wie man den fachwissenschaftlichen Anspruch mit der Forderung nach Umwelt- und Alltagsbezügen des Chemieunterrichts in Einklang bringen kann. Je nach individuellen Vorstellungen der einzelnen Lehrkraft werden entweder die eine oder die andere Seite in den Vordergrund gestellt und der Unterricht entsprechend ausgerichtet und strukturiert. Auch die Suche nach geeignetem Material zählt zu den wesentlichen Bestandteilen der Planung. Dazu verfügen die befragten Lehrkräfte über einen mehr oder weniger geordneten Fundus an Schulbüchern mehrerer Generationen, darüber hinaus häufig auch über selbsterstellte, von Kollegen oder Verlagen übernommene Aufgabenblätter, Folien oder fertige Unterrichtseinheiten, Filme u. ä. Die Materialsammlungen werden von vielen Lehrkräften stetig ergänzt und aktualisiert. Dazu werden Artikel aus Zeitschriften, der Tagespresse usw. ausgeschnitten oder Info-Broschüren von Firmen und Konzernen angefordert.
Anschließend wird der grobe Verlauf der Einheit festgelegt, dabei aber nur die ersten zwei bis drei Stunden detaillierter geplant. Die **Feinplanung** erfolgt in der Regel von Stunde zu Stunde. Dabei werden neben den Überlegungen über die inhaltliche Strukturierung und die Suche nach geeignetem Material verstärkt methodische Überlegungen angestellt. Steht in der Stunde ein Experiment an, werden der dazu erforderliche Erkenntnisgang konzipiert und dann über Gestaltungsmöglichkeiten nachgedacht. Zudem werden teilweise der Tafelanschrieb, Merksätze, Leitfragen usw. formuliert und wenn nötig ein Arbeitsblatt erstellt. Ähnlich wie in Deutsch und Mathematik spielen Überlegungen zur Motivation eher eine untergeordnete Rolle. Es wird davon ausgegangen, daß die Themen oder Experimente an sich ausreichend motivierend sind. Anschließend wird die Gliederung der Stunde festgelegt, wobei auch hier das Stundenende offen bleibt. Insgesamt bezieht sich auch in Chemie der Großteil der Überlegungen auf inhaltliche Aspekte, wobei stets die Lernvoraussetzungen und Interessen der Schülerinnen und Schüler in die Überlegungen mit einbezogen werden.
Die Planungsergebnisse werden auch in Chemie von zwei Drittel der interviewten Lehrkräfte schriftlich festgehalten. Sie beinhalten in der Regel wenige Stichpunkte zum Verlauf der Stunde und Schlüsselbegriffe oder -fragen. Bei den detaillierteren Aufschrieben, die eine halbe bis ganze DIN-A4-Seite füllen, kommen der Tafelanschrieb, Merksätze, Notizen zum Versuchsaufbau und dem nötigen Zubehör für die Experimente hinzu.

6.1.2.4 Fazit und Einordnung

Unabhängig vom Schulfach wurde in dieser Untersuchung deutlich, daß im Gegensatz zu den Forderungen didaktischer Modelle nicht für alle **Planungsstufen** eigene Pläne erstellt werden. So gaben nur knapp 40 % der in der schriftlichen Erhebung befragten Lehrkräfte an, zu Beginn des Schul- oder Halbjahres einen Grob- oder Umrißplan zu erstellen. Dies ist vor allem an Haupt- und Realschulen (52 %) und an Gymnasien in Form von Halbjahresplänen (51 %) üblich. Im Gegensatz dazu sind an Kooperativen (33 %) und vor allem an Integrierten Gesamtschulen (15 %) individuelle langfristige Planungsüberlegungen selten. In den Interviews erklärten die Lehrkräfte, daß hier die Jahresplanungen statt dessen häufig kooperativ durchgeführt werden.

Ähnlich wie bei SHAVELSON und STERN (1981, S. 481) konnte festgestellt werden, daß die Grobplanungen, sofern sie erstellt werden, großen Einfluß auf die weiteren Tätigkeiten im laufenden Schuljahr besitzen, da bei diesem Planungsschritt die Auswahl und Verteilung der Inhalte auf das Schuljahr erfolgt, an der sich dann die weiteren Planungsüberlegungen ausrichten. Häufig übernehmen aber die Schulcurricula, selten auch die Lehrpläne diese Funktion, da jene als ausreichende inhaltliche Vorstrukturierung des Unterrichtsstoffes angesehen werden. Dies stimmt mit den Ergebnissen von WENGERT (1989) bzw. BROMME und HÖMBERG (1981) überein. Auch die Berufserfahrung der meisten befragten Lehrkräfte erklärt die geringe Berücksichtigung dieser Planungsstufe: Wurde der entsprechende Jahrgang bereits mehrfach unterrichtet, liegen somit bereits Jahrespläne vor oder ist die Abfolge der Einheiten verinnerlicht, entfallen diese Planungsüberlegungen.

Die Unterrichtspläne für mittel- und kurzfristige Zeitabschnitte wie Unterrichtseinheiten (74 %) und Einzelstunden (80 %) werden dagegen von fast allen Lehrkräften regelmäßig erstellt. Lehrkräfte an Integrierten Gesamtschulen berichten zudem über die regelmäßige Anfertigung von Wochenarbeitsplänen (44 %). Dabei werden Unterrichtseinheiten selten komplett vorbereitet, ebenfalls unüblich ist die ausschließliche Vorbereitung von Einzelstunden. In diesem Fall werden der Einstieg in das neue Thema und meist auch der grobe weitere Verlauf der Einheit angedacht. Übliches Vorgehen scheint aber das Erstellen von Plänen für beide Planungsstufen. Liegt allerdings ein akzeptabler Unterrichtsentwurf vor, so beschränkt sich die Vorbereitung auf ein Durchdenken des Ablaufs, bei dem eventuell noch Zusätze oder Abstriche vorgenommen werden, abhängig von der zu unterrichtenden Klasse und der noch zur Verfügung stehenden Zeit (siehe auch BROMME 1981, WENGERT 1989 und HAAS 1998). Lehrkräfte erstellen somit in der Regel für zwei bzw. drei Planungsebenen eigene Pläne. Die von CLARK und YINGER (1979) beschriebenen acht bzw. fünf von YINGER (1978) identifizierten Planungsebenen konnten in dieser Untersuchung nicht aufgefunden werden. Hier bestätigte sich aber das Ergebnis, daß Lehrkräfte vor allem für mittel- bzw. kurzfriste Planungsabschnitte eigene Pläne erstellen (SMITH 1978, JOYCE 1978-79).

Die Vorbereitung von Unterrichtseinheiten und Einzelstunden bezieht sich dabei in Mathematik und Chemie im wesentlichen auf Überlegungen zu den Inhalten, die vermittelt werden sollen (vgl. BROMME 1981, HAAS 1992/1998, MORINE-DERSHIMER 1977, PETERS 1983, PETERSON, MARX & CLARK 1978 und TAYLOR 1970, die ebenfalls den Vorrang inhaltlicher Planungsüberlegungen feststellten) und zu den Unterrichtsaktivitäten (vgl. YINGER 1978). In Deutsch und Chemie nimmt zudem die Suche und Auswahl des Materials einen großen Raum ein. Dabei konnten in dieser Untersuchung deutliche fachspezifische Unterschiede bezüglich der **Planungselemente** festgestellt werden. So gehen die Planungsüberlegungen in Mathematik in erster Linie von der Fachlogik aus, die den Unterricht zusammen mit dem Schulbuch weitgehend vorstrukturiert. Die Vorbereitung bezieht sich hier im wesentlichen auf die logische Anordnung der Inhalte und die Auswahl geeigneter Aufgaben (vgl. BROMME 1981; WENGERT 1989). Die Planungstätigkeiten in Chemie gehen im wesentlichen von drei Überlegungen aus: Zum einen erscheint es den Lehrerinnen und Lehrern wichtig, Fachwissen zu vermitteln und den Unterricht logisch aufzubauen, zum andern bemühen sie sich, den Bezug zur Umwelt oder dem Alltag der Lerngruppe herzustellen, und darüber hinaus spielen Überlegungen, an welcher Stelle und wie häufig Experimente sinnvoll wären, eine Rolle (vgl. auch HAAS 1992). In Deutsch beziehen sich die wesentlichen Planungstätigkeiten nach der Bestimmung des Themas und Lernziels der Stunde auf die Suche nach geeigneten Texten oder anderen Vorlagen und die Formulierung der Leitfragen. Überlegungen zur Methodik oder Motivation usw. spielen in allen drei Fächern eine deutlich untergeordnete Rolle. Da die Ergebnisse für Mathematik und Chemie weitgehend mit denen der vorliegenden Studien übereinstimmen, kann gefolgert werden, daß die Planungsbeschreibungen für das Fach Deutsch ebenfalls verallgemeinerungsfähig sind.

Die Ergebnisse aus allen drei Untersuchungsteilen zu dem bei der Unterrichtsplanung genutzten **Material** relativieren die bisher angenommene herausragende Bedeutung des Schulbuches. (vgl. BROMME 1981; HOPF 1980; LUNDGREN 1972, McCUTHEON 1980; OEHLSCHLÄGER 1978; SCHMIDT 1984; SCHÜLER 1982; TAYLOR 1970; TIETZE 1986; WARNKEN 1976). Die dort festgestellte zentrale Stellung und vielfältige Nutzung konnte in dieser Arbeit nur für Mathematik bestätigt werden. Während es dort zusammen mit weiteren Schulbüchern das zentrale Hilfsmittel der Vorbereitung ist, steht es laut der schriftlichen Erhebung in Deutsch und Chemie erst an dritter oder vierter Stelle. Hier werden statt dessen vor allem Informationsquellen wie die eigene Materialsammlung, vorhandene Aufschriebe, aktuelles Material u. ä. genutzt. - Didaktische Literatur wird dagegen nicht mehr gelesen, teilweise werden allerdings didaktisch aufbereitete fertige Unterrichtseinheiten aus Fachzeitschriften oder das Lehrerbegleitbuch herangezogen (vgl. OEHLSCHLÄGER 1978).

Die meisten interviewten Lehrkräfte berichten, ähnlich wie in der Untersuchung von TROXLER, PERREZ und PATRY (1979), über knappe stichwortartige **Planungsnotizen** zum geplanten Stundenverlauf. Auch die bei den beobachteten Unterrichtsvorbereitungen erstellten Aufschriebe entsprachen im wesentlichen diesem Format. Seltener werden Fragestellungen, das Tafelbild usw. ausformuliert. Nur wenige Lehrkräfte wählen eine narrative Form, und sehr wenige erstellen ein Skript, das genauere Angaben zur Lehrer-Schüler-Interaktion enthält. Zu ähnlichen

Ergebnissen kamen auch CLARK und YINGER (1979); McCUTCHEON (1980); ZAHORIK (1975) und BROMME (1981). Generell ergibt sich jedoch kein einheitliches Bild. Es finden sich rein inhaltlich sequenzierte Unterlagen, teilweise mit Angaben zu Medien und methodischem Ablauf (Fragen, Arbeitsaufträgen u. ä.), ausformulierten Lehrerfragen und Tafelanschrieben bzw. Hefteinträgen sowie ausführliche Entwürfe. Diese großen Unterschiede sind sicher neben subjektiven Faktoren auch durch die Art der Stunde mitbedingt. Der Schwerpunkt der schriftlichen Planung liegt eindeutig auf dem Inhalt und bezieht sich fast ausschließlich auf die nächste Unterrichtsstunde.

6.2 Der Prozeß der Unterrichtsplanung und das handlungsleitende Lehrerwissen

6.2.1 Der Planungsprozeß

Der Prozeß der Planung wurde bei der Untersuchung mit der Methode des Lauten Denkens (N = 15) erfaßt. Dabei fanden sich, aufgrund der unterschiedlichen untersuchten Fächer, bedingt durch die verschiedenen Arten der Stunde (Einführungsstunden oder Stunden im Laufe der Einheit) und vor allem durch personenspezifische Einflüsse, deutliche Unterschiede bei den Planungshandlungen der untersuchten Lehrkräfte. Dennoch läßt sich der Ablauf der Planung einer Einzelstunde folgendermaßen darstellen:

Die Vorbereitung der einzelnen Stunde startet in der Regel mit einer kurzen Orientierungsphase. Es erfolgt zunächst ein kurzer Rückblick auf die vergangene Stunde, in der sich die Lehrkraft den Fachinhalt und Lernstand der Schülerinnen und Schüler vergegenwärtigt. Dies ist vor allem in Mathematik, seltener in Deutsch und nur z. T. in Chemie der Fall. (Diese Überlegungen scheinen auch in Biologie eher von sekundärer Bedeutung, wie HAAS (1998) feststellte.) Einige Lehrkräfte bedenken dabei auch die Lage der zu planenden Unterrichtsstunde (z. B. unmittelbar nach dem Sportunterricht, letzte Stunde vor dem Wochenende usw.).
Daran schließen sich Überlegungen zum Unterrichtsstoff und die Information anhand des Schulbuches oder der eigenen Materialsammlung an. In Mathematik werden dabei häufig der nächste Schritt im Schulbuch durchgelesen und gegebenenfalls zusätzliche Literatur gesichtet (andere Schulbücher, eigene fertige Einheiten, Fachzeitschriften u. ä.), wenn die Vorgaben des Schulbuches nicht mit den eigenen Vorstellungen übereinstimmen. Dazu kann es auch zählen, einen Sachverhalt zur eigenen Klärung zu überlegen, durchzurechnen oder herzuleiten. In Deutsch beinhaltet diese Phase vor allem die Suche nach geeigneten Texten, Vorlagen u. ä., ebenso in Chemie. Die Informationsphase entfällt jedoch, wenn der Lehrkraft der Stoff „klar" ist oder akzeptables Material vorliegt. Dabei werden dann auch die Unterrichtsmedien festgelegt und, unter Berücksichtigung des Anspruchsniveaus und der zu erwartenden oder zu fordernden Leistungen, die in der Stunde zu behandelnden Inhalte ausgewählt und das Thema festgelegt.
Während in dieser Planungsphase das Durchdenken der Inhalte und die Strukturierung des Ablaufs in Mathematik einen deutlich größeren Platz einnimmt

als die Informationsbeschaffung (vgl. BROMME 1981, der einen deutlichen Vorrang der Festlegungen gegenüber den Feststellungen feststellte), scheint es sich in Deutsch genau umgekehrt zu verhalten. In Chemie dagegen beansprucht je nach persönlicher Zielsetzung (Alltagsbezug oder Fachorientierung) die eine oder andere Teilhandlung mehr Zeit.

Sind die Inhalte im wesentlichen explizit oder „im Hinterkopf" vorstrukturiert und das geeignete Material gefunden, schließt sich die Planung des Stundenverlaufs an. Dabei bemühen sich die Mathematik- und Chemielehrkräfte vor allem um die logische Strukturierung der Inhalte. Parallel zur Auswahl der Lerninhalte werden dann auch das methodische Vorgehen und die Sozialformen festgelegt, wobei in allen drei Untersuchungsfächern die methodische Gestaltung des Unterrichts verhältnismäßig wenig intensiv reflektiert wurde. Bei diesen Überlegungen werden dann auch häufig Alternativen erwogen, diese enden aber immer mit einer Festlegung.

Die Planung des Stundenverlaufs beinhaltet in allen drei Fächern insbesondere Überlegungen zum Einstieg (Wiederholung des Stoffes; Hausaufgabenkontrolle/ Problemstellung/Impuls durch Lehrerfrage oder Medium, Auswahl oder Konstruktion geeigneter Einstiegsaufgaben z. T. mit Lösung, Überlegungen der Leitfragen zum Text usw.) und häufig auch zur Zusammenfassung oder Ergebnissicherung. Dazu werden dann teilweise Merksätze und das Tafelbild ausgearbeitet. Ist in Chemie für die Stunde ein Lehrer- oder Schülerexperiment vorgesehen, so wird der Verlauf der Stunde häufig naturwissenschaftlich strukturiert und umfaßt die Phasen: Problemstellung, Hypothesenbildung, Versuchsaufbau und -durchführung und Ergebnissicherung. In Mathematik, seltener in Deutsch oder Chemie, folgen dann Überlegungen zu Übungen und Anwendungen, Lernkontrollen und zum zeitlichen Ablauf. Dabei können sich in Deutsch diese Phasen (Text bearbeiten/besprechen, Ergebnissicherung und Übungsphase) auch auf mehrere Stunden verteilen, so daß häufig nur eine oder zwei Phasen geplant werden. Hierbei bedenken die Lehrkräfte auch, an welchen Stellen Schwierigkeiten für die Schülerinnen oder Schüler erwartet werden müssen. Diese Unterrichtsphasen werden aber in der Regel nicht so detailliert geplant. Die Festlegung der Hausaufgaben und das Stundenende werden selten explizit geplant, es bleibt in der Regel offen. Auch sind Zeitreflexionen selten, die Lehrkräfte wissen offenbar rein „gefühlsmäßig", wieviel Unterrichtsstoff sie vorbereiten müssen.

Anschließend rekapitulieren viele Lehrkräfte noch einmal den geplanten Stundenverlauf und denken z. T. auch über den Inhalt der folgenden Stunden nach. Teilweise wird im Verlauf der Planung oder im Anschluß ein Arbeitsblatt erstellt. Mitunter zählen auch Überlegungen zur nichtstofflichen Planung, wie Maßnahmen im organisatorisch-technischen Bereich, Gespräche mit der Klasse über nichtinhaltliche Dinge usw., zur Vorbereitung.

Die Planungsergebnisse werden dabei meistens im Verlauf der Planung Schritt für Schritt festgehalten, seltener im Anschluß an die Planung.

Die Vorbereitung ist damit nicht unbedingt abgeschlossen. Manche Lehrkräfte beschäftigen sich noch zusätzlich außerhalb des Arbeitszimmers mit der Stunde, vor allem, wenn sie ihre Planung (evtl. aus Zeitgründen) noch unbefriedigend empfinden.

6 Zusammenfassende Interpretation, Einordnung und Fazit

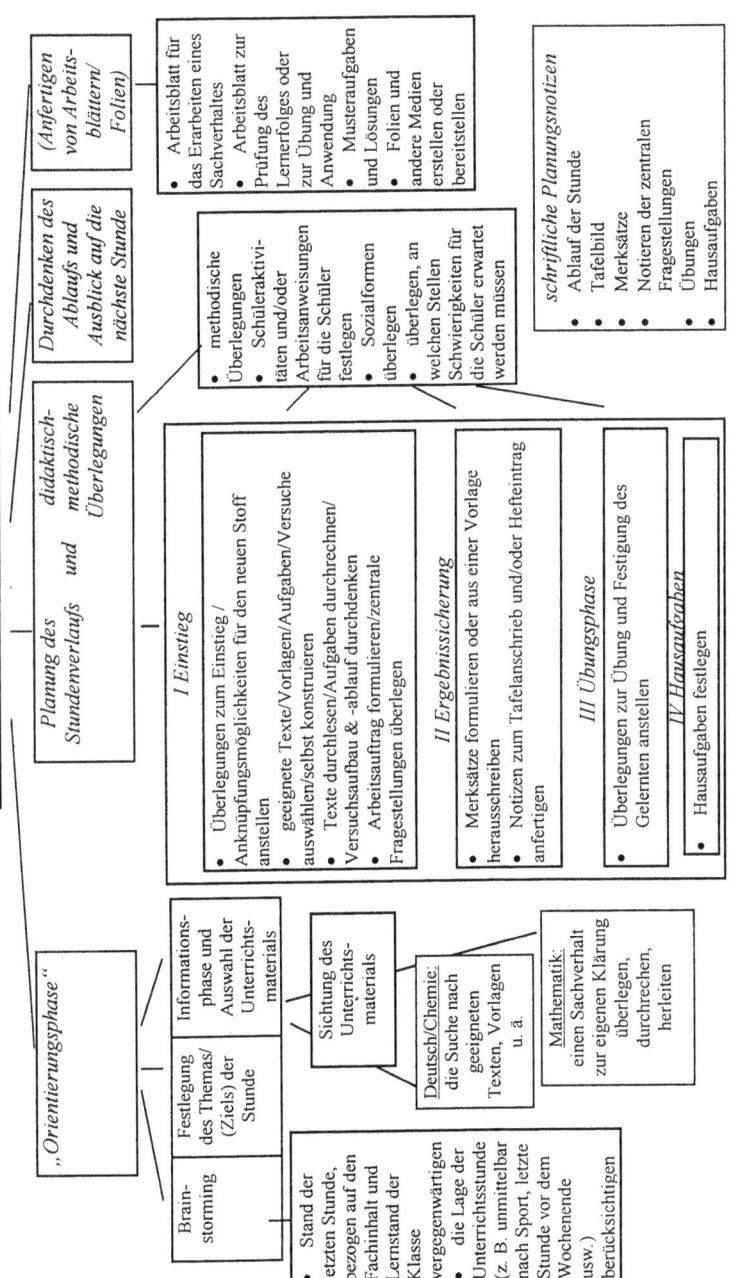

Abbildung 14: „Maximales Handlungsschema für die Planung von Einzelstunden"

Diesen Prozeß der Planung kann man im Sinne MILLER, GALANTER und PRIBRAM (1973) als Durchführung eines Handlungsplans mit Unterplänen, die wiederum Teilhandlungen umfassen, interpretieren. In dieser Untersuchung konnten unabhängig vom Untersuchungsfach drei bis vier Unterpläne oder Phasen identifiziert werden, deren Teilhandlungen allerdings deutliche fachspezifische Unterschiede bezüglich des Inhalts und Umfangs aufweisen. Diesen Handlungsplan oder das Schema der Unterrichtsplanung soll die vorstehende Abbildung skizzieren.

An dieser Stelle muß betont werden, daß die hier vorgenommene schematische Darstellung oder prozessuale Beschreibung der Planungshandlungen von Lehrkräften aufgrund der kleinen Stichprobengröße und der Beschränkung auf drei Untersuchungsfächer an einer Schulform im Sinne einer These zu verstehen ist, da hierbei eine gewisse Pauschalisierung der beobachteten Planungshandlungen zugunsten einer Verallgemeinerung vorgenommen wurde.
Vergleicht man dieses Ergebnis mit den vorliegenden Beschreibungen des Planungsprozesses von BROMME (1981) für Mathematik, der eine dreischrittige Unterteilung wählte, und von MISCHKE und WRAGGE-LANGE (1987), die sieben Planungsphasen für den Englischunterricht identifizierten, so scheinen auf den ersten Blick wenige Übereinstimmungen bei den Ergebnissen vorzuliegen. Bei näherer Betrachtung wird aber deutlich, daß, abgesehen von den fachspezifischen Unterschieden bei den Teilhandlungen, die Planungsprozesse im wesentlichen gleiche Phasen beinhalten: Der erste Schritt (hier in Anlehnung an BROMME „Orientierungsphase" genannt) beinhaltet in allen drei Untersuchungen Überlegungen bezüglich des Fachinhalts - MISCHKE und WRAGGE-LANGE nennen dies „didaktischer Zusammenhang" - und des Lernstandes der Klasse. Daran schließen sich Überlegungen zum Einstieg an, wobei die Inhalte dieser Überlegungen deutliche fachspezifische Unterschiede aufweisen. BROMME ordnete diese Überlegungen der Orientierungsphase zu, und MISCHKE und WRAGGE-LANGE identifizierten dies als eigenen Planungsschritt („Einführung neuer Vokabeln/Strukturen"). In dieser Untersuchung wurden diese Überlegungen dem zweiten Schritt zugeordnet, der Planung des Stundenverlaufs. Diesem Schritt können auch die für Englisch identifizierten Phasen „Kommunikationsübung", „Festigungsphase", „Wiederholung der geplanten Inhalte und Schritte" und „Einbettung" zugeordnet werden. Auch für die hier untersuchten Fächer ließen sich entsprechende fachspezifische Unterrichtsphasen identifizieren, die dann in Verlauf dieses Planungsschrittes mehr oder weniger detailliert geplant wurden. Daher ist die von BROMME als zweiter Schritt („Mittelteil") beschriebene Auswahl und Anordnung von Aufgaben mathematikspezifisch und entspricht nicht dem Vorgehen in Chemie oder Deutsch (zu ähnlichen Ergebnissen kam auch HAAS 1998).
Der dritte von BROMME identifizierte Planungsschritt, das Durchdenken des geplanten Stundenverlaufs, war auch bei den meisten der hier beobachteten Unterrichtsvorbereitungen anzutreffen und ist z. T. mit der Phase „Unterrichtsorganisation" von MISCHKE und WRAGGE-LANGE zu vergleichen.

Insgesamt scheint die Unterrichtsplanung von Lehrkräften zunächst relativ fachunabhängigen Phasen zu folgen, wobei die Inhalte dieser Phasen deutliche fachspezifische Unterschiede aufweisen. Dabei ist aber zu berücksichtigen, daß Unterrichtsplanung letztendlich immer ein individuelles Geschehen ist, das vor allem durch subjektive Faktoren geprägt und gesteuert wird.

6.2.2 Das handlungsleitende Lehrerwissen

Sowohl in der Interviewstudie (N = 35) als auch in dem an das Laute Denken anschließende Nachgespräch (N = 11) wurden die Lehrkräfte nach Teilen ihres handlungsleitenden Wissens befragt. Dabei betonten alle befragten Lehrkräfte, ähnlich wie in den Untersuchungen von BROMME (1981), WENGERT (1989) und HAAS (1998), zunächst die Notwendigkeit der Unterrichtsplanung für den Unterrichtserfolg. Die Vorbereitung des Unterrichts wird von fast allen Lehrerinnen und Lehrern - neben dem eigentlichen Unterrichten - als eines der wichtigsten Elemente ihrer Arbeit angesehen. Daher versuchen die Lehrkräfte, jede Stunde zumindest zu durchdenken und soviel Zeit wie möglich, in diese Tätigkeit zu investieren.

Wie wichtig die Unterrichtsplanung den befragten Lehrerinnen und Lehrern ist, wird auch daran deutlich, daß alle Interviewten versuchen, auf jeden Fall nie ganz unvorbereitet in den Unterricht zu gehen. Kommt es aber doch zu zeitlichen Engpässen, so versuchen die Lehrkräfte, sich zumindest kurz inhaltlich zu informieren. Praktisch alle Lehrkräfte stimmten darin überein, daß in einem solchen Fall fast ausschließlich der Lehrstoff und die zu bearbeitenden Aufgaben oder Texte bedacht werden. Methodische Überlegungen finden dann so gut wie nie statt. Die Lehrkräfte vergegenwärtigen sich in diesem Fall lediglich des momentanen Unterrichtsstandes und der nächsten inhaltlichen Schritte. Die Verhaltensweisen zur Schülerbeteiligung, methodische Überlegungen, Fragestellungen u. ä. werden dann spontan im Unterricht entschieden. Neue oder zentrale Themen werden nicht behandelt, statt dessen wird, wenn möglich, auf eine Übungsstunde, das Ansehen eines Films, Vorführen eines Versuches u. ä. ausgewichen, somit eine Stunde eingeschoben, die man so aus dem Stegreif halten kann (vgl. auch WENGERT 1989).

Auch bei der normalen Unterrichtsvorbereitung ohne Zeitdruck reduziert Berufserfahrung den Planungsaufwand spürbar. Dies gilt für alle Stufen der Planung. Man weiß, welche Reihenfolge gewählt werden muß, welche Strategie sich zur Einführung und Behandlung eines Themas bewährt hat oder wo mögliche Schwierigkeiten auftauchen können. Dadurch können dann auch zentrale Planungselemente einfach im Unterricht generiert werden, und es muß kaum noch vorbereitet werden. Aber auch die Verwendung vorhandenen Unterrichtsmaterials, fertiger Unterrichtseinheiten u. ä., die im Laufe der Jahre zusammengetragen oder erstellt wurden, reduzieren den Planungsaufwand deutlich, so daß in diesem Fall die fertigen Einheiten nur kurz durchdacht werden und gegebenenfalls leicht modifiziert werden müssen. Dies schafft Raum, etwas Neues auszuprobieren, den Alltagsbezug in den Unterricht zu bringen und Fortbildungsveranstaltungen zu besuchen. Dennoch, so betonten die befragten Lehrkräfte, erübrigt die Berufserfahrung nicht die eigene Unterrichtsvorbereitung, sie reduziert nur deutlich den Umfang. Dabei unterscheiden sich aber die Gründe für eine individuelle Planungstätigkeit und die verfolgten Ziele ebenso wie der betriebene Aufwand.

Die persönlichen Gründe, warum Unterricht geplant und vorbereitet wird, reichen vom Streben nach fachlicher Kompetenz und didaktisch-methodischer Souveränität über den Wunsch, den Unterricht schülerorientiert zuzuschneiden, bis zum Versuch, die eigene Unterrichtstätigkeit zielgerichtet und effektiv zu steuern. Es geht häufig zunächst darum, sich einen Überblick über die Inhalte und den Ablauf der Stunde oder die angestrebten Unterrichtsziele zu verschaffen. Vor allem Mathematik- und einige Chemielehrkräfte bemühen sich um die Durchführung stringenter, aufeinander aufbauender Stunden, die nur durch entsprechende Planung zu gewährleisten sei. Auch könnten bei der Planung direkt mögliche Schwierigkeiten erkannt und entsprechende Überlegungen zur Verdeutlichung etc. angestellt werden. Die Unterrichtsvorbereitung dient zudem der inhaltlichen Absicherung und der eigenen Sicherheit im Unterricht und sei vor allem wichtig, um den Unterricht zielgerichtet und strukturiert ablaufen zu lassen. So sei es besonders wichtig, den Tafelanschrieb exakt zu planen, da die Schülerinnen und Schüler diesen in ihr Heft übernehmen und er eine Grundlage zur Wiederholung von Unterrichtsthemen darstellt. Zudem sei zu bedenken, daß genügend Zeit für alle wichtigen Unterrichtsschritte bleibt. Diese zeitliche Strukturierung sei aber nicht nur bei der Planung von Einzelstunden und Unterrichtseinheiten entscheidend, sondern auch zu Beginn des Schuljahres, um sicherzugehen, daß alle wesentlichen Inhalte und Themen behandelt werden können. Ein weiterer Grund für die tägliche Unterrichtsvorbereitung ist neben der inhaltlichen Absicherung auch das Bemühen um eine abwechslungsreiche Unterrichtsgestaltung, den Alltagsbezug herzustellen oder aktuelle Themen zu bearbeiten.
Diese Vorbereitungen dienen dann bei einigen Lehrkräften als konkrete Handlungsanweisungen für den Unterricht, um so sicherzustellen, daß der Unterricht durchstrukturiert und planmäßig abläuft.

Dabei ließen sich ähnlich wie bei WENGERT (1989) im wesentlichen zwei Ziele, die eng zusammenhängen, identifizieren, an denen sich die Lehrkräfte bei ihrer Planung orientieren. Zum einen geht es um die Ziele im Bereich des Fachinhalts wie hoher Lernerfolg, anspruchsvoller Unterricht für gute und Förderung für schwache Schülerinnen und Schüler. Da diese inhaltlichen Ziele - orientiert am jeweils angestrebten Abschluß - als besonders wichtig gelten, werden vor allem die Hinführung zum Thema, Problemstellung und das Erarbeiten von neuem Stoff besonders intensiv geplant. Dabei bemühen sich auch einige Lehrkräfte, den Unterricht logisch und stringent zu planen und durchzuführen, um auch die Fachsystematik deutlich zu machen. - Die Bereiche Üben und Wiederholen werden zwar auch als wichtig für die Qualifikation, aber als nicht so planungsintensiv angesehen. Zum anderen werden Ziele im Bereich der Lehrer-Schüler-Interaktion verfolgt. Denn eine wichtige Voraussetzung zur Erreichung eines guten Lernerfolges seien die konzentrierte Mitarbeit, Schwung und Reibungslosigkeit, Freude und Interesse der Schülerinnen und Schüler sowie die freundschaftlich-entspannte Atmosphäre im Unterricht. Diese Ziele gelten als sehr wichtig, aber nur z. T. als

6 Zusammenfassende Interpretation, Einordnung und Fazit

planbar. Um dies zu erreichen, werden vor allem methodische Überlegungen angestellt, Schülerwünsche mit in die Planung einbezogen, aktuelles Material gesucht, über die Motivation nachgedacht u. ä.

Ein weiterer Untersuchungsschwerpunkt war die Frage nach der Bedeutung von Routinen für den Planungsprozeß. Auch in dieser Arbeit ließ sich der durch viele Untersuchungen belegte hohe Routinisierungsgrad der Planung (vgl. etwa BROMME 1981, CLARK & PETERSON 1986, PETERS 1983) nachweisen. Viele verbalisierte Begriffe konnten als „Verdichtungen" (BROMME 1985) oder „scripte" gedeutet werden. Die für Mathematik festgestellte Verdichtung der Planungsüberlegungen bei der Auswahl der Aufgaben, die als stellvertretend für Überlegungen zu den zentralen Planungselementen (Ziele, Inhalte, Methoden und Lernvoraussetzungen) anzusehen ist, auch wenn diese nicht explizit erwähnt werden (vgl. BROMME 1981; WENGERT 1989), scheinen sich in Chemie auf die Überlegungen zum Versuch (vgl. auch HAAS 1992) bzw. in Deutsch zum Text übertragen zu lassen. Deren Auswahl wird ebenfalls vor dem Hintergrund des Fachinhalts vorgenommen, gesteuert durch „didaktische" Orientierungen wie die Erzeugung von Interesse. Ähnliches gilt für die Auswahl oder das Erstellen des Unterrichtsmaterials. Die Planung des Stundenverlaufs ihrerseits impliziert Überlegungen zur interaktiven Ausgestaltung des Unterrichts, wobei die Lehrkräfte offenbar auf verinnerlichte „skripte" zurückgreifen können. Dies relativiert die für Mathematik in anderen Untersuchungen festgestellte vergleichsweise geringe Berücksichtigung der interaktiven Ausgestaltung des Unterrichts bei der Planung (vgl. WENGERT 1989, S. 419f): Lehrkräfte haben eine bestimmte Vorstellung über den Unterrichtsablauf, und damit muß die Gestaltung „von dem Lehrer nicht täglich neu vorgenommen werden. ... Die Schüler haben ... bereits Erfahrungen mit dem üblichen Ablauf von Unterricht gemacht" und es haben sich sozial eingeübte Verhaltensmuster gebildet (vgl. BROMME 1992 a, S. 81). Auch die Feststellung BROMMEs, daß die Schülerinnen und Schüler nicht als Einzelpersonen, „sondern (als) eine abstrakte, aber psychologisch reale Einheit, die ich als ‚kollektiver Schüler' (collective student) bezeichne" (BROMME 1992 a, S. 85), bei den Planungsüberlegungen präsent sind, wurde in dieser Untersuchung unabhängig vom Untersuchungsfach bestätigt. Die Klasse (Kenntnisstand, Schülervoraussetzungen wie Interessen und Intelligenz), nicht die einzelne Schülerin, der einzelne Schüler ist somit implizit immer mit einbezogen. Sie scheint irgendwie im „Kopf" der Lehrkraft präsent zu sein und Methodenfragen (Gruppenarbeit, Lehrer-Schüler-Gespräch, Einsatz bestimmter Medien u. ä.) sowie den Schwierigkeitsgrad (z. B. Auswahl von Begriffen, Texten, Aufgaben) mitzuentscheiden, vermutlich im Sinne einer Antizipation des künftigen Unterrichts (vgl. auch WENGERT 1989 und HAAS 1992/1998). Auch in den Planungsnotizen finden sich Hinweise auf Verdichtungen. So können die Stichworte zum Unterrichtsablauf ähnlich wie von WENGERT (1989) als „Superzeichen" interpretiert werden, die ein mehr oder weniger umfangreiches Verhaltensrepertoire implizieren (a. a. O., S. 116).

6.2.3 Die Bedeutung didaktischer Modelle für die Unterrichtsplanung

In den bisher vorliegenden Untersuchungen zur Unterrichtsplanung kommen die Autoren immer wieder zu dem Schluß, daß sich Unterrichtsplanung an keinem spezifischen didaktischen Modell orientiert (vgl. für den deutschsprachigen Raum: MÜLLER-FOHRBORDT u. a. 1978; BROMME 1981; HAAS 1992/1998). Auch bei der Untersuchung mit der Methode des Lauten Denkens wurde von keiner Lehrkraft anhand eines didaktischen Modells die Unterrichtsplanung durchgeführt. Vielmehr scheinen sich die Planungshandlungen an individuellen, im Verlauf der Berufsausübung entwickelten Schemata zu orientieren, in denen - wenn überhaupt - nur Fragmente didaktischer Modelle wiederzufinden sind. Ob dabei didaktische Modelle Pate standen, hängt offenbar vor allem davon ab, ob die in der Ausbildung verwendeten Modelle mit den individuellen pädagogischen Vorstellungen der Lehrkräfte übereinstimmen oder nicht. In der im Anschluß an die beobachteten Unterrichtvorbereitungen durchgeführten Befragung äußerten sich sowohl die Deutsch- als auch die Chemielehrkräfte sehr negativ über ihre Ausbildung und das dort verlangte Planungsvorgehen. Hier wurde eine starke Distanzierung zu den im Referendariat verwendeten didaktischen Modellen deutlich, so daß dort nach eigenen Angaben das dort gelernte Vorgehen heute keine Rolle mehr spielt. Die Mathematiklehrkräfte dagegen äußerten sich relativ positiv über ihre Ausbildung, vor allem mit dem Konzept des „entdeckenden Lernens" oder des eigenständigen Erarbeitens von Lösungen konnten sich alle befragten Lehrkräfte identifizieren und versuchen dies auch heute, durch entsprechende Planungsüberlegungen zu verwirklichen.

Vergleicht man im zweiten Zugriff die Aussagen aller schriftlich oder mündlich befragten Lehrkräfte über ihre Planungspraxis und die durch die Methode des Lauten Denkens identifizierten tatsächlichen Planungshandlungen oder -schemata mit den Vorgaben der didaktischen Modelle (vgl. Kap 1.3 und 1.4), so lassen sich folgende Gemeinsamkeiten und Unterschiede feststellen:
Insgesamt entwirft nur knapp die Hälfte der befragten Lehrkräfte eigene Jahrespläne. Wenn sie erstellt werden, gehören dazu die Auswahl und das Strukturieren der Inhalte anhand des Lehrplans und insbesondere des Schulcurriculums oder anderer schulinterner Absprachen. In einigen Fällen wird eine Zeiteinteilung vorgenommen und seltener die Einplanung der Klausuren. Damit werden einige der nach Maßgabe didaktischer Modelle notwendigen Faktoren berücksichtigt, es fehlen aber in den meisten Fällen die Festlegung der Lernziele und vor allem die Reflexion des Erziehungs- und Bildungsbeitrages des entsprechenden Fachunterrichts anhand des Lehrplans.
Bei der Planung von Unterrichtseinheiten sollten gemäß didaktischen Planungsmodellen Entscheidungen über die Lernziele, Inhalte und Methoden und Medien für die einzelnen Unterrichtsstunden der Einheit getroffen und damit schon bei der Planung der Einheit alle dazu gehörigen Einzelstunden weitgehend geplant werden. Bei den Aussagen der Lehrkräfte wurde im Gegensatz dazu deutlich, daß bei diesem Planungsschritt im wesentlichen nur die Inhalte ausgewählt, die Reihenfolge ihrer Behandlung festgelegt und Entscheidungen über die Medien getroffen werden. Die Lernzielbestimmung fehlt in den meisten Fällen, und

methodische Überlegungen fanden in keinem Fall an dieser Stelle statt. Auch planen die Lehrkräfte nur die ersten zwei bis drei Stunden der Einheit detailliert vor, der Rest wird von Stunde zu Stunde ausgearbeitet.
Bei der Planung von Einzelstunden wurden keine Reflexionen über anthropogene bzw. sozio-kulturelle Schülervoraussetzungen geäußert, die Klasse ist vielmehr als Ganzes insbesondere bezüglich ihres Leistungsstandes im „Hinterkopf" der Lehrkraft präsent. Keine Lehrkraft begann die Vorbereitung mit der Formulierung von Lernzielen, auch während der Planung wurden keine Lernziele explizit formuliert. Die zentralen Überlegungen bezogen sich auf die Inhalte (vgl. etwa BROMME 1981, MORINE-DERSHIMER 1977, PETERSON, MARX & CLARK 1978, TAYLOR 1970) bzw. die Suche nach geeigneten Medien. Ausführliche methodische Reflexionen fanden nicht statt. Alternatives Vorgehen wurde zwar thematisiert, aber nicht im Sinne bewußten Offenhaltens für den Unterricht. Zu Fragen der Differenzierung und Evaluation wurden nur vereinzelt bewußte Überlegungen angestellt. Auch bei der Planung des Stundenverlaufs wurden vor allem Überlegungen zum Einstieg angestellt, die weiteren Phasen nur z. T., manche gar nicht berücksichtigt. Das Stundenende wurde nicht geplant. Dies stimmt mit den Befunden von BROMME (1981), CLARK und YINGER (1979), PETERSON und CLARK (1978) und WENGERT (1989) überein.
Die Untersuchung dieser Planungshandlungen auf Verdichtungen und impliziertes Wissen ergab aber, daß Auswahl oder Konstruktion von Aufgaben, Texten und Versuchen Überlegungen zu den Lernzielen impliziert und gleichzeitig mit Evaluationsfragen verbunden ist. So umschließt nach SHAVELSON (1985) für Mathematik eine Aufgabe bezüglich der Unterrichtsvorbereitung mindestens sechs Komponenten: den Inhalt, das Material, die Aktivitäten, die Zielvorstellungen, die Lernvoraussetzungen der Schülerinnen und Schüler und der sozial-kulturelle Kontext des Unterrichts (a. a. O., S. 402). Und BROMME (1986) konnte nachweisen, daß diese Aspekte „... bei der Auswahl von Aufgaben mitbedacht werden - teils bewußt abgewogen, teils unbewußt bilden sie sozusagen den Hintergrund, der gar nicht thematisiert wird, der aber die Auswahl beeinflußt" (a. a. O., S. 12 f.). Offenbar werden somit bei der Aufgabenauswahl die wesentlichen Elemente der Planung implizit mitbedacht und vor jeder Unterrichtsstunde systematisch aufeinander bezogen. Dadurch wird zumindest einer Forderung didaktischer Modelle, der Berücksichtigung der Interdependenz, Rechnung getragen. In dieser Untersuchung wurde deutlich, daß sich diese Erkenntnisse auch auf die Planungshandlungen in Deutsch und Chemie übertragen lassen. BROMME hielt dies für eine effektive Form der Integration aller Planungsaspekte (1981, S. 175). Er wertete dies jedoch in seiner Untersuchung als Beleg für den Widerspruch zwischen allgemeindidaktischer Theorie und der unterrichtlichen Praxis von Lehrkräften. Im Gegensatz dazu argumentiert Barbara KOCH-PRIEWE (1997, S. 7), daß hiermit der Forderung didaktischer Modelle, der Berücksichtigung der Interdependenz Rechnung getragen wird und sich insgesamt „der vielerorts behauptete Gegensatz zwischen alltäglicher Unterrichtskompetenz von berufserfahrenen LehrerInnen und didaktischer Theorie ... nicht aufrecht (erhalten läßt)" (a. a. O., S. 9). Für die englischsprachigen Untersuchungen kamen auch CLARK und PETERSON (1986) zu dem Schluß, daß Lehrkräfte zwar nicht nach allgemeindidaktischen Modellen

planen, didaktische Aspekte aber sehr wohl eine Rolle spielen. Und in einer späteren Ausarbeitung seines Ansatzes zum „professionellen Wissen" gelangte BROMME (1992 a) zu der Annahme, „das professionelle Wissen des Lehrers sei eine ganz besondere, vom Lehrer selbst entwickelte Mischung aus curricular-fachlichem und pädagogisch-psychologischem Wissen mit ihren eigenen Erfahrungen über Unterrichtssituationen" (a. a. O., S. 102).

Die Frage, ob und inwieweit didaktische Modelle auch im späteren Berufsleben ihre Handlungswirksamkeit entfalten, ist meiner Meinung nach nicht einheitlich zu beantworten. Betrachtet man die Aussagen der Lehrkräfte über und bei der Planung, so läßt sich dabei das Nachdenken über die zentralen Planungselemente nachweisen, auch wenn dies in den meisten Fällen eher implizit als explizit geschieht und nicht einem der vorgegebenen Schemata folgt. Ob dies aber auf die erlernten Modelle zurückzuführen ist oder sich zwangsläufig auf die konkreten Anforderungen der Planungstätigkeit zurückführen läßt, muß offen bleiben.

6.3 Perspektiven für didaktische Theorie und alltägliche Planungspraxis

Ausgangspunkt der Überlegungen dieser Arbeit war die von zahlreichen Autoren vertretene Feststellung, daß sich Unterrichtsplanung offenbar nicht an den Vorgaben didaktischer Modelle orientiert. Lehrkräfte würden sich bei ihrer täglichen Vorbereitung primär mit dem zu vermittelnden Stoff auseinandersetzen, methodische Überlegungen spielten eine untergeordnete Rolle, und es gebe keinerlei Anzeichen für die Verwendung didaktisch-methodischer Theoriestücke (z. B.: DICHANZ & HAGE 1979). Statt dessen konzentriere sich die Unterrichtsplanung auf die Vorbereitung von Einzelstunden, da Lehrkräfte auf Schulbücher und Lehrerbegleitbücher zurückgreifen könnten, deren Vorgaben langfristige sowie mittelfristige Planungsüberlegungen ersetzen würden (HILLER 1980). Unterrichtsplanung sei aufgrund dieses zahlreich vorhandenen vorgefertigten Materials in erster Linie eine Vorbereitung aus „zweiter Hand", die sich auf eine angemessene Portionierung der Unterrichtsinhalte beschränke (HAGE 1981). MEYER (1983) stellte zusammenfassend fest, daß routinierte Lehrkräfte wenig Interesse an allgemeinen Didaktiken haben, die Planungsraster aufgegeben würden, das Planungsverhalten problem- und aufgabenbezogen sei und Zielentscheidungen implizit getroffen würden.

Im wesentlichen werden zwei Gründe für diese unterstellte geringe Bedeutung didaktischer Modelle für die alltägliche Vorbereitungspraxis genannt. Zum einen liefere keines der Modelle eine ausreichende praktische Handlungsorientierung für die konkrete alltägliche Unterrichtsplanung bzw. für den Kompetenzerwerb von Lehrkräften, da die konkreten Arbeitsplatzbedingungen (wie Zeitknappheit) nicht beachtet würden. Zudem gingen diese Modelle von sehr hohen theoretischen und praktischen Handlungskompetenzen der Lehrkräfte aus, und die Anforderungen in den Modellen seien insgesamt unerfüllbar hoch - Stichwort: „Feiertagsdidaktik" (MEYER 1980a). Zum anderen seien die didaktischen Modelle nicht vor dem Hintergrund der tatsächlichen Planungspraxis bzw. unter Einbeziehung der praktischen Unterrichtsforschung entstanden und führten auch keine Prüfung ihrer Handlungswirksamkeit durch. In diesem Zusammenhang wird immer wieder bemängelt, daß zu wenig empirisch gesichertes Wissen zur Planungspraxis von Lehrkräften vorliege. Daraus leitete sich auch das Forschungsinteresse dieser Arbeit ab. Dabei waren aber nicht die didaktischen Modelle für die theoretische Konzipierung der Arbeit konstitutiv, sondern die psychologischen Theorien des Problemlösens und Entscheidungsverhaltens.

Die in dieser Untersuchung erhobenen Daten zur Unterrichtsplanung unter schulform- und fächervergleichender Perspektive weisen auf unterschiedliche Einflußfelder hin, die die Planungshandlungen der Lehrkräfte vorstrukturieren und in den didaktischen Modellen bislang unberücksichtigt bleiben. So werden die Planungsentscheidungen durch staatliche und schulinterne Vorgaben, Kooperationsstrukturen und andere konkrete Rahmenbedingungen „vor Ort" mehr oder weniger stark beeinflußt. Dies unterstreicht die Kritik an didaktischen Modellen, daß diese Bedingungen zu wenig Berücksichtigung finden, vor allem, da zahlreiche Modelle den Anspruch erheben, die *Alltagspraxis* von erfahrenen Lehrkräften verbessern helfen zu wollen.

Die vorliegenden Ergebnisse relativieren aber auch einige der genannten Äußerungen über die Planungspraxis von Lehrkräften. Zwar konnte die Feststellung von DICHANZ und HAGE (1979) bestätigt werden, daß sich Unterrichtsplanung primär am Unterrichtsstoff ausrichtet und methodische Überlegungen eine deutlich untergeordnete Rolle spielten. Aber ihre Feststellung, es gebe keinerlei Hinweise auf die Verwendung didaktischer Theorien oder Theoriestücke, kann aufgrund der vorliegenden Untersuchungsergebnisse nicht in dieser Deutlichkeit unterstrichen werden. Auch die Feststellung von HILLER (1980), Unterrichtsplanung beziehe sich fast ausschließlich auf die Planung von Einzelstunden, muß deutlich relativiert werden. Zwar wird die kurzfristige Unterrichtsplanung von den Lehrkräften als der wichtigste Planungsschritt angesehen und am häufigsten berücksichtigt, dennoch spielt auch die Planung von Unterrichtseinheiten eine zentrale Rolle bei der Vorbereitung. Nicht zuletzt werden von vielen Lehrkräften zu Beginn des Schuljahres weitreichende Planungsentscheidungen getroffen. Insgesamt berücksichtigt ein Großteil der untersuchten Lehrkräfte bei der Unterrichtsplanung die unterschiedlichen von den didaktischen Modellen vorgegebenen Planungsstufen, wenn auch mit fachspezifischen Unterschieden und seltener expliziter Berücksichtigung aller jeweils vorgesehenen Elemente. Gerade die in dieser Untersuchung nachgewiesenen fachspezifischen Unterschiede bei der Unterrichtsplanung, der Einfluß beispielsweise der Fachsystematik auf die Berücksichtigung der unterschiedlichen Planungsstufen und –elemente, finden in den meisten Diskursen zu wenig Berücksichtigung. So müssen insbesondere die Feststellungen bezüglich der Bedeutung des Unterrichtsmaterials für die Planung fachspezifisch differenziert werden. Die starke Schulbuchorientierung konnte nur für Mathematik nachgewiesen werden, und didaktisch ausgearbeitete Vorlagen wie Lehrerbegleitbücher, Unterrichtsrezepte sowie Fachzeitschriften usw. spielen nur bei wenigen Lehrkräften eine Rolle. Die Feststellung, Unterrichtsplanung sei primär die Planung aus „zweiter Hand", kann aufgrund dieser Untersuchungsergebnisse so nicht unterstrichen werden. Die Lehrkräfte berücksichtigen selten das in

Schulbüchern oder anderem Material vorgegebene Vorgehen, sondern entwickeln meistens eigene Konzepte, die sich primär an den individuellen Zielen, Erfahrungen usw. ausrichten. Unterstrichen werden muß aber die Feststellung, daß sich keine der beobachteten oder befragten Lehrkräfte bei der Planung an einem didaktischen Modell orientierten. In dieser Untersuchung konnten vielmehr individuelle handlungsleitende Schemata oder Pläne identifiziert werden, die den Planungsverlauf im wesentlichen steuern und nur partielle Gemeinsamkeiten mit didaktischen Vorgaben aufweisen. Zudem konnte eine zentrale Bedeutung von Routinen für diesen Prozeß nachgewiesen werden, die diese Planungshandlungen und Entscheidungen deutlich verkürzen. Dies führt dazu, daß der Großteil der Planungsentscheidungen eher implizit als explizit getroffen wird. Insgesamt ist die Unterrichtsplanung vor allem ein individuelles Geschehen, das neben den staatlichen, schulischen und fach-spezifischen Rahmenbedingungen vor allem durch die persönlichen Erfahrungen, subjektiven Theorien, Ziele usw. - das sogenannte Lehrerwissen - und die individuellen zeitlich-organisatorischen Rahmenbedingungen gesteuert wird.

Die Ergebnisse dieser Untersuchung weisen darauf hin, daß didaktische Modelle zwar offensichtlich auch einen Teil dieses Lehrerwissens ausmachen, die Handlungswirksamkeit dieses didaktischen Theoriewissens scheint aber deutlich von individuellen Faktoren wie den eigenen Erfahrungen mit diesen Modellen in der Ausbildungsphase, der Übereinstimmung bzw. den Differenzen mit den individuellen Vorstellungen von gutem Unterricht und den Vorgaben dieser Modelle usw., abhängig zu sein.

Gründe für diese nur partielle Handlungsrelevanz liegen offenbar in den angesprochenen didaktikimmanenten Defiziten wie der mangelhaften Berücksichtigung der konkreten Arbeitsplatzsituation der Lehrkräfte; aber auch die Frage des Selbstverständnisses didaktischer Theorien scheint hierbei eine Rolle zu spielen. Sollen didaktische Modelle konkrete Handlungsanweisungen liefern, wie MEMMERT (1991, S. 89) es fordert, oder haben sie eher einen mittelbaren Bezug zur Praxis, so daß ein Unterrichtsplanungskonzept „in den Grenzen eines Problematisierungsrasters" (KLAFKI 1985, S. 209) bleiben muß? Dieses Verständnis liegt nicht nur KLAFKIs, sondern auch HEIMANNs Modell zugrunde, beide beziehen sich auf die Theoriebildung im Alltag und liefern dafür die Maßstäbe (vgl. PETERSSEN 1989, S. 57 f.). Auch JANK und MEYER (1991) verstehen didaktische Modelle eher im Sinne einer Metatheorie, auf deren Grundlage die Lehrkräfte zusammen mit ihrem Erfahrungswissen eine „eigene didaktische Theorie" und somit Handlungskompetenz entwickeln sollen (a. a. O., S. 39). Daher implizieren die meisten didaktischen Modelle auch kein *Problemlösungswissen*, aus dem sich praktische Handlungen ableiten ließen, sondern enthalten insbesondere *Problemdeutungswissen* (RADTKE 1988, S. 101). Diese Konzipierung scheint aber nur wenige Lehrkräfte anzusprechen, und so tritt bei den meisten das in der Ausbildung angeeignete didaktische Theoriewissen im Verlauf der Professionalisierung in den Hintergrund, und erfahrungsbezogenes Wissen wird zunehmend bestimmend. Dennoch bleibt festzuhalten, daß didaktische Modelle insbesondere für die Ausbildung von Lehrkräften einen wichtigen Beitrag zum Erwerb des nötigen Theoriewissens über Unterricht liefern, das unabdingbar neben dem Erfahrungswissen zum Erwerb der benötigten Handlungskompetenz gehört. Wünschenswert wäre aber eine stärkere Berücksichtigung der praktischen Rahmenbedingungen, der konkreten Praktikerprobleme und der Psychologie des Planungsvorganges selbst, was zu einer größeren Akzeptanz und dauerhafteren Handlungswirksamkeit der Modelle führen könnte. So sollte neben die Vermittlung didaktischer Modelle durch das Thematisieren von Praxisproblemen eine direkte Qualifizierung für die alltägliche Planungsarbeit treten.

Hilfreich wären in diesem Zusammenhang vermehrte Anleitungen zur Lösung ganz praktischer Probleme wie zum Erstellen einer eigenen Materialsammlung. Denn wie in dieser Untersuchung deutlich wurde, spielt das den Lehrkräften zur Verfügung stehende Unterrichtsmaterial eine große Rolle bei der Planung, und in diesem Bereich sind auch bei berufserfahrenen Lehrkräften noch zahlreiche Wünsche offen. So vermissen viele Lehrkräfte aktuelle Texte, Folien, Filme usw., um mittels dieser Medien zeitgemäßen, die Schülerinnen und Schüler ansprechenden Unterricht planen zu können. Daher wären praktische Tips dienlich, wie und wo man „brauchbares" Material erhält und wie man es möglichst sinnvoll archivieren kann. Es sollte auch die tatsächliche Struktur des Planungsprozesses stärker bei der Ausbildung und gegebenenfalls in den Modellen berücksichtigt werden. Die beobachteten Handlungsabläufe und zugrunde liegenden Schemata weisen nur z. T. Übereinstimmungen mit den Modellen auf, vor allem der starre Ablauf der Konzepte läßt sich in den Planungen nicht wiederfinden. Vielmehr kann die Unterrichtsplanung mit Überlegungen zu allen möglichen Planungselementen beginnen wie den Überlegungen zum Lernstand, zu den Inhalten oder mit dem Erstellen des benötigten Materials. Eine stärkere Orientierung an diesen tatsächlichen Abläufen, die sich aus den praktischen Erfahrungen mit dem Unterricht und seiner Planung entwickelt haben, könnten zu einer größeren Akzeptanz und Übernahme der Modelle führen. Dies könnte wiederum einige Defizite eindämmen, die sich z. T. in die eher erfahrungsgesteuerten Handlungspläne eingeschlichen haben wie die häufig festgestellte Vernachlässigung methodischer Überlegungen, die mangelnde Berücksichtigung unterschiedlicher Sozialformen sowie abwechslungsreicher Unterrichtsgestaltung, von Individualisierungs- und Differenzierungsmaßnahmen usw. (DICHANZ & HAGE 1979). Denn nicht nur die didaktischen Modelle, sondern auch die alltägliche Planungspraxis weist Defizite auf.

Wie in vielen Untersuchungen und auch der vorliegenden bestätigt wurde, werden die Planungshandlungen von berufserfahrenen Lehrkräften häufig durch eine eigene „Didaktik" gesteuert. Dabei entwickeln Lehrkräfte nach BROMME (1992 a) „eine ganz besondere ... Mischung curricular-fachlichen und pädagogisch-psychologischen Wissens mit ihren eigenen Erfahrungen über Unterrichtssituationen" (a. a. O., S. 102). Dieses handlungsleitende Wissen liegt bei berufserfahrenen Lehrkräften zumeist in Routinen („abgesunkenen Verdichtungen") vor, die die Planungsprozesse einerseits deutlich verkürzen und die Arbeit der Lehrkräfte erleichtern. Diese Routinenbildung gehört notwendig zur Professionalisierung, sie kann Freiräume schaffen, um verstärkt über alternatives Vorgehen nachzudenken, sich intensiver auf die konkrete Lerngruppe einzustellen usw. Wie professionell dieses „professionelle Wissen" ist und ob mit seiner Hilfe die „Anforderungen" (vgl.

BROMME 1992 a), die an die Lehrkräfte herangetragen werden, für sie und die Schülerinnen und Schüler befriedigend bewältigt werden können, ist damit jedoch noch nicht gesagt. Denn andererseits können Routinen zu erstarrten Verhaltensmustern führen, und sie bergen die Gefahr, unreflektiert immer wieder in z. T. suboptimaler Weise zu planen und den Unterricht durchzuführen. Praktiker entwickeln zwar ihre eigenen „Didaktiken", subjektive Theorien, Handlungsschemata usw., diese werden jedoch selten hinterfragt. Eine Reflexion über das planerische und unterrichtliche Handeln findet kaum statt, und der professionelle Standard bleibt in der Regel unter den Möglichkeiten. Zur Verbesserung der Planungspraxis ist daher das Bewußtmachen dieser Prozesse, der handlungsleitenden Erwartungen und Ziele und der Auswirkungen dieser Faktoren auf das Verhalten im Unterricht ebenso notwendig wie möglich. Da die Planung, psychologisch betrachtet, ein kognitiver Vorgang (Ereignisse resümieren, antizipieren, schlußfolgern, auswählen, bewerten) ist, der selbst wieder kognitive Inhalte, nämlich Wissen, Vorstellungen, Erinnerungen zum Gegenstand hat und dessen Produkt, der Plan nämlich, selber wieder Wissen ist (BROMME & SEEGER 1979), sind diese Planungsprozesse bewußtseinsfähig und daher auch optimierbar. Dies ist wiederum für erfolgreiches Handeln im Unterricht nutzbar zu machen, wobei erfolgreiches Handeln im Unterricht an der Entwicklung der Schülerinnen und Schüler, ihren Lernhandlungen und Lernergebnissen zu messen ist. Um erfolgreich, systematisch und zielgerichtet im Unterricht handeln zu können, ist eine adäquate Planung Voraussetzung. Versteht man Unterrichtsplanung somit als aktive, bewußte Handlungsplanung, so kann dies dazu beitragen, das planerische und unterrichtliche Handeln von Lehrkräften zu verbessern, weil

- dies Lehrkräften die Tatsache, daß sie laufend Entscheidungen fällen und fällen müssen, verdeutlicht und diese Entscheidungen zu optimieren hilft und dadurch den Lehrkräften größere Aktions- und Reaktionsmöglichkeiten verschafft;
- mittels dieses Konzepts handlungsleitende Schemata und Problemlösungsprozesse transparent und damit Kommunikation darüber möglich wird;
- die negativen Effekte bestehender, aber nicht bewußter Handlungspläne (z. B. ungerechtfertigte Bevorzugung bestimmter Schülerinnen oder Schüler) weniger durch Vorsätze zu vermeiden sind, als durch alternative und bewußt erstellte Handlungspläne beseitigt werden können;
- eine bewußte Handlungsplanung eine differenzierte Anpassung von Schülermerkmalen, Stoff- und Situationsfaktoren und unterrichtliches Handeln im Interesse der Schüler unterstützt;
- eine solche bewußt betriebene Handlungsplanung nicht nur Voraussetzung für die Durchführung einer Unterrichtsstunde, sondern auch die Voraussetzung für die Entwicklung von Unterrichtsplanungskompetenzen darstellt. (vgl. BROMME & SEEGER 1979, S. 9)

Dabei kann das didaktische Theoriewissen einen Reflexionshintergrund zur Verbesserung der Planungshandlungen liefern. Die klassischen Planungsmodelle machen auf die Komplexität des Unterrichts mit seinen Bedingungs- und

Entscheidungsfeldern sowie den vielfältigen Beziehungen zwischen den verschiedenen Komponenten aufmerksam. Damit helfen didaktische Modelle einerseits, die Vielfalt zu strukturieren, und verweisen andererseits darauf, den Unterricht und seine Planung nicht vorschnell auf einige Teilaspekte zu verkürzen. Didaktische Modelle können somit einen umfassenden theoretischen Hintergrund für die Prüfung der eigenen Planungsroutinen liefern und dabei auch eine Richtung aufzeigen, in die die alltägliche Unterrichtsplanungspraxis weiterentwickelt werden kann. Insgesamt kann didaktisches Theoriewissen somit helfen, die im Verlauf der Berufssozialisation verinnerlichten subjektiven Theorien, Handlungsschemata usw. in Kenntnis theoretischer Alternativen zu prüfen, zu überarbeiten und zu optimieren und somit die eigene Handlungskompetenz zu erweitern (JANK & MEYER 1991, S. 42).

Die Schlußfolgerung aus den Forschungsergebnissen dieser Arbeit und diesen abschließenden Überlegungen ist zum einen, daß die Differenzen zwischen Theorie und Praxis nicht unüberwindlich groß sind und daher zum anderen eine Annäherung von Theorie und Praxis zu beiderseitigem Nutzen sowohl möglich als auch sinnvoll ist. Auf die Kontroverse zwischen „Feiertags-" und „Alltagsdidaktik" bezogen bedeutet dies, daß erstere ihre Realisierbarkeit überprüfen könnte und letztere unhinterfragte Anteile zu legitimieren hätte (siehe auch HAAS 1998, S. 247). Dadurch könnte sowohl eine dauerhafte Handlungswirksamkeit didaktischer Modelle als auch eine theoriebezogene Reflexion und damit die Optimierung der alltäglichen Planungspraxis erreicht werden. Diese Forderung, das Theorie-Praxis-Problem durch eine Verbindung von Theorie und Praxis zu beheben (vgl. JANK & MEYER 1991), ist nicht neu und kann daher an dieser Stelle nur unterstrichen werden.

Literatur

Achtenhagen, F.: Eine konstruktive Wende in der Didaktik? In: Zeitschrift für Pädagogik 29, 1983, S. 961 - 971
Adam, E.: Das Subjekt in der Didaktik. Ein Beitrag zur kritischen Reflexion von Paradigmen der Thematisierung von Unterricht. Weinheim 1988
Adl-Amini, B.: Grauzonen der Didaktik - Plädoyer für die Erforschung didaktischer Ermittlungsprozessse. In: Adl-Amini, B.; Künzli, R. (Hg.), Didaktische Modelle und Unterrichtsplanung (2. Aufl.). München 1980, S. 210 - 237
Aebli, H.: Denken: Das Ordnen des Tuns. Bd. I: Kognitive Aspekte der Handlungstheorie. Stuttgart 1980
Alisch, L. M.: Zu einer kognitiven Theorie der Lehrerhandlung. In: Hofer, M. (Hg.), Informationsverarbeitung und Entscheidungsverhalten von Lehrern. München 1981, S. 78 - 108
Alisch, L. M.; Baumert, J.; Beck, K. (Hg.): Professionswissen und Professionalisierung. Braunschweig 1990
Anger, H.: Befragung und Erhebung. In: Graumann, C. F. (Hg.), Handbuch der Psychologie, Band 7, Sozialpsychologie, 1. Halbband, Theorien und Methoden. Göttingen 1969, S. 567 - 617
Arbeitsgruppe 33: Alltägliche Unterrichtsvorbereitung. Perspektiven für künftige Untersuchungen. Vervielfältigtes Manuskript. Münster 1978

Bammé, A. (Hg.).: Maschinen-Menschen; Mensch-Maschinen. Reinbek 1986
Bauer, K.-O.: Kindern etwas beibringen zu müssen, auch wenn sie keine Lust auf Schule haben - Überblick über den Stand der Lehrerforschung. In: Jahrbuch der Schulentwicklung. Band 6. Weinheim 1990
Bauer, K.-O.: Pädagogische Professionalität und Lehrerarbeit. In: Pädagogik 4, 1997, S. 22 - 26
Bauer, K.-O.; Burghard, C.: Der Lehrer - ein pädagogischer Profi? In: Jahrbuch der Schulentwicklung. Band 7. Weinheim 1992
Bauer, K.-O.; Kopka, A.: Vom Unterrichtsbeamten zum pädagogischen Profi - Lehrerarbeit auf neuen Wegen. In: Jahrbuch der Schulentwicklung. Band 8. Weinheim 1994
Becker H.; Haller, H. D.; Stubenrauch, H.; Wilkending, G.: Das Curriculum. Praxis, Wissenschaft und Politik (3. Aufl.). München 1977
Becker, G. E.; Gonschorek, G.: Das Burnout-Syndrom. Ursachen-Interventionen-Konsequenzen. In: Gudjons, H. (Hg.), Entlastungen im Lehrerberuf. Hamburg 1993, S. 69 - 80
Becker, H.; Rumpf, H.: Unterrichtsvorbereitungen. Der Unsinn hat Methode. In: betrifft: erziehung 9 (5) 1976, S. 43 - 45
Beckmann, K.-H.: Unterrichtsvorbereitung aus der Sicht der allgemeinen Didaktik. In: Beckmann, K.-H.; Biller, K. (Hg.) Unterrichtsvorbereitung. Probleme und Materialien. Braunschweig 1978, S. 10 - 32
Beckmann, K.-H.: Empfehlungen zur Unterrichtsplanung aus realistischer Sicht. In: König, E.; Schier, N.; Vohland, U. (Hg.), Diskussion Unterrichtsvorbereitung. München 1980, S. 78 - 105
Beckmann, K.-H.; Biller, K. (Hg.): Unterrichtsvorbereitung. Probleme und Materialien. Braunschweig 1978
Beier, U.: Heuristische Methoden des Operation Research. Vorlesungsmanuskript FB 20. TU Berlin, SS 1974

Berliner, D. C.: Ways of thinking about students and classroom by more and less experienced teachers. In: Calderhead, J. (Hg.), Exploring teacher thinking. London 1987 a

Berliner, D. C.: Der Experte im Lehrerberuf: Forschungsstrategien und Ergebnisse. In: Unterrichtswissenschaft 3, 1987 b, S. 295 - 305

Blankertz, H.: Theorien und Modelle der Didaktik (9. Aufl.). München 1975

Boecken, G.: Schulsystem und Kooperation an Grund- und Hauptschulen. In: RdJB 25, 1977, S. 333 - 344

Bönsch, M.: Unterrichtskonzepte. Baldmannsweiler 1986

Bönsch, M.: Von der Unterrichtslehre zur wissenschaftlichen Didaktik. In: Pädagogik und Schulalltag 50 (H. 1) 1995 a, S. 11 - 30

Bönsch, M.: Die Weiterentwicklung der Didaktik in der BRD von 1966 bis 1989. In: Pädagogik und Schulalltag 50 (H. 2) 1995 b, S. 261 - 276.

Bortz, J.: Lehrbuch der empirischen Forschung für Sozialwissenschaftler. Berlin 1984

Bortz, J.; Döring, N.: Forschungsmethoden und Evaluation (2. Aufl.). Berlin 1995

Böttcher, W.: Werbung im Schulbuch. Eine Schulbuchanalyse für Grundstufe und Sekundarstufe. Bonn 1977, S. 13 - 27

Böttcher, W.: Die Bildungsarbeiter. Situation - Selbstbild - Fremdbild. Juvena 1996

Bracher, U.: Kritische Sozialforschung und ihr Adressat - Zwei Wege, Lehrerbewußtsein zu untersuchen. Frankfurt/New York 1978

Braitling, W.: Befragung von Lehrern über den Einsatz von Lehrbüchern im Wirtschaftskundeunterricht an kaufmännischen Berufs- und Berufsfachschulen. Diplomarbeit. Mannheim 1971

Brandstädter, J.: Emotion, Kognition, Handlung: Konzeptuelle Beziehungen. In: Eckensberger, L. H.; Lantermann, E. D. (Hg.), Emotion und Reflexivität. München 1985, S. 252 - 264

Bräutigam M. Unterrichtsplanung und Lehrplanrezeption von Sportlehrern. Hamburg 1986

Brinkmann-Herz, D.: Der Einfluß innovativer Lehrpläne auf die Unterrichtsplanung der Lehrer. Eine entscheidungstheoretische Untersuchung am Beispiel eines Lehrplanes zur ökonomischen Bildung in der Hauptschule. Frankfurt 1984

Bromme, R.: Die alltägliche Unterrichtsvorbereitung von Mathematiklehrern. In: Unterrichtswissenschaft 8, 1980, S. 142 - 156.

Bromme, R.: Das Denken von Lehrern bei der Unterrichtsvorbereitung. Eine empirische Untersuchung zu kognitiven Prozessen von Mathematiklehrern. Weinheim 1981

Bromme, R.: Was sind Routinen im Lehrerhandeln? In: Unterrichtswissenschaft 2, 1985, S. 182 - 192

Bromme, R.: Die alltägliche Unterrichtsvorbereitung des (Mathematik-)Lehrers im Spiegel empirischer Untersuchungen. In: Journal für Mathematik-Didaktik 7 (1) 1986, S. 3 - 22

Bromme, R.: Der Lehrer als Experte. Entwurf eines Forschungsansatzes. In: Neber, H. (Hg.), Angewandte Problemlösepsychologie. Münster 1987, S. 127 - 151

Bromme, R.: Der Lehrer als Experte. Zur Psychologie professionellen Wissens. Bern 1992 a

Bromme, R.: Aufgabenauswahl als Routine: Die Unterrichtsplanung im Schulalltag. In: Ingenkamp, K. (Hg.), Empirische Pädagogik 1970 - 1990 in der Bundesrepublik Deutschland - Ein Trendbericht. Weinheim 1992 b, S. 535 - 587

Bromme, R. ; Brophy, J.: Teachers' cognitive activities. In: Christiansen, B.; Howson. G.; Ottes, M. (Hg.), Perspectives on mathematical education. Dordrecht 1986, S. 99 - 139

Bromme, R.; Hömberg, E.: Einführende Bemerkungen zum Problem der Anwendung psychologischen Wissens. Materialien und Studien Band 4. Institut für Didaktik der Mathematik der Universität Bielefeld 1976

Bromme, R.; Hömberg, E.: Die andere Hälfte des Arbeitstages. Interviews mit Mathematiklehrern über alltägliche Unterrichtsvorbereitung. Materialien und Studien Band 25. Institut für Didaktik der Mathematik der Universität Bielefeld 1981

Bromme, R.; Seeger, F.: Unterrichtsplanung als Handlungsplanung. Eine psycho-logische Einführung in die Unterrichtsvorbereitung. Bielefeld 1979
Bühler, K.: Über Gedanken. In: Graumann, C. F. (Hg.), Denken. Köln 1966

Calderhead, J.: Teachers' classroom decision-making. London 1984
Claparède, E.: Die Entdeckung der Hypothese. In Graumann, C. F. (Hg.), Denken (3. Aufl.). Köln 1966
Clark, C. M.; Elmore, J. L.: Teacher planning in the first weeks of school. (Research Series No. 56) East Lansing. Michigan state university, institute for research on teaching 1979
Clark, C.M.; Elmore, J. L.: Transforming curriculum in mathematics, science and writing: a case study of teacher yearly planning. (Research Series No. 99) East Lansing. Michigan state university, institute for research on teaching 1981
Clark, C. M.; Peterson, P. L.: Teachers' thought process. In: Wittrock, M. C. (Hg.), Handbook of research on teaching. New York 1986, S. 255 - 296
Clark, C. M.; Yinger, R. J.: Research on teacher planning: a progress report. In: Curriculum studies 11 (2) 1979, S. 175 - 177
Cranach, M. v.: Zielgerichtetes Handeln. Bern 1980
Cranach, M. v.: Über die bewußte Repräsentation handlungsbezogener Kognitionen. In: Montana, L. (Hg.), Kognition und Handeln. Stuttgart 1983, S. 64 - 76
Cranach, M. v.; Kalbermatten, U.: Zielgerichtetes Alltagshandeln in der sozialen Interaktion. In: Hacker, W.; Volpert, W.; Cranach, M. v. (Hg.), Kognitive und motivale Aspekte der Handlung. Bern 1982, S.59 - 75
Cube, F. v.: Der informationstheoretische Ansatz in der Didaktik. In: Ruprecht, H., Modelle grundlegender didaktischer Theorien. München 1967
Cube, F. v.: Der kybernetische Ansatz in der Didaktik. In: Dohmen, G.; Maurer, F.; Popp, W. (Hg.), Unterrichtsforschung und didaktische Theorie. München 1970, S. 219 - 242

Dann, H.-D.; Humpert, W.; Krause, F.; Tennsstädt, K.-C. (Hg.): Analyse und Modifikation subjektiver Theorien von Lehrern. Forschungsbericht 43. Universität Konstanz 1982, S. 184 - 193
Dann, R. H.: Subjektive Theorien. Irrweg oder Forschungsprogramm? Zwischenbilanz eines kognitiven Konstrukts. In: Montada, L.; Reusser, K.; Steiner, G. (Hg.), Kognition und Handeln. Stuttgart 1983, S. 77 - 92
Dewe, B.; Radtke, F. O.: Was wissen Pädagogen über ihr Können? Professionstheoretische Überlegungen zum Theorie-Praxis-Problem in der Pädagogik. In: Oelkers J.; Tenorth, H.-E. (Hg.), Pädagogisches Wissen. 27. Beiheft zur Zeitschrift für Pädagogik. Weinheim/Basel 1991
Dichanz, H.; Hage, K.: Alltägliche Unterrichtsvorbereitung - Spiegel didaktisch-methodischer Ansprüche. In: Bildung und Erziehung (32) 1979, S. 418 - 430
Dichanz, H.; Mohrmann, K.: Unterrichtsvorbereitung. Stuttgart 1976
Dick, A.: Vom unterrichtlichen Wissen zur Praxisreflexion. Das praktische Wissen von Expertenlehrern im Dienste zukünftiger Junglehrer. Bad Heilbrunn 1994
Diederich, J.: Didaktisches Denken. Eine Einführung in Anspruch und Aufgabe, Möglichkeiten und Grenzen der allgemeinen Didaktik. Weinheim/München 1988
Dörner, D.: Kognitive Prozesse und die Organisation des Handelns. In: Hacker, W., Volpert, W.; Cranach, M. v. (Hg.), Kognitive und emotionale Aspekte der Handlung. Bern 1982, S. 26 - 37
Dörner, D.: Verhalten, Denken und Emotionen. In: Eckensberger, L. H.; Lantermann, E. D. (Hg.), Emotion und Reflexivität. München 1985, S. 157 - 181
Doyle, W.: Making managerial decisions in classroom. In: Duce, D. L. (Hg.), Classroom management. Chicago 1979, S. 42 - 74

Drews, U.: Unterrichtsplanung, Relikt aus vergangenen Zeiten? In: Pädagogik 4, 1996, S. 6 - 7
Dunker, K.: Zur Psychologie des produktiven Denkens (2. Aufl.). Berlin 1963

Eckerle, G.-A.; Patry, J.-L. (Hg.): Theorie und Praxis des Theorie-Praxis-Bezugs in der empirischen Pädagogik. Baden-Baden 1987
Edelmann, W.: Lernpsychologie. Eine Einführung (3. Aufl.). Weinheim 1993
Edelstein, W.; Sang, F.; Stegelinann, W.: Unterrichtsstoffe und ihre Verwendung in der 7. Klasse der Gymnasien in der Bundesrepublik Deutschland. Eine empirische Untersuchung (Teil I). Studien und Berichte des Instituts für Bildungsforschung in der Max-Planck-Gesellschaft, Bd. 12. Berlin 1968
Engelhardt, M. v.: Das gebrochene Verhältnis zwischen wissenschaftlichem Wissen und pädagogischer Praxis. In: Böhme, G.; Engelhardt, M. v. (Hg.), Entfremdete Wissenschaft. Frankfurt/M 1979
Engelhardt, M. v.: Die pädagogische Arbeit des Lehrers. Eine empirische Einführung. Paderborn 1982
Engler, S.: Zur Kombination von qualitativen und quantitativen Methoden. In: Friebertshäuser, B.; Prengel, A. (Hg.), Handbuch Qualitative Forschungsmethoden in der Erziehungswissenschaft. Weinheim/München 1997, S. 118 - 130
Ericson, K. A.; Simon, H. A.: Verbal reports as data. Psychological review 1980, S. 215 - 251
Esser, H.: Zum Verhältnis von qualitativen und quantitativen Methoden in der Sozialforschung, oder: Über den Nutzen methodologischer Regeln bei der Diskussion von Scheinkontroversen. In: Voges, W. (Hg.), Methoden der Biographie- und Lebenslaufforschung. Opladen 1987, S. 87 - 101

Flaake, K.: Berufliche Orientierungen von Lehrerinnen und Lehrern. Eine empirische Untersuchung. Frankfurt 1989
Frey, K.: Prozeß und Makrostruktur als grundlegende Elemente curricularer Modelle. In: Adl-Amini, B.; Künzli; R. (Hg.), Didaktische Modelle und Unterrichtsplanung (2. Aufl.). München 1980, S. 142 - 157
Fuhr, R.: Handlungsspielräume im Unterricht. Königsstein 1979
Fuhrer, U.: Handeln - Lernen im Alltag. Bern 1990

Gage, N. L.; Berliner, D. C.: Pädagogische Psychologie. (Original erschienen 1975: Educational Psychology.) München 1977
Gagné, R. M.: Die Bedingungen des menschlichen Lernens (2. Aufl.). Hannover 1969
Gebauer, M.; Holefleisch, U.; Merkens, H.; Niessen, M.; Seiler, H.: Theorie der Unterrichtsvorbereitung - eine handlungstheoretische Begründung. Stuttgart 1977
Geißler, H. (Hg.): Unterrichtsplanung zwischen Theorie und Praxis. Unterricht von 1861 bis zur Gegenwart. Stuttgart 1979Graumann, C. F. (Hg.): Denken (3. Aufl.). Köln 1966
Grell, J.; Grell, M.: Unterrichtsrezepte. München 1983
Groeben, N.: Handeln, Tun, Verhalten als Einheiten einer verstehend-erklärenden Psychologie. Wissenschaftstheoretischer Überblick und Programmentwurf zur Integration von Hermeneutik und Empirismus. Tübingen 1986
Groeben, N.; Scheele, B.: Argumente für eine Psychologie des reflexiven Subjekts. Darmstadt 1977
Groeben, N.; Wahl, D.; Schlee, J.; Scheele, B.: Das Forschungsprogramm subjektive Theorien. Eine Einführung in die Psychologie des reflexiven Subjekts. Tübingen 1988
Groothoff, H. H.; Stallmann, M. (Hg.): Unterrichtsvorbereitung und Nachbesinnung. In: Neues pädagogisches Lexikon. Stuttgart-Berlin 1971, S. 1219
Grüner, G.: Feiertagsdidaktiken. In: Die berufsbildende Schule 12, 1980, S. 693 - 702

Grzesik, J.: Unterrichtsplanung. Eine Einführung in Theorie und Praxis. Heidelberg 1979
Gudjons, H.: Handlungsorientiert Lehren und Lernen. Projektunterricht und Schüleraktivität. Bad Heilbrunn 1986
Gudjons, H. (Hg.): Entlastungen im Lehrerberuf. Hamburg 1993
Gudjons, H.; Teske, R.; Winkel, R. (Hg.): Didaktische Theorien. Hamburg 1989

Haas, A.: Alltägliches Planungshandeln von Lehrern. Eine empirische Untersuchung an GHS-Lehrern in Sachfächern. Unveröffentlichte Diplom-arbeit. PH Weingarten 1992
Haas, A.: Unterrichtsplanung im Alltag. Eine empirische Untersuchung zum Planungshandeln von Hauptschul-, Realschul- und Gymnasiallehrern. Regensburg 1998
Häbler, E; Kunz, S.: Qualität der Arbeit und Verkürzung der Arbeitszeit in Schule und Hochschule. Eine empirische Untersuchung. München 1985
Hacker, W.: Allgemeine Arbeits- und Ingenieurspsychologie (2. Aufl.). Berlin (DDR) 1978
Hacker, W.: Gibt es eine Grammatik des Handelns? Kognitive Regulation zielgerichteter Handlungen. In: Hacker, W.; Volpert, W.; Cranach, M. v. (Hg.), Kognitive und motivale Aspekte der Handlung. Bern 1982, S. 18 - 25
Hage, K.: Rahmenbedingungen alltäglicher Unterrichtsvorbereitung. In: Die deutsche Schule 73, 1981, S. 276 - 283
Hage, K.; Bischoff, H.; Dichanz, H.; Eubel, K.-D.; Oehlschläger, H.-J.; Schwittmann, D.: Das Methodenrepertoire von Lehrern. Eine Untersuchung zum Unterrichtsalltag in der Sekundarstufe I. Opladen 1985
Hänisch, T.; Meyer, H.: Bildungsreform und schulischer Alltag. Was leisten lernzielorientierte Richtlinien für die Unterrichtsvorbereitung des Lehrers? In: Haller, H. D.; Lenzen, D. (Hg.), Wissenschaft in Reformprozessen. Aufklärung oder Alibi? Jahrbuch für Erziehungswissenschaft 1977/78. Stuttgart 1978, S. 68 - 102
Hawthorne, R. D.: A model for the analysis of teachers' verbal pre-instructional curricular decisions and verbal instructional interaction. Dissertation. The university of Wisconsin. University microfilms. Inc. Ann Arbor. Michigan 1968
Heckhausen, H.: Naive und wissenschaftliche Verhaltenstheorie. In: Ertel, S.; Kemmler L.; Stadler, M. (Hg.), Gestalttheorie der modernen Psychologie. Darmstadt 1975, S. 107 - 112
Heimann, P.: Didaktik als Theorie und Lehre. In: Die deutsche Schule 54, 1962, S. 407 - 427
Heimann, P.: Didaktik als Unterrichtswissenschaft. Stuttgart 1976
Heimann, P, Otto, G., Schulz, W.: Unterricht - Analyse und Planung. Hannover 1965
Heursen, G.: Didaktische Prinzipien. Hilfen zum Umgang mit didaktischer Vielfalt. In: Pädagogik 2, 1996, S. 48 - 52
Hiller, G. G.: Ebenen der Unterrichtsvorbereitung. In: Adl-Amini, B.; Künzli, R. (Hg.), Didaktische Modelle und Unterrichtsplanung. (2. Aufl.) München 1980, S. 119 - 141
Hinsch, R.: Einstellungswandel und Praxisschock bei jungen Lehrern. Eine empirische Längsschnittuntersuchung. Weinheim 1979
Hirsch, G.: Biographie und Identität des Lehrers. Eine typologische Studie über den Zusammenhang von Berufserfahrungen und beruflichem Selbstverständnis. Weinheim 1990
Hofer, M.: Handlung und Handlungstheorien. In: Schiefele, H.; Krapp, A. (Hg.), Handlexikon zur pädagogischen Psychologie. München 1981, S. 49 - 67
Hofer, M.: Sozialpsychologie erzieherischen Handelns. Wie das Denken und Verhalten von Lehrern organisiert ist. Göttingen 1986
Hofer, M.; Dobrick, M.: Handlungssteuerung durch kognitive Strukturen beim Lehrer. In: Mandel, H.; Huber, G. L. (Hg.), Kognitive Komplexität. Göttingen 1978, S. 52 - 78
Hoffmann, J.: Kognitive Psychologie. In: Asanger, R.; Weniger, G. (Hg.), Handwörterbuch der Psychologie. München 1988, S. 61 - 78
Hopf, D.: Mathematikunterricht. Eine empirische Untersuchung zur Didaktik und Unterrichtsmethode in der 7. Klasse des Gymnasiums. Stuttgart 1980

Horney, W.; Ruppert, J. P.; Schutze, W. (Hg.): Artikel: Unterrichtsplanung. In: Pädagogisches Lexikon. Gütersloh 1970, S. 1270
Hron, A.: Interview. In: Huber, G. L.; Mandl, H. (Hg.), Verbale Daten. Weinheim 1982, S. 119 - 140
Huber, G. L.; Mandel, H. (Hg.): Verbale Daten. Weinheim 1982
Hübner, P.; Werle, M.: Arbeitszeit und Arbeitsbelastung Berliner Lehrerinnen und Lehrer. In: Buchen, S. u. a., Jahrbuch für Lehrerforschung Band 1. Weinheim 1997, S. 203 - 226

Jank, W.; Meyer, H.: Didaktische Modelle. Frankfurt/M 1991
Jansen, R.: Lehrbücher und ihre Realisierung im Mathematikunterricht der 5. und 6. Schuljahre - Ergebnisse einer Umfrage. In: Institut für Didaktik der Mathematik der Universität Bielefeld, Schulbücher im Mathematikunterricht, Materialien und Studien Band 3. Bielefeld 1976
Joyce, B.: Toward a theory of information processing in teaching. Educational research quarterly 3/4, 1978 - 79, S. 66 - 77

Kallweit, G.: Vom Umgang mit der „Feiertagsdidaktik" in der 2. Phase der Lehrerausbildung. In: Erziehungswissenschaft und Beruf. 3. Sonderheft 1982, S. 31 - 38
Kaminski, G.: Verhaltenstheorie und Verhaltensmodifikation. Entwurf einer integrativen Theorie psychologischer Praxis am Individuum. Stuttgart 1970
Kischkel, K. H.: Zur Arbeitssituation von Lehrern. Frankfurt/M 1984
Klafki, W.: Didaktische Analyse der Unterrichtsvorbereitung. In: Die deutsche Schule 50. Jg. 10/1958. S. 450 - 471 und in: Roth, H.; Blumenthal, A. (Hg.), Didaktische Analyse. Auswahl - Grundlegende Aufsätze aus der Zeitschrift „Die deutsche Schule". Hannover 1962, S. 5 - 32
Klafki, W.: Didaktische Analyse als Kern der Unterrichtsvorbereitung. In: Roth, H.; Blumenthal, A. (Hg.), Didaktische Analyse (10. Aufl.). Hannover 1969, S. 5 - 34
Klafki, W.: Zur Unterrichtsplanung im Sinne konstruktiver Didaktik. In: Adl-Amini, B.; Künzli, R. (Hg.), Didaktische Modelle und Unterrichtsplanung (2. Aufl.). München 1980, S.11 - 48
Klafki, W.: Neue Studien zur Bildungstheorie und Didaktik. Weinheim 1985
Klemm, K.: Zeit und Lehrerarbeit. In: Rolff, H.-G. (Hg.), Jahrbuch der Schulentwicklung. Band 9. Weinheim 1996
Klix, F.: Der Informationsbegriff und die Bedingungsanalyse kognitiver Leistungen. In: Steiner, G. (Hg.), Entwicklungspsychologie Bd. 2. Weinheim 1984, S. 907 - 929
Kluwe, R.: Wissen und Denken. Stuttgart 1979
Knight-Wegenstein, A. G.: Die Arbeitszeit der Lehrer in der Bundesrepublik Deutschland. Zürich 1973
Koch-Priewe, B.: Subjektive didaktische Theorien von Lehrern. Frankfurt/M 1986
Koch-Priewe, B.: Allgemeine Didaktik und Didaktik der Lehrerbildung. Der Beitrag der wissenspsychologischen Professionsforschung und der humanisitischen Pädagogik. In: Bayer, M; Carle, U.; Wild, J. (Hg.), Lehrerbildung im Brennpunkt. Strukturwandel und Innovation im europäischen Kontext. Opladen 1997
Köckeis-Stangl, E.: Methoden der Sozialforschung. In: Hurrelmann, K.; Ulich, D. (Hg.), Handbuch der Sozialisationsforschung. Weinheim 1980, S. 321 - 370
Kramp, W.: Hinweise zur Unterrichtsvorbereitung für Anfänger. In: Roth, H.; Blumenthal, A. (Hg.), Didaktische Analyse (10. Aufl.). Hannover 1969, S. 35 - 67

Krause, F.: Vorschlag zu einer handlungstheoretisch gestützten Erfassung subjektiver Theorien und der Bedingungen ihrer Handlungswirksamkeit. In: Dann, H.-D.; Humpert, W.; Krause, F.; Trennstädt, K.-C. (Hg.), Analyse und Modifikation subjektiver Theorien von Lehrern. Forschungsberichte 43. Universität Konstanz 1982, S. 91 - 99
Kromrey, H.: Empirische Sozialforschung (5. Aufl.). Opladen 1991
Krumm, V.: Wirtschaftslehreunterricht. Analyse von Lehrplänen und Lehrinhalten an kaufmännischen Berufs- und Berufsfachschulen in der Bundesrepublik Deutschland. Stuttgart 1973, S. 113 -140
Krumm, V.: Der Beitrag der Erziehungswissenschaften zur Entstehung der Kluft zwischen Theorie und Praxis. In: Eckerle, G.-A.; Party, J.-L. (Hg.), Theorie und Praxis des Theorie-Praxis-Bezugs in der empirischen Pädagogik. Baden-Baden 1987, S. 17 - 40

Lamnek, S.: Qualitative Sozialforschung. Band 2. Methoden und Techniken (3. Aufl.). Weinheim 1995
Laucken, U.: Naive Verhaltenstheorie. Stuttgart 1974
Lauterbach, R.: Unterrichtsplanung als didaktische Entscheidungssituation. Eine Untersuchung zur Interessenvertretung der Schüler in naturwissenschaftlich-technisch orientierten Lehren des Primarbereichs, Dissertation. Hamburg 1979
Lenz, J.: Die Effective School Forschung in den USA - Ihre Bedeutung für die Führung und Lenkung von Schulen. Frankfurt 1991
Lenzen, D.: Didaktische Theorie zwischen Routinisierung und Verwissenschaftlichung - Zum Programm einer Theorie alltäglichen pädagogischen Handelns. In: Adl-Amini, B.; Künzli, R. (Hg.), Didaktische Modelle und Unterrichtsplanung (2. Aufl.). München 1980 a, S. 158 - 179
Lenzen, D.: Pädagogik und Alltag, Methoden und Ergebnisse alltagsorientierter Forschung in den Erziehungswissenschaften. Stuttgart 1980 b
Littig, K.-E.: Berufszufriedenheit von Lehrern. Forschungsergebnisse und Forschungsschwerpunkte. In: Zeitschrift für Empirische Pädagogik 4, 1980, S. 225 - 243
Little, J. W.: Kollegialität und Reformbereitschaft: Arbeitsbedingungen an guten Schulen. In: Terhart, E. (Hg.), Unterrichten als Beruf. Köln 1991, S. 85 - 98
Lorin W.; Anderson, E.: Die pädagogische Autonomie des Lehrers: Chancen und Risiken. In: Terhart, E. (Hg.), Unterrichten als Beruf. Köln 1991
Loser, F.: Aspekte einer offenen Unterrichtsplanung. In: Bildung und Erziehung 28, 1975, S. 241 - 257
Loser, F.; Terhart, E. (Hg.): Theorien des Lehrens. Stuttgart 1977
Loser, F.; Terhart, E.: Alltägliche Unterrichtsvorbereitung: Die Perspektive der Lehrer und die Perspektive der Schüler. In: Bildung und Erziehung 32, 1979, S. 404 - 417
Lüer, G.: Gesetzmäßige Denkabläufe beim Problemlösen. Weinheim 1973
Lundgren, U. P.: Frame factors and the teaching process. Stockholm 1972
Lütgert, W.: Was leisten die Modelle der allgemeinen Didaktik? Sechs polemische Thesen und ein Vorschlag. In: Neue Sammlung 21, 1981, S. 578 - 594

Mandl, H.; Huber, G. L.: Kognitive Komplexität. Bedeutung, Weiterentwicklung, Anwendung. Göttingen 1978
Mandl, H.; Huber, G. L.: Subjektive Theorien von Lehrern. Psychologie in Erziehung und Unterricht 30, 1983, S. 98 - 112
Mayring, P.: Qualitative Inhaltsanalyse: Grundlagen und Techniken. Weinheim 1993
McCutcheon, G.: How do elementary school teachers plan? The nature of planning and influences on it. In: The Elementary School Journal 81 (2), 1980, S. 4 - 23
Meinberg, E.: Das Menschenbild in der modernen Erziehungswissenschaft. Darmstadt 1988
Memmert, W.: Didaktik in Grafiken und Tabellen. Bad Heilbrunn 1991

Menck, P.: Didaktische Modelle für die Unterrichtsvorbereitung. In: König, E. (Hg.), Diskussion Unterrichtsvorbereitung - Verfahren und Modelle. München 1980, S. 322 - 340
Messner, R.: Was nützt im schulischen Alltag pädagogische Theorie? In: Die deutsche Schule 3, 1985, S. 163 - 175
Meyer, H.: Leitfaden zur Unterrichtsvorbereitung. Königsstein 1980 a
Meyer, H.: Rezeptionsprobleme der Didaktik oder wie Lehrer lernen. In: Adl-Amini, B.; Künzli, R. (Hg.), Didaktische Modelle und Unterrichtsplanung (2. Aufl.). München 1980 b. S. 158 - 177
Meyer, H.: Aneignungsschwierigkeiten didaktischen Theoriewissens. Westermanns Pädagogische Beiträge 35 (H. 2) 1983, S. 61 - 71
Meyer, H.: Unterrichtsmethoden. Band I. Theorieband und Band II. Praxisband. Frankfurt/M 1987
Miller, G. A.; Galanter, E.; Pribram, K. H.: Strategien des Handelns. Pläne und Strukturen des Verhaltens. Stuttgart 1973
Mischke, W.; Wragge-Lange, I: Handlungsregulation beim Planen und Unterrichten als Teilaspekt einer Tätigkeitsanalyse bei Lehrern. In: Schönwälder, H.-G. (Hg.), Lehrerarbeit. Freiburg 1987, S. 95 - 134
Morine, H.: A study of teacher planning. Beginning Teacher Evaluation Study. Special Study C. San Francisco: Far West Laboratory 1976
Morine-Dershimer, G.: What's a plan? Stated and unstated plans for lessons. Paper presented at AERA meeting. New York 1977
Morine-Dershimer, G.: Planning in classroom reality: an in-depth look. Educational Research Quarterly, 3 (4). 1978-79; S. 83 - 99
Morine-Dershimer, G.: Teachers' conceptions of pupils - an outgrowth of instructional context. The South Bay Study Part III (Research Series No. 59). East Lansing: Michigan State University, Institute for research on teaching 1979 a
Morine-Dershimer, G.: Teacher plan and classroom reality: The South Bay Study Part IV (Research series No. 60). East Lansing: Michigan State University, Institute for Research on Teaching 1979 b
Mühlhausen, U.: Überraschungen im Unterricht: situative Unterrichtsplanung. Weinheim 1994
Müller-Fohrbordt, G.; Cloetta, B., Dann, H. D.: Der Praxisschock bei jungen Lehrern. Stuttgart 1978
Müller-Limmroth, W.: Arbeitszeit - Arbeitsbelastungen im Lehrerberuf. Frankfurt/M 1980

Nisbett, R. E.; Wilson, T. D.: Telling more than we can know. Verbal reports on mental processes. In: Psychological Review 84 (3) 1977, S. 231 - 259
Noelle-Neumann, E.: Das Schulbuch. Ergebnisse einer Umfrage des Instituts für Demoskopie. In: Bertelsmann-Briefe 1970/71, S. 8 - 13

Oehlschläger, H.-J.: Zur Praxisrelevanz pädagogischer Literatur. Strukturen und Trends der Literaturrezeption praktizierender Lehrer. - Ein Beitrag zur Rezeptionsforschung. Rinteln 1978
Oehlschläger, H.-J.: Didaktische Theorien - Theorien des didaktischen Alltags. In: Geißler, H. (Hg.), Unterrichtsplanung zwischen Theorie und Praxis. Stuttgart 1979, S. 161 - 167
Oelkers, J.: Die Vermittlung zwischen Theorie und Praxis in der Pädagogik. München 1976
Oesterreich, R.: Der Begriff 'Effizienz-Divergenz' als theoretischer Zugang zu Problemen der Planung des Handelns und seiner Motivation. In: Hacker, W.; Volpert, W.; Cranach M. v. (Hg.), Kognitive und motivale Aspekte der Handlung. Bern 1982, S. 110 - 122
Olson, J.: Understanding Teaching. Open Univ. Press. Milton Keynes 1992

Oswald, H.: Was heißt qualitativ forschen? In: Friebertshäuser, B.; Prengel, A. (Hg.), Handbuch Qualitative Forschungsmethoden in der Erziehungswissenschaft. Weinheim/München 1997, S. 71 - 87

Otto, G.: Zur Etablierung der Didaktiken als Wissenschaften. In: Zeitschrift für Pädagogik 29, 1983, S. 519 - 543

Parthey, H.; Vogel, H.; Wächeter, W. (Hg.): Problemstruktur und Problemverhalten in der wissenschaftlichen Forschung. Heft 3 Rostocker Philosophische Manuskripte 1966

Peters, J.: Didaktische Handlungsmuster - Ein Beitrag zu einer Handlungstheorie des Lehrers. In: Mischke, W.; Peters, J.; Westhof, K.; Wragge-Lange, I., Wie Unterricht gemacht wird - Untersuchung zur Planung und Realisierung von Schulstunden durch erfahrene Lehrer. Universität Oldenburg, Zentrum für pädagogische Berufspraxis. Oldenburg 1983

Peterson, P. L.; Marx, M.; Clark, C. M.: Teacher planning, teacher behavior and student achievement. In: American Educational Research Journal 15, 1978, S. 417 - 432

Peterßen, W. H.: Handbuch Unterrichtsplanung. Grundfragen, Modelle, Stufen, Dimensionen. München 1982

Peterßen, W. H.: Lehrbuch Allgemeine Didaktik (2. Aufl.). München 1989

Popp, W.: Die Funktion von Modellen in der didaktischen Theorie. In: Dohmen, G.; Maurer, F.; Popp, W. (Hg.), Unterrichtsforschung und didaktische Theorie. München 1970, S. 49 - 60

Radtke, F. - O.: Professionelles Halbwissen. Tabus über die Lehrerbildung. Neue Sammlung 28, 1988, S. 93 - 108

Rauin, U.: Was halten Lehrerinnen und Lehrer von den Rahmenplänen? Ergebnisse einer Repräsentativbefragung in den Fächern Chemie, Deutsch, Mathematik und Geschichte. In: Vollstädt, W.; Höhmann, K.; Rauin, U.; Tillmann, K. J., Lehrpläne und Lehreralltag - Einführung neuer Rahmenpläne in Hessen. Materialien zur Schulentwicklung - Heft 22. Wiesbaden 1995, S. 79 - 117

Reinert, G.-B.: Zur Realisierung von Unterrichtsmodellen. In: Diener, K. (Hg.), Lernzieldiskussion und Unterrichtspraxis. Stuttgart 1978, S. 381 - 493

Röhrl, E.: Von der prinzipiellen Schädlichkeit der Schulbücher. In: Mathematiklehrer (1) 1980, S. 34 - 37

Rombach, H. (Hg.): Unterrichtsplanung. In: Lexikon der Pädagogik. Neue Ausgabe. Freiburg-Basel-Wien 1971, S. 276 - 293

Rosenthal, R.; Jacobsen, L: Pygmalion im Unterricht: Lehrererwartungen und Intelligenz der Schüler. Weinheim 1971

Roth, H.: Pädagogische Psychologie des Lehrens und Lernen (3. Aufl.). Hannover 1973

Rudow, B.: Die Arbeit des Lehrers. Zur Psychologie der Lehrertätigkeit, Lehrerbelastung und Lehrergesundheit. Bern 1994

Rumpf, H.: Pädagogische Freiheit und pädagogische Scheinfreiheit in der Staatsschule. In: Neue Sammlung 6, 1966, S. 362 - 374

Sageder, J.: Subjektive Kriterien der Unterrichtsplanung von Wirtschaftslehrern und Lehramtsstudenten. In: Zeitschrift für Empirische Pädagogik 7, 1992, S. 125 - 147

Salzmann, C.: Die Bedeutung der Modelltheorie für die Unterrichtsplanung - unter besonderer Berücksichtigung hochschuldidaktischer Konsequenzen. In: Bildung und Erziehung 28, 1975, S. 258 - 279

Schäfer, K. H.; Schaller, E.: Kritische Erziehungswissenschaft und kommunikative Didaktik. Heidelberg 1971

Scheele, B.; Groeben, N.: Dialog-Konsens-Methode zur Rekonstruktion subjektiver Theorien. Tübingen 1988

Scheuch, E. K.: Das Interview in der Sozialforschung. In: König, R. (Hg.), Handbuch der empirischen Sozialforschung. Band 2: Grundlegende Methoden und Techniken, 1. Teil. Stuttgart 1973, S. 66 - 190

Schlee, J.; Wahl, D. (Hg.): Veränderungen subjektiver Theorien von Lehrern. Beiträge und Ergebnisse eines Symposiums an der Universität Oldenburg. Oldenburg 1987, S. 5 - 18

Schmidt, J. A.: Lehrerhilfen im Mathematikunterricht. Eine Untersuchung der Rolle von Lernhilfen für die Arbeit von Gymnasiallehrern bei der Unterrichtsvorbereitung und Unterrichtsdurchführung. Dissertation, Eberhard-Karls-Universität Tübingen 1984

Schönwälder, H. G.: Belastungen im Lehrerberuf. In: Pädagogik 6, 1989, S. 11 - 14

Schönwalder, H. G.: Unser Jüngster wird 50. In: Pädagogik 2, 1994, S. 11 - 13

Schreckenberg, W.: „Guter" Unterricht - „schlechter" Unterricht. Zur Theorie und Praxis der Unterrichtsbeurteilung. Düsseldorf 1980

Schreckling, J.: Routine und Problembewältigung beim Unterrichten. Explorative Analysen handlungsleitender Kognitionen und Emotionen von Lehrern. Berlin 1984

Schrüder-Lenzen, A.: Triangulation und idealtypisches Verstehen in der (Re-)Konstruktion subjektiver Theorien. In: Friebertshäuser, B.; Prengel, A. (Hg.), Handbuch Qualitative Forschungsmethoden in der Erziehungswissenschaft. Weinheim/München 1997, S. 107 - 117

Schüler, H.: Wider das Schulbuch, das Schüler und Lehrer verplant. In: Neue Sammlung 21, 1982, S. 64 - 85

Schulz, W.: Unterricht - Analyse und Planung. In: Heimann, P; Otto, G.; Schulz, W., Unterricht, Analyse und Planung. Hannover 1965, S. 13 - 47

Schulz, W.: Unterrichtsplanung heute. In: Kledzik, U. J. (Hg.), Unterrichtsplanung. Beispiel Hauptschule. Hannover 1969, S. 19 - 35

Schulz, W.: Unterrichtsplanung (2. Aufl.). München 1980

Schümer, G.: Unterschiede in der Berufsausübung von Lehrern und Lehrerinnen. In: Zeitschrift für Pädagogik 38, 1992, S. 655 - 679

Schwänke, U.: Der Beruf des Lehrers. Professionalisierung und Autonomie im historischen Prozeß. Juvena 1988

Shavelson, R. J.: What is the basic teaching skill? In: Journal of Teacher Education, 14, 1973, S. 144 - 151

Shavelson, R. J.: Review of research on teachers' pedagogical judgements, plans and decisions. In: The Elementary School Journal 83 (4), 1983, S. 392 - 413

Shavelson, R. J.: Teachers planning. In: Husen, T.; Postlethwaite, T. N. (Hg.), The international encyclopedia of education, Vol 9. Oxford 1985, S. 397 - 405

Shavelson, R. J.; Stern, P.: Research on teachers' pedagogical thoughts, judgements, decisions and behavior. In: Review of Educational Research, Vol. 51, No. 4, 1981; S. 455 - 498

Sikes, P. J.: Berufslaufbahn und Identität im Lehrerberuf. In: Terhart, E. (Hg.), Unterrichten als Beruf. Köln 1991, S. 231 -248

Smith, J. K.: Small duchies and instructional planning. In: Dewitz, P.; Hecht, L. W. (Hg.), Teacher planning and decision making. The University of Toledo 1978, S. 65 - 71

Smith, E. R.; Miller, F. D.: Limits on perception of cognitive process. A reply to Nisbett and Wilson. In: Psychological Review 85, 1978, S. 335 - 362

Smith, E. L.; Sendelbach, N. B.: Teacher intentions for science instruction and their antecedants in program materials. Toledo 1979

Spöhring, W.: Qualitative Sozialforschung. Stuttgart 1989

Steiner, G. (Hg.): Entwicklungspsychologie Band 2. Weinheim 1984

Strittmatter, P.: Entscheidungen über Lernziele an der Basis - entscheidungs-theoretische Grundlagen. Ein Diskussionsbeitrag. In: Programmiertes Lernen 1972, S. 1 - 6

Susteck, H.: Lehrer zwischen Tradition und Fortschritt. Eine empirische Untersuchung über die Innovationsbereitschaft der Pädagogen. Braunschweig 1975

Taylor, Ph. H.: How teachers plan their courses. Windsor 1970
Terhart, E.: Pädagogisches Wissen in subjektiven Theorien. Das Beispiel Lehrer. In: Drerup, H.; Terhart, E. (Hg.), Erkenntnis und Gestaltung. Vom Nutzen erziehungswissenschaftlicher Forschung in praktischen Verwendungskontexten. Weinheim 1990
Terhart, E. (Hg.): Unterrichten als Beruf. Neuere amerikanische und englische Arbeiten zur Berufskultur und Berufsbiographie von Lehrern und Lehrerinnen. Köln 1991
Terhart, E.: Lehrerberuf und Professionalität. In: Dewe, B; Fecherhoff, W.; Radtke, F.-O. (Hg.), Erziehen als Profession. Zur Logik professionellen Handelns in pädagogischen Feldern. Opladen 1992, S. 119 - 135
Terhart, E.: Neuere empirische Untersuchungen zum Lehrerberuf - Befunde und Konsequenzen. In: Böttcher, W., Die Bildungsarbeiter. Situation - Selbstbild - Fremdbild. Juvena 1996
Thiemann, F.; Wittenbruch, W.: Gegen eine vor-schreibende Unterrichtsplanung. In: Bildung und Erziehung 28, 1975, S. 280 - 296
Tietze, U.-P.: Der Mathematiklehrer in der Sekundarstufe II. Bad Salzdetfurth 1986
Tillema, H.: Categories in teacher planning. In: Halkes, R.; Olson, J. K. (Hg.), Teacher thinking: a new perspective on persisting problems in education. Lisse 1984, S.176 - 185
Tillmann, K. J. (Hg.): Lehrpläne und curriculare Kooperation im Schulalltag. Bielefeld 1996
Tillmann; K.J.; Höhmann, K.; Rauin, U.; Tebrügge, A.; Vollstädt, W.: Der Umgang mit den neuen Rahmenplänen. Ein Vergleich zwischen ausgewählten Unterrichtsfächern. Bielefeld 1997
Toomey, R.: Teachers' approaches to curriculum planning. An exploratory study. Curriculum Inquiry 7. 1977, S. 121 - 129
Treiber, B.: Erklärungen von Förderungseffekten in Schulklassen durch Merkmale subjektiver Unterrichtstheorien über Lehrer. Bericht aus dem psychologischen Institut der Universität Heidelberg. Oktober 1980
Troxler, W.; Perrez, M.; Patry, J. - L.: Praxis der schriftlichen Unterrichtsvorbereitung. Berichte zur Erziehungswissenschaft, Nr. 17. Institut der Universität Freiburg/Schweiz 1979

Ulich, D.: Das Gefühl. München 1982
Ulich, K.: Beruf Lehrer/in. Arbeitsbelastungen, Beziehungskonflikte, Zufriedenheit. Weinheim 1996

Vollmer, G.: Evolutionäre Erkenntnistheorie. Stuttgart 1980
Vollstädt, W.; Höhmann, K.; Rauin, U.; Tillmann, K. J.: Lehrpläne und Lehreralltag - Einführung neuer Rahmenpläne in Hessen. Materialien zur Schulentwicklung, Heft 22, Wiesbaden 1995
Vollstädt, W.; Tillmann, K.-J.; Rauin, U.; Höhmann, K.; Tebrügge, A.: Lehrpläne im Schulalltag. Eine empirische Studie zur Akzeptanz und Wirkung von Lehrplänen in der Sek. I. Opladen 1999
Volpert, W. (Hg.): Beiträge zur psychologischen Handlungstheorie. Bern 1980
Volpert, W.: Das Modell der hierarchisch-sequentiellen Handlungsorganisation. In: Hacker, W.; Volpert, W.; Cranach M. v. (Hg.), Kognitive und emotionale Aspekte der Handlung. Bern 1982, S. 38 - 58

Wagner, A. C.; Maier, S.; Uttendorfer-Marek, I.; Weidle, R.: Analyse von Knoten in Handlungsstrategien von Lehrern und Schülern. In: Unterrichtswissenschaft 4, 1980, S. 382 - 392
Wagner, A. C.; Maier, S.; Uttendorfer-Marek, I.; Weidle, R.: Unterrichtspsychogramme. Hamburg 1981

Wahl, D.: Handeln unter Druck. Der weite Weg vom Wissen zum Handeln bei Lehrern, Hochschullehrern und Erwachsenenbildnern. Weinheim 1991
Wahl, D; Schlee, J.; Krauth, J.; Mureck. J.: Naive Verhaltenstheorie von Lehrern. Abschlußbericht eines Forschungsvorhabens zur Rekonstruktion und Validierung subjektiver psychologischer Theorien. Universität Oldenburg 1983
Wahl, D.; Weinert, F. E.; Huber, G. L.: Psychologie für die Schulpraxis. München 1984
Warnken, G.: Lehrer zwischen Studium und Beruf. Eine Analyse der berufspraktischen Ausbildung für das Lehramt an Grund- und Hauptschulen in NRW. Dissertation. Pädagogische Hochschule Ruhr. Dortmund 1976
Weber, M.: Soziologische Grundbegriffe (3. Aufl.). Tübingen 1976
Weber, W.: Das Biologie-Schulbuch in der Unterrichtspraxis. Ergebnisse einer Lehrerbefragung. Praxis der Naturwissenschaft-Biologie (H. 4) 41, 1992, S. 44 - 46
Weidle, R.; Wagner, A.: Die Methode des Lauten Denkens. In: Huber, G. L.; Mandel, H. (Hg.), Verbale Daten. Eine Einführung in die Grundlagen und Methoden der Erhebung und Auswertung. Weinheim 1982, S. 81-103
Wengert, H. G.: Untersuchungen zur alltäglichen Unterrichtsplanung von Mathematiklehrern. Frankfurt/M 1989
Weniger, E.: Didaktik als Bildungslehre. Band I. Weinheim 1952
Werbik, H.: Handlungstheorien. Stuttgart 1978
Westmeyer, H.: Kritik an der psychologischen Unvernunft. Probleme der Psychologie als Wissenschaft. Stuttgart 1973
Wöhler, K. H.: Unterrichtsvorbereitung als Entscheidungssituation. In: Unterrichtswissenschaft 2, 1977, S. 95 - 110

Yinger, R. J.: A study of teacher planning: description and a model of preactive decision making (Research Series No. 18). East Lansing: Michigan State University, Institute for Research on Teaching 1978
Yinger, R. J.: Routines in teacher planning. Theorie into practice 18, 1979, S. 163 - 169

Zahorik, J. A.: The effect of planning on teaching. In: The Elementary School Journal 71 (3), 1970, S.143 - 151
Zahorik, J. A.: Teachers' planning models. In: Educational Leadership, 33 (2), 1975, S.134 - 139
Zeiher, H. J.: Unterrichtsstoffe und ihre Verwendung in der 7. Klasse des Gymnasiums in der Bundesrepublik Deutschland. Eine empirische Untersuchung (Teil II). Studien und Berichte des Instituts für Bildungsforschung in der Max-Planck-Gesellschaft, Bd. 24. Berlin 1972
Zettberg, D. E.: Wissen und Denken. Berlin 1967
Zifreund, W.: Einleitung: Zur logistischen und praxeologischen Problematik der Unterrichtsvorbereitung. In: Unterrichtswissenschaft 2, 1977, S. 89 - 94

Fery, Renate / Raddatz, Volker (Hrsg.)

Lehrwerke und ihre Alternativen

Frankfurt/M., Berlin, Bern, Bruxelles, New York, Oxford, Wien, 2
131 S., zahlr. Abb.
Kolloquium Fremdsprachenunterricht. Bd. 3
Verantwortlicher Herausgeber: Michael Wendt
ISBN 3-631-36022-3 br. DM 39.–*

Der 3. Band der Reihe enthält eine Podiumsdiskussion und 11 V(
im Rahmen der fremdsprachendidaktischen Tagung an der Huml
versität Berlin (November 1998) gehalten und diskutiert wurden.
deln das Thema „Lehrwerke und ihre Alternativen" in Hinblick
Erwerb des Englischen, Französischen, Spanischen und Deutschen
sprache und orientieren sich am Paradigmenwechsel von instruk
Unterricht zu konstruktivistischem Lernen. Dabei stellt sich die Fi
weit herkömmliche Lehrwerke und ihre modernen Alternativen (
dia, Computer, Internet) in der Lage sind, über die Vermittlung v
chen, literarischen, kulturellen Kenntnissen, Fertigkeiten und Ein:
hinaus einen Beitrag zur angestrebten Lernerautonomie zu leiste